plurall

Parabéns!
Agora você faz parte do **Plurall**, a plataforma digital do seu livro didático! No **Plurall**, você tem acesso gratuito aos recursos digitais deste livro por meio do seu computador, celular ou *tablet*. Além disso, você pode contar com a nossa tutoria *on-line* sempre que surgir alguma dúvida sobre as atividades e os conteúdos deste livro.

Incrível, não é mesmo?
Venha para o **Plurall** e descubra uma nova forma de estudar!
Baixe o aplicativo do **Plurall** para Android e iOS ou acesse **www.plurall.net** e cadastre-se utilizando o seu código de acesso exclusivo:

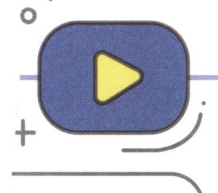

CB064776

AASZZ2EKV

Este é o seu código de acesso Plurall. Cadastre-se e ative-o para ter acesso aos conteúdos relacionados a esta obra.

@plurallnet
@plurallnetoficial

SOMOS
EDUCAÇÃO

GELSON IEZZI
SAMUEL HAZZAN
DAVID MAURO DEGENSZAJN

FUNDAMENTOS DE MATEMÁTICA ELEMENTAR

Matemática comercial | Matemática financeira

Estatística descritiva

418 exercícios propostos com resposta

221 questões de vestibulares com resposta

2ª edição | São Paulo – 2013

© Gelson Iezzi, Samuel Hazzan, David Mauro Degenszajn, 2013

Copyright desta edição:
SARAIVA S.A. Livreiros Editores, São Paulo, 2013.
Rua Henrique Schaumann, 270 — Pinheiros
05413-010 — São Paulo — SP
Fone: (0xx11) 3611-3308 — Fax vendas: (0xx11) 3611-3268
SAC: 0800-0117875
www.editorasaraiva.com.br
Todos os direitos reservados.

Dados Internacionais de Catalogação na Publicação (CIP)
(Câmara Brasileira do Livro, SP, Brasil)

Iezzi, Gelson

Fundamentos de matemática elementar, 11 : matemática comercial, matemática financeira, estatística descritiva / Gelson Iezzi, Samuel Hazzan, David Mauro Degenszajn. — 9. ed. — São Paulo : Atual, 2013.

ISBN 978-85-357-1760-0 (aluno)
ISBN 978-85-357-1761-7 (professor)

1. Matemática (Ensino médio) 2. Matemática (Ensino médio) — Problemas e exercícios etc. I. Hazzan, Samuel. II. Degenszajn, David Mauro. III. Título.

13-01119   CDD-510.7

Índice para catálogo sistemático:
1. Matemática: Ensino médio 510.7

Fundamentos de Matemática Elementar — vol. 11

Gerente editorial: Lauri Cericato
Editor: José Luiz Carvalho da Cruz
Editores-assistentes: Fernando Manenti Santos/Alexandre da Silva Sanchez/Juracy Vespucci/Guilherme Reghin Gaspar
Auxiliares de serviços editoriais: Daniella Haidar Pacifico/Margarete Aparecida de Lima/Rafael Rabaçallo Ramos/Vanderlei Aparecido Orso
Digitação de originais: Margarete Aparecida de Lima
Pesquisa iconográfica: Cristina Akisino (coord.)/Enio Rodrigo Lopes
Revisão: Pedro Cunha Jr. e Lilian Semenichin (coords.)/Renata Palermo/Rhennan Santos/Felipe Toledo
Gerente de arte: Nair de Medeiros Barbosa
Supervisor de arte: Antonio Roberto Bressan
Projeto gráfico: Carlos Magno
Capa: Homem de Melo & Tróia Design
Imagem de capa: Fry Design Ltd/Getty Images
Ilustrações: Conceitograf/Mario Yoshida
Diagramação: Christof Gunkel Com. Visual
Assessoria de arte: Maria Paula Santo Siqueira
Encarregada de produção e arte: Grace Alves
Coordenadora de editoração eletrônica: Silvia Regina E. Almeida
Produção gráfica: Robson Cacau Alves
Impressão e acabamento: Gráfica Eskenazi

731.363.002.001

Visite nosso *site*: www.atualeditora.com.br
Central de atendimento ao professor: (0xx11) 3613-3030

Apresentação

Fundamentos de Matemática Elementar é uma coleção elaborada com o objetivo de oferecer ao estudante uma visão global da Matemática, no ensino médio. Desenvolvendo os programas em geral adotados nas escolas, a coleção dirige-se aos vestibulandos, aos universitários que necessitam rever a Matemática elementar e também, como é óbvio, àqueles alunos de ensino médio cujo interesse se focaliza em adquirir uma formação mais consistente na área de Matemática.

No desenvolvimento dos capítulos dos livros de *Fundamentos* procuramos seguir uma ordem lógica na apresentação de conceitos e propriedades. Salvo algumas exceções bem conhecidas da Matemática elementar, as proposições e os teoremas estão sempre acompanhados das respectivas demonstrações.

Na estruturação das séries de exercícios, buscamos sempre uma ordenação crescente de dificuldade. Partimos de problemas simples e tentamos chegar a questões que envolvem outros assuntos já vistos, levando o estudante a uma revisão. A sequência do texto sugere uma dosagem para teoria e exercícios. Os exercícios resolvidos, apresentados em meio aos propostos, pretendem sempre dar explicação sobre alguma novidade que aparece. No final de cada volume, o aluno pode encontrar as respostas para os problemas propostos e assim ter seu reforço positivo ou partir à procura do erro cometido.

A última parte de cada volume é constituída por questões de vestibulares, selecionadas dos melhores vestibulares do país e com respostas. Essas questões podem ser usadas para uma revisão da matéria estudada.

Aproveitamos a oportunidade para agradecer ao professor dr. Hygino H. Domingues, autor dos textos de história da Matemática que contribuem muito para o enriquecimento da obra.

Neste volume, pretendemos tornar a coleção mais completa e atualizada, abordando conceitos introdutórios de Matemática Comercial, Matemática Financeira e Estatística Descritiva, assuntos atualmente muito solicitados em concursos e vestibulares.

Finalmente, como há sempre uma certa distância entre o anseio dos autores e o valor de sua obra, gostaríamos de receber dos colegas professores uma apreciação sobre este trabalho, notadamente os comentários críticos, os quais agradecemos.

Os autores

Sumário

CAPÍTULO I — Matemática comercial 1
    I. Razões e proporções 1
    II. Grandezas diretamente e inversamente proporcionais 7
    III. Porcentagem 11
    IV. Variação percentual 25
    V. Taxas de inflação 32

CAPÍTULO II — Matemática financeira 37
    I. Capital, juros, taxa de juros e montante 37
    II. Regimes de capitalização 41
    III. Juros simples 43
    IV. Descontos simples 48
    V. Juros compostos 52
    VI. Juros compostos com taxa de juros variáveis 58
    VII. Valor atual de um conjunto de capitais 60
    VIII. Sequência uniforme de pagamentos 63
    IX. Montante de uma sequência uniforme de depósitos 68
Leitura: Richard Price e a sequência uniforme de capitais 71

CAPÍTULO III — Estatística descritiva 73
    I. Introdução 73
    II. Variável 74
    III. Tabelas de frequência 77
    IV. Representação gráfica 83
    V. Gráfico de setores 85

VI.	Gráfico de barras	90
VII.	Histograma	98
VIII.	Gráfico de linhas (poligonal)	101
IX.	Medidas de centralidade e variabilidade	107
X.	Média aritmética	107
XI.	Média aritmética ponderada	109
XII.	Mediana	118
XIII.	Moda	121
XIV.	Variância	126
XV.	Desvio padrão	129
XVI.	Medidas de centralidade e dispersão para dados agrupados	140
XVII.	Outras medidas de separação de dados	153
Leitura: Florence Nightingale e os gráficos estatísticos		160
Leitura: Jerzy Neyman e os intervalos de confiança		162

APÊNDICE I — Média geométrica 164
APÊNDICE II — Média harmônica 166
Respostas dos exercícios 168
Questões de vestibulares 183
Respostas das questões de vestibulares 241
Significado das siglas de vestibulares 244

CAPÍTULO I

Matemática comercial

I. Razões e proporções

1. Razão

Suponhamos que num determinado ano (denominado ano 1), as vendas de uma empresa tenham sido de 300 mil reais e que as do ano seguinte (chamado de ano 2) sejam de 450 mil reais. Poderíamos comparar esses dois valores dizendo que sua diferença é de 150 mil reais. No entanto, a diferença não nos oferece uma ideia relativa do crescimento das vendas.

Outra forma de efetuarmos a comparação poderia ser dividindo as vendas do ano 2 pelas vendas do ano 1, isto é, calculando 450 : 300 que é igual a 1,5. Assim, dizemos que as vendas do ano 2 são uma vez e meia maiores que as do ano 1. Essa última forma de comparação é chamada de **razão**.

Dados dois números a e b, com $b \neq 0$, chamamos de **razão de a para b**, ou simplesmente **razão entre a e b**, nessa ordem, ao quociente $\frac{a}{b}$ que também pode ser indicado por $a : b$.

O número a é chamado de **antecedente**, e b é denominado **consequente**. Quando a e b forem medidas de uma mesma grandeza, elas devem ser expressas na mesma unidade de medida.

2. Proporção

Ainda com relação à mesma empresa, suponhamos que as vendas do ano 3 sejam de 600 mil reais e as do ano 4, 900 mil reais. Dessa forma, a razão das vendas do ano 4 para as vendas do ano 3 é 900 : 600 que é igual a 1,5 e, portanto, essa razão equivale à razão 450 : 300, que pode ser representada como mostrado a seguir:

$$\frac{450}{300} = \frac{900}{600}$$

Essa igualdade de duas razões é chamada de **proporção**. Ela pode ser lida da seguinte forma: "450 está para 300 assim como 900 está para 600".

Dadas as razões $\frac{a}{b}$ e $\frac{c}{d}$, à sentença de igualdade $\frac{a}{b} = \frac{c}{d}$ chamamos de **proporção**. Os valores a e d são denominados **extremos**, e b e c são chamados de **meios**.

3. Propriedade

Consideremos a proporção $\frac{a}{b} = \frac{c}{d}$, com b e d diferentes de zero. Vale a seguinte propriedade:

Se $\frac{a}{b} = \frac{c}{d}$, então $a \cdot d = b \cdot c$; isto é, **em toda proporção, o produto dos extremos é igual ao produto dos meios**. Resumidamente, tal propriedade pode ser expressa dizendo-se que, em toda proporção, os produtos cruzados são iguais.

$$\frac{a}{b} = \frac{c}{d}$$

Nessa proporção, os produtos cruzados são $a \cdot d$ e $b \cdot c$ e $a \cdot d = b \cdot c$.

A justificativa dessa propriedade pode ser feita tomando-se a proporção $\frac{a}{b} = \frac{c}{d}$ e multiplicando-se membro a membro por $b \cdot d$. Assim, teremos:

$$b \cdot d \cdot \frac{a}{b} = b \cdot d \cdot \frac{c}{d}$$

E, portanto:

$$a \cdot d = b \cdot c$$

MATEMÁTICA COMERCIAL

Exemplos:

1º) Um investidor aplicou 20 mil reais, sendo 8 mil reais numa caderneta de poupança e 12 mil reais em ações. Calcule a razão entre:
   a) o valor aplicado em ações e o valor total investido.
   b) o valor aplicado em caderneta de poupança e o valor total investido.
   c) o valor aplicado em ações e o valor aplicado em caderneta de poupança.

   Resolvendo, temos:
   a) A razão entre o valor aplicado em ações e o valor total investido foi:
   $$\frac{12\,000}{20\,000} = \frac{3}{5}$$
   b) A razão entre o valor aplicado em caderneta de poupança e o valor total investido foi:
   $$\frac{8\,000}{20\,000} = \frac{2}{5}$$
   c) A razão entre o valor aplicado em ações e o valor aplicado em caderneta de poupança foi:
   $$\frac{12\,000}{8\,000} = \frac{3}{2}$$

2º) Um atleta A faz um determinado percurso em 52 minutos, ao passo que um atleta B faz o mesmo percurso em 1 hora e 8 minutos. Qual a razão entre os tempos gastos pelos atletas A e B?

   A razão entre os tempos gastos por A e B vale $\frac{52}{60+8} = \frac{13}{17}$.

   Observe que ambos os tempos foram expressos na mesma unidade de tempo (minutos).

3º) Vamos determinar o valor de x em cada uma das proporções:
   a) $\frac{x}{5} = \frac{24}{15}$.
   b) $\frac{55-x}{6} = \frac{3}{4}$.

   Igualando os produtos cruzados, temos:

   a) $15x = 5 \cdot 24 \Rightarrow x = \frac{120}{15} \Rightarrow x = 8$

   b) $4 \cdot (55 - x) = 18 \Rightarrow -4x = -202 \Rightarrow x = \frac{202}{4} \Rightarrow x = \frac{101}{2}$

4º) Uma empresa pretende alocar 200 mil reais entre pesquisa e propaganda, de modo que a razão entre as quantias seja 2 : 3. Quais os valores alocados para pesquisa e propaganda?

Seja x o valor alocado para pesquisa. O valor alocado para propaganda será 200 – x. Portanto, devemos ter:

$$\frac{x}{200-x} = \frac{2}{3}$$

Igualando os produtos cruzados, obtemos:

$$3x = 2 \cdot (200 - x)$$
$$5x = 400$$
$$x = 80$$

Assim, os valores alocados devem ser 80 mil reais para pesquisa e 120 mil reais para propaganda.

Poderíamos também ter resolvido o problema chamando de x o valor alocado para pesquisa e y o valor alocado para propaganda. Os valores de x e y seriam a solução do sistema de equações:

$$\begin{cases} x + y = 200 \\ \dfrac{x}{y} = \dfrac{2}{3} \end{cases}$$

5º) Uma pessoa recebe um salário mensal S. Quanto vale $\dfrac{2}{5}$ de S?

Devemos dividir S em cinco partes iguais e tomar duas dessas partes. Assim, $\dfrac{2}{5}$ de S vale:

$$2 \cdot \frac{S}{5} = \frac{2}{5} \cdot S$$

De modo geral, quando quisermos calcular uma razão $\dfrac{a}{b}$ de um valor x, devemos multiplicar a razão pelo valor, isto é, calcular $\dfrac{a}{b} \cdot x$.

6º) Gustavo gasta $\dfrac{1}{5}$ de seu salário com a prestação do apartamento, $\dfrac{1}{8}$ do salário com alimentação e ainda lhe sobram R$ 2 430,00. Qual o salário de Gustavo?

Indicando por S o salário de Gustavo, teremos a seguinte equação:

$$\frac{1}{5}S + \frac{1}{8}S + 2\,430 = S$$

cuja solução é:

$$8S + 5S + 97\,200 = 40S$$
$$27S = 97\,200$$
$$S = \frac{97\,200}{27} = 3\,600$$

Portanto, o salário de Gustavo é R$ 3 600,00.

EXERCÍCIOS

1. Calcule as razões abaixo, simplificando o resultado, quando possível:
   a) de 2 horas para 45 minutos;
   b) de 300 m para 2 km;
   c) de 2 m² para 400 cm²;
   d) de 5 meses para 2 anos;
   e) de 5 minutos e 20 segundos para 2 horas e meia.

2. Numa data t o preço de um produto é o triplo do que era na data 0.
   a) Qual a razão entre o preço na data t e o preço na data 0?
   b) Qual a razão entre o aumento de preço ocorrido entre as duas datas e o preço na data 0?

3. Uma pessoa comprou uma ação e a vendeu um mês depois pela metade do preço que pagou na compra.
   a) Qual a razão entre os preços de venda e de compra?
   b) Qual a razão entre a diferença dos preços de venda e compra e o preço de compra?

4. Um carro percorre 180 km gastando 9 litros de gasolina. Qual a razão entre o número de quilômetros percorridos e o número de litros de gasolina gastos?

5. (UF-GO) Antônio possui um carro a álcool que consome 1 litro de combustível a cada 8 km percorridos, enquanto José possui um carro a gasolina cujo consumo é de 12 km por litro. Sabendo-se que o litro de álcool custa R$ 1,14 e o litro de gasolina R$ 1,60, e que José e Antônio dispõem da mesma quantia em dinheiro, quantos quilômetros irá percorrer José, tendo em vista que Antônio percorreu 320 km?

6. Calcule o valor de x em cada uma das proporções abaixo:
   a) $\dfrac{x}{6} = \dfrac{5}{2}$
   b) $\dfrac{4}{x} = \dfrac{5}{12}$
   c) $\dfrac{1}{5} = \dfrac{3x}{8}$

7. Determine o valor de x na proporção $\dfrac{3x-1}{4} = \dfrac{2}{5}$.

8. Obtenha o valor de m na proporção $\dfrac{m}{2+\frac{1}{4}} = \dfrac{\frac{1}{5}}{3-\frac{2}{5}}$.

MATEMÁTICA COMERCIAL

9. Certo doce utiliza 3 copos de leite para a produção de 80 unidades. Se a razão entre o número de doces produzidos e o número de copos de leite utilizados for constante, quantos copos de leite serão necessários para se produzirem 720 doces?

10. Um filantropo destina R$ 350 000,00 para serem doados a dois hospitais, A e B. A razão entre a quantia recebida por A e a recebida por B é igual a 4 : 3. Quanto recebeu cada hospital?

11. Dois sócios resolvem repartir seu lucro de R$ 80 000,00 na razão 2 : 3. Quanto caberá a cada um?

12. Numa festa há moças e rapazes num total de 300 pessoas. A razão do número de moças para o de rapazes é $\frac{8}{7}$. Qual o número de rapazes?

13. Uma empresa deseja alocar R$ 200 000,00 entre propaganda e pesquisa. A razão entre a verba destinada à propaganda e a destinada à pesquisa é $\frac{1}{3}$. Quanto deverá ser destinado à propaganda?

14. Quanto vale:
    a) $\frac{5}{12}$ de 300?
    b) $\frac{1}{3}$ de 450?
    c) $\frac{2}{7}$ de 350?

15. Uma família gasta $\frac{7}{9}$ de sua renda mensal e poupa R$ 800,00. Qual o valor da renda mensal?

16. (Unicamp-SP) Dois estudantes, A e B, receberam Bolsas de Iniciação Científica de mesmo valor. No final do mês, o estudante A havia gasto $\frac{4}{5}$ do total de sua Bolsa e o estudante B havia gasto $\frac{5}{6}$ do total de sua Bolsa, sendo que o estudante A ficou com R$ 8,00 a mais que o estudante B.
    a) Qual era o valor da Bolsa?
    b) Quantos reais economizou cada um dos estudantes naquele mês?

17. (Unisinos-RS) Colocando-se 27 litros de gasolina no tanque de um carro, o ponteiro do marcador, que indicava $\frac{1}{4}$ do tanque, passa a indicar $\frac{5}{8}$. Qual a capacidade total desse tanque de gasolina?

18. (U.F. Viçosa-MG) Suponha que os 169 milhões de reais desviados na construção do TRT de São Paulo sejam reavidos, e que o Governo Federal decida usá-los para investimento nas áreas de saúde, educação e segurança pública, fazendo a seguinte distribuição: a área de educação receberia 2 vezes o que receberia a área de segurança pública e a área de saúde receberia $\frac{2}{3}$ do que receberia a área de educação. Assim sendo, quanto receberia cada área?

II. Grandezas diretamente e inversamente proporcionais

4. Grandezas diretamente proporcionais

Uma pequena loja vende certo tipo de bolsa por R$ 40,00 a unidade. Chamando de x a quantidade vendida e y a receita (em reais) proveniente da venda dessas bolsas, teremos a seguinte correspondência:

x	1	2	3	4	5	...	n	...
y	40	80	120	160	200	...	40n	...

Observe que, quando o valor de x dobra, também dobra o de y; quando triplica o valor de x, também triplica o de y, e assim por diante. Em consequência disso, a razão entre cada valor de y e o seu correspondente x vale 40; e a razão entre cada valor de x e o correspondente y também é constante e vale $\frac{1}{40}$. Nesse caso, dizemos que as grandezas expressas por x e y são **diretamente proporcionais**.

De modo geral, dizemos que duas grandezas são **diretamente proporcionais** quando a razão entre a medida y de uma e a correspondente x da outra (x ≠ 0) for constante e diferente de zero, isto é, $\frac{y}{x} = k$, em que k é uma constante diferente de zero. A razão entre cada valor de x e seu correspondente y também é constante e vale $\frac{1}{k}$.

5. Grandezas inversamente proporcionais

Consideremos o seguinte problema:
Numa estrada, a distância entre duas cidades é 240 km. Se um carro percorrer essa estrada a uma velocidade média x (em km/h), o tempo correspondente para ir de uma cidade à outra será y (em horas). Teremos a seguinte correspondência:

x	10	20	30	40	50	...	v	...
y	24	12	8	6	4,8	...	$\frac{240}{v}$	...

Observemos que, se a velocidade dobra, o tempo de viagem se reduz à metade; se a velocidade triplica, o tempo de viagem se reduz à terça parte, e assim por diante. Consequentemente, o produto de cada valor de x pelo correspondente y é constante e vale 240. Dizemos, então, que as grandezas expressas por x e y são **inversamente proporcionais**.

De modo geral, dizemos que duas grandezas são **inversamente proporcionais** quando o produto da medida y de uma e a correspondente x da outra for constante e diferente de zero, isto é, y · x = k, em que k é uma constante diferente de zero.

Se x e y forem inversamente proporcionais, y será diretamente proporcional ao inverso de x, pois $\dfrac{y}{\frac{1}{x}} = k$.

Exemplos:

1º) Três sócios A, B e C resolveram abrir uma pizzaria. O primeiro investiu 30 mil reais, o segundo investiu 40 mil reais e o terceiro 50 mil reais. Após 1 ano de funcionamento, a pizzaria deu um lucro de 24 mil reais. Se esse lucro for distribuído aos sócios de forma que a quantia recebida seja diretamente proporcional ao valor investido, quanto recebeu cada um?

Indicando por a, b e c as quantias (em milhares de reais) recebidas por A, B e C, respectivamente, devemos ter:

$$a + b + c = 24 \text{ (I)} \quad \text{e} \quad \frac{a}{30} = \frac{b}{40} = \frac{c}{50} = k$$

Assim:

$$a = 30k \text{ (II)}$$
$$b = 40k \text{ (III)}$$
$$c = 50k \text{ (IV)}$$

Substituindo em (I), temos:

$$30k + 40k + 50k = 24$$
$$120k = 24 \Rightarrow k = \frac{1}{5}$$

Logo:

Em (II): $a = 30 \cdot \dfrac{1}{5} = 6$

Em (III): $b = 40 \cdot \dfrac{1}{5} = 8$

Em (IV): $c = 50 \cdot \dfrac{1}{5} = 10$

Assim, A recebeu R$ 6 000,00, B recebeu R$ 8 000,00 e C recebeu R$ 10 000,00.

2º) Três máquinas levam 2 horas para produzir um lote de 1 000 peças. Se o número de máquinas for inversamente proporcional ao número de horas para produzir o mesmo lote de 1 000 peças, quanto tempo será necessário para se produzir o lote com 4 máquinas?

Seja t o número de horas para se produzir o lote com 4 máquinas. Como o número de máquinas e o tempo de produção são inversamente proporcionais, teremos:

t · 4 = (2) · (3) e, portanto, t = 1,5 hora

EXERCÍCIOS

19. Na tabela abaixo as grandezas x e y são diretamente proporcionais. Obtenha os valores de m e p.

x	4	m	7
y	2	7	p

20. As grandezas x e y apresentadas na tabela são inversamente proporcionais. Obtenha os valores de s e p.

x	s	2	8
y	4	5	p

21. A tabela a seguir fornece o tempo de assinatura de uma revista e o correspondente preço. Obtenha os valores de a, b e c sabendo que as grandezas são diretamente proporcionais.

Tempo de assinatura (em meses)	Preço (em reais)
6	30,00
12	a
b	90,00
24	c

22. A renda de um profissional liberal é diretamente proporcional ao número de horas trabalhadas. Se ele trabalha 20 horas, sua renda é R$ 600,00. Qual será sua renda se ele trabalhar 65 horas?

23. O número de litros de gasolina que um carro consome na estrada é diretamente proporcional ao número de quilômetros percorridos. Se ele consome 5 litros para percorrer 74 quilômetros, quanto consumirá para percorrer 380 quilômetros?

MATEMÁTICA COMERCIAL

24. Augusto e César investiram R$ 12 000,00 e R$ 15 000,00, respectivamente, num negócio que proporcionou um lucro de R$ 7 500,00. Quanto coube a cada um, se o lucro recebido for diretamente proporcional ao valor investido?

25. Dividir a quantia de R$ 22 000,00 em 3 partes diretamente proporcionais aos números 2, 4 e 5.

26. Três sócios, A, B e C, investiram R$ 80 000,00, R$ 90 000,00 e R$ 120 000,00, respectivamente, na construção de uma casa. A casa foi vendida por R$ 360 000,00. Quanto coube a cada sócio, se cada um recebeu uma quantia diretamente proporcional ao valor que investiu?

27. O lucro de uma empresa foi dividido entre seus 3 sócios, A, B e C, em partes diretamente proporcionais a 3, 2 e 5, respectivamente. Sabendo que A recebeu R$ 50 000,00 a mais que B, obtenha quanto recebeu cada sócio.

28. Um escritório leva 60 horas para ser pintado por 4 pintores. Se o número de horas trabalhadas para pintar o escritório for inversamente proporcional ao número de pintores, em quantas horas 5 pintores pintarão o escritório?

29. Quatro pedreiros gastam 10,5 dias para construir um muro. Se o número de pedreiros for inversamente proporcional ao número de dias gastos na construção do muro, em quantos dias 7 pedreiros construirão o muro?

30. Mantida a temperatura constante de um gás, a sua pressão P e o seu volume V são inversamente proporcionais (Lei de Boyle). Se a pressão sofrer um acréscimo de $\frac{1}{5}$, qual a correspondente diminuição do volume?

31. Duas grandezas x e y são diretamente proporcionais. Quando x = 4, temos y = 20. Qual o valor de x para y = 18?

32. Duas grandezas x e y são inversamente proporcionais. Quando x = 3, temos y = 12. Qual o valor de x para y = 18?

33. A grandeza y é diretamente proporcional ao quadrado de x. Quando x = 4, temos y = 10. Qual o valor de y para x = 5?

34. A grandeza y é inversamente proporcional ao cubo de x. Quando x = 4, temos y = 100. Qual o valor de y para x = 5?

35. (UF-GO) Diz-se que duas grandezas positivas, x e y, são diretamente proporcionais quando existe uma função linear f(x) = k · x, com k > 0, chamada constante de proporcionalidade, tal que y = f(x) para todo x > 0. De modo análogo, diz-se que x e y são inversamente proporcionais quando existe uma função $g(x) = \frac{c}{x}$, com c > 0, tal que y = g(x), para todo x > 0. De acordo com essas definições, julgue os itens a seguir.

a) Se $y = g_1(x)$ e $z = g_2(y)$ e os pares de grandezas x, y e y, z são ambos inversamente proporcionais, então x e z são grandezas diretamente proporcionais.

b) Se $y = f(x)$, com x e y sendo grandezas diretamente proporcionais, e $w = g(z)$, com z e w sendo grandezas inversamente proporcionais, então o quociente $\dfrac{y}{w}$ e o produto $x \cdot z$ formam um par de grandezas diretamente proporcionais.

c) Se x_1, y_1 e x_2, y_2 são pares de grandezas diretamente proporcionais, com a mesma constante de proporcionalidade, então $x_2 y_1 = x_1 y_2$.

d) A área a e o lado ℓ de um hexágono regular ($a = f(\ell)$, para todo $\ell > 0$) são grandezas diretamente proporcionais.

III. Porcentagem

Consideremos os valores do Produto Interno Bruto (PIB) de dois países, A e B, em bilhões de dólares, em dois anos consecutivos que chamaremos de 0 e 1.

País	PIB (ano 0)	PIB (ano 1)	Crescimento do PIB (entre 0 e 1)
A	400	432	32
B	600	642	42

Verificamos que a razão entre o crescimento do PIB e o PIB do ano 0 vale:

- $\dfrac{32}{400}$ para o país A;

- $\dfrac{42}{600}$ para o país B.

Uma das maneiras de compararmos essas razões consiste em expressarmos ambas com o mesmo denominador, por exemplo, 100. Assim:

- País A: $\dfrac{32}{400} = \dfrac{x}{100} \Rightarrow x = 8$; portanto, a razão vale $\dfrac{8}{100}$.

- País B: $\dfrac{42}{600} = \dfrac{x}{100} \Rightarrow x = 7$; portanto, a razão vale $\dfrac{7}{100}$.

Dessa forma, concluímos que o país A teve uma razão (ou taxa) maior de crescimento do PIB.

Essas razões de denominador 100 são chamadas de **razões centesimais, taxas percentuais** ou simplesmente de **porcentagens**.

As porcentagens costumam ser indicadas pelo numerador seguido do símbolo % (lê-se: "por cento"). Assim, a taxa percentual de crescimento do PIB do país A foi de 8% e a do país B, de 7%.

MATEMÁTICA COMERCIAL

As porcentagens também costumam ser expressas sob a forma decimal, obtida dividindo-se o numerador por 100. Essa é a maneira habitual quando se utiliza uma calculadora. Por exemplo:

$$3\% = \frac{3}{100} = 0{,}03 \qquad\qquad 32\% = \frac{32}{100} = 0{,}32$$

$$27{,}5\% = \frac{27{,}5}{100} = 0{,}275 \qquad\qquad 250\% = \frac{250}{100} = 2{,}5$$

A porcentagem pode ser utilizada quando queremos expressar alguma quantidade como porcentagem de um valor. Suponhamos que um produto que custava R$ 80,00 foi vendido com um desconto de 5%. O desconto de 5% sobre 80 corresponde à divisão do preço por 100, tomando 5 partes, isto é:

$$5\% \text{ de } 80 \Leftrightarrow 5 \cdot \frac{80}{100} = \frac{5}{100} \cdot 80 = 4$$

De modo geral, calcular a% de x corresponde a multiplicar $\frac{a}{100}$ por x.

Exemplos:

1º) Converta as razões abaixo para a forma decimal, arredondando para quatro casas decimais, quando for o caso, e em seguida coloque-as na forma de porcentagem. Se possível, use uma calculadora.

a) $\frac{3}{4}$ b) $\frac{8}{50}$ c) $\frac{45}{18}$ d) $\frac{14}{42}$

Convertendo as razões, temos:

a) $\frac{3}{4} = 0{,}75 = \frac{75}{100} = 75\%$ c) $\frac{45}{18} = 2{,}5 = \frac{250}{100} = 250\%$

b) $\frac{8}{50} = 0{,}16 = \frac{16}{100} = 16\%$ d) $\frac{14}{42} = 0{,}3333 = \frac{33{,}33}{100} = 33{,}33\%$

2º) Um investidor comprou um terreno por R$ 15 000,00 e vendeu-o, um ano depois, por R$ 18 750,00. Qual o lucro, em porcentagem, do preço de custo?

Temos o lucro (em reais): 18 750 − 15 000 = 3 750

Assim, o lucro (em porcentagem) do preço de custo será:

$$\frac{3\,750}{15\,000} = 0{,}25 = 25\%$$

3º) Em um curso de Biologia, a razão entre o número de homens e o de mulheres é $\frac{2}{5}$.

Em relação ao total de alunos, qual a porcentagem de homens?

Seja x o número de homens e y o de mulheres:

$$\frac{x}{y} = \frac{2}{5} \quad (I)$$

Para saber o valor de $\frac{x}{x+y}$ (II), calculamos (I):

$$x = \frac{2y}{5} = 0{,}4y$$

Substituindo em (II), obtemos:

$$\frac{x}{x+y} = \frac{0{,}4y}{0{,}4y + y} = \frac{0{,}4y}{1{,}4y} = 0{,}2857 = 28{,}57\%$$

Então, a porcentagem de homens é 28,57%.

4º) Uma corrente de ouro cujo preço de tabela é R$ 360,00 é vendida com um desconto de 15%. Qual o preço após sofrer o desconto?

O desconto (em reais) é:

$$\frac{15}{100} \cdot 360 = (0{,}15) \cdot 360 = 54$$

Então, o preço, em reais, após o desconto é:

$$R\$\ 360 - R\$\ 54 = R\$\ 306$$

5º) Uma geladeira é vendida por R$ 1 200,00. Se seu preço sofrer um acréscimo igual a 8% desse preço, quanto passará a custar?

O preço original, em reais, é 1 200.

Calculando o acréscimo, temos:

$$\frac{8}{100} \cdot 1\,200 = (0{,}08) \cdot 1\,200 = 96$$

Dessa forma, o preço (em reais) após o acréscimo será:

$$R\$\ 1\,200{,}00 + R\$\ 96{,}00 = R\$\ 1\,296{,}00$$

6º) Um funcionário de uma empresa cujo salário mensal vale S paga uma prestação P do financiamento de seu apartamento. Se o seu salário sofrer um acréscimo de 10% e a prestação do apartamento sofrer um acréscimo de 12%:
a) qual o valor do salário reajustado?
b) qual o valor da prestação reajustada?

Resolvendo, temos:
a) Acréscimo salarial:

$$\frac{10}{100} \cdot S = 0{,}10 \cdot S$$

Assim, o salário reajustado é:

$$S + 0{,}10 \cdot S = 1{,}10 \cdot S$$

b) Acréscimo na prestação:

$$\frac{12}{100} \cdot P = 0{,}12 \cdot P$$

A prestação reajustada é:

$$P + 0{,}12 \cdot P = 1{,}12 \cdot P$$

7º) Uma televisão foi vendida com um desconto de R$ 42,00, sendo esse valor igual a 3,5% do preço original. Qual o preço da televisão após o desconto?

Seja x o preço original da televisão.

O desconto é:

$$0{,}035x = 42$$

Portanto, o preço original da TV (em reais) é:

$$x = \frac{42}{0{,}035} = 1\,200$$

O preço da televisão após o desconto (em reais) será:

$$1\,200 - 42 = 1\,158$$

8º) Quando uma empresa produz determinado produto, ela incorre em dois tipos de custos: o **custo fixo**, que não depende da quantidade produzida (como, por exemplo, o aluguel) e o **custo variável**, que depende da quantidade produzida. Geralmente, o custo variável é dado por c · x, em que c é o custo por unidade (depende, entre outros, do custo da matéria-prima e da mão de obra) e x é a quantidade produzida.

Sendo p o preço de venda, chamamos de **margem de contribuição por unidade** à diferença p − c. A margem de contribuição unitária multiplicada pela quantidade produzida e vendida serve para cobrir o custo fixo e proporcionar lucro.

A margem de contribuição por unidade pode ser expressa como porcentagem do preço de custo ou como porcentagem do preço de venda.

Suponhamos p = 120 e c = 90, expressos em reais. Então:
A margem de contribuição vale:

$$120 - 90 = 30$$

A margem de contribuição como porcentagem do preço de custo é:

$$\frac{30}{90} = 0{,}3333 = 33{,}33\%$$

A margem de contribuição como porcentagem do preço de venda é:

$$\frac{30}{120} = 0{,}25 = 25\%$$

9º) Num determinado país, o **imposto de renda** (IR) é descontado dos salários mensais da seguinte forma:
- Para salários de até $ 1 000,00, o IR é zero.
- A parte do salário entre $ 1 000,00 e $ 3 000,00 é tributada em 10%.
- A parte do salário que excede $ 3 000,00 é tributada em 20%.

Calcule o valor do imposto de renda de quem ganha:
a) $ 800,00;
b) $ 1 800,00;
c) $ 4 500,00;
d) Chamando de x a renda e de y o imposto de renda, expresse y em função de x.

Assim, temos:
a) O IR vale 0, pois o salário é inferior a $ 1 000,00.

b) O IR é calculado sobre $ 800,00, que é a parte do salário entre $ 1 000,00 e $ 3 000,00.
Portanto, IR = (0,10) · 800,00 = 80,00.

c) A parte do salário entre $ 1 000,00 e $ 3 000,00 e que vale $ 2 000,00 é tributada em 10% e vale, portanto:
$$(0,10) \cdot 2\,000,00 = 200,00.$$
A parte do salário que excede $ 3 000,00 e que vale $ 1 500,00 é tributada em 20% e vale, portanto:
$$(0,20) \cdot 1\,500,00 = 300,00.$$
Assim, o IR de quem ganha $ 4 500,00 vale:
$$\$\ 200,00 + \$\ 300,00 = \$\ 500,00.$$

d) Se $x \leqslant 1\,000$, então $y = 0$.
Se $1\,000 < x \leqslant 3\,000$, então
$y = (0,10) \cdot (x - 1\,000) = 0,10 \cdot x - 100$.
Se $x > 3\,000$, então
$y = (0,10) \cdot 2\,000 + (0,20) \cdot (x - 3\,000) = 0,20 \cdot x - 400$.

Esses resultados geralmente são indicados pela tabela seguinte:

Salário	Alíquota de IR	Parcela a deduzir
Até $ 1 000,00	Isento	–
Acima de $ 1 000,00 até $ 3 000,00	10%	$ 100,00
Acima de $ 3 000,00	20%	$ 400,00

EXERCÍCIOS

36. Calcule as seguintes razões com quatro casas decimais e, em seguida, expresse-as em forma de porcentagem. (Se possível, use uma calculadora.)

a) $\dfrac{3}{5}$ d) $\dfrac{234}{5}$ g) $\dfrac{1}{10}$

b) $\dfrac{7}{8}$ e) $\dfrac{1}{4}$

c) $\dfrac{15}{9}$ f) $\dfrac{8}{5}$

37. Calcule as porcentagens dos seguintes valores:

a) 12% de 300   c) 18% de 550   e) 3,4% de 2500

b) 32% de 450   d) 60% de 80   f) 10,5% de 600

38. (UF-RJ) A organização de uma festa distribuiu gratuitamente 200 ingressos para 100 casais. Outros 300 ingressos foram vendidos, 30% dos quais para mulheres. As 500 pessoas com ingresso foram à festa.

a) Determine o percentual de mulheres na festa.

b) Se os organizadores quisessem ter igual número de homens e de mulheres na festa, quantos ingressos a mais eles deveriam distribuir apenas para as pessoas do sexo feminino?

39. (UF-MS) Em um determinado município, a porcentagem de crianças que estão fora da escola é de 15%. O prefeito desse município iniciou uma campanha com a finalidade de que 5 em cada 9 dessas crianças passem a frequentar uma escola imediatamente. Se a meta da campanha for atingida, o número de crianças que estarão fora da escola nesse município ficará reduzido a 1200 crianças. Assim, se N era o número de crianças desse município, quando do início da campanha, calcule $\dfrac{N}{250}$.

40. (UF-PE) Em 1995 o Banco do Brasil (BB) renegociou a dívida de R$ 7,1 bilhões dos agricultores, que foi dividida em parcelas a serem pagas até o final de cada ano. O valor total da primeira parcela era R$ 700 milhões, mas somente metade foi pago; da segunda parcela (totalizando R$ 1,1 bilhão) vencida em 1997 somente foi pago 26% do devido. Em 1997 o lucro líquido do BB foi de R$ 646,4 milhões. Quantas vezes a dívida restante dos agricultores no início de 1998 vale o lucro líquido do BB em 1997?

MATEMÁTICA COMERCIAL

41. (UF-CE) Manuel compra 100 caixas de laranjas por R$ 2000,00. Havendo um aumento de 25% no preço de cada caixa, quantas caixas ele poderá comprar com a mesma quantia?

42. (UF-PA) Um terreno retangular, cujas dimensões são 400 m e 500 m, será usado para abrigar famílias remanejadas da área de macrodrenagem. Pretende-se fazer lotes de 20 m × 20 m para cada família e usar uma área equivalente a 20% da área total para um complexo de lazer e para circulação. Quantas famílias podem ser alocadas?

43. (UF-GO) O sr. Manuel contratou um advogado para receber uma dívida cujo valor era de R$ 10000,00. Por meio de um acordo com o devedor, o advogado conseguiu receber 90% do total da dívida. Supondo que o sr. Manuel pagou ao advogado 15% do total recebido, quanto dinheiro lhe restou?

44. (U.F. Lavras-MG) Desde janeiro de 1994 que não se paga determinado imposto por um salário anual de até R$ 10000,00. Acima desse valor, paga-se uma taxa de 17,5% do valor recebido que exceda os R$ 10 000,00. Em janeiro de 1994, o dólar valia R$ 1,00. Considere que, para o ano de 2000, o valor seja de R$ 1,60.
a) Calcule o valor, em reais, do imposto a ser pago no ano de 2000, por um salário anual de 10000 dólares.
b) Calcule o valor, em dólares, de um salário anual no ano de 2000, não sujeito ao imposto.

45. (UF-CE) Um vendedor recebe a título de rendimento mensal um valor fixo de R$ 160,00 mais um adicional de 2% das vendas por ele efetuadas no mês. Com base nisso, responda:
a) Qual o rendimento desse vendedor em um mês no qual o total de vendas feitas por ele foi de R$ 8350,00?
b) Qual a função que expressa o valor do seu rendimento mensal em função de sua venda mensal?

46. (UF-GO) O jovem Israel trabalha em uma sapataria. Ele gasta do seu salário: 25% no pagamento do aluguel da pequena casa onde mora; $\frac{1}{10}$ na compra de vale-transporte; 15% na prestação do aparelho de TV que adquiriu; e ainda lhe sobram R$ 84,00. Qual o salário de Israel?

47. (UF-GO) O sr. José gasta hoje 25% do seu salário no pagamento da prestação de sua casa. Se a prestação for reajustada em 26%, e o salário somente em 5%, qual será a porcentagem do salário que ele deverá gastar no pagamento da prestação, após os reajustes?

MATEMÁTICA COMERCIAL

48. (UFF-RJ) A confeitaria Cara Melada é conhecida por suas famosas balas de leite, vendidas em pacotes. No Natal, esta confeitaria fez a seguinte promoção: colocou, em cada pacote, 20% a mais de balas e aumentou em 8% o preço do pacote. Determine a variação, em porcentagem, que essa promoção acarretou no preço de cada bala do pacote.

49. Um casaco cujo preço original era de R$ 250,00 sofreu um desconto de 15% em função de uma liquidação. Qual o preço após o desconto?

50. (EEM-SP) Uma lanchonete vende cada quibe por R$ 0,19 e um copo com 300 mL de refrigerante por R$ 1,00. Com o objetivo de estimular as vendas, a empresa pretende vender um combinado constituído de 10 quibes e um copo com 480 mL de refrigerante. Qual deve ser o preço a ser cobrado, se a lanchonete deseja dar 10% de desconto?

51. Um fogão que custava R$ 500,00 sofreu um aumento de 8%. Em razão da falta de demanda, o vendedor resolveu oferecer um desconto de 8% sobre o preço com acréscimo.

Qual o preço final do fogão, após o acréscimo seguido de desconto?

52. (U.F. Uberlândia-MG) No mês de agosto, Pedro observou que o valor da sua conta de energia elétrica foi 50% superior ao valor da sua conta de água. Em setembro, tanto o consumo de energia elétrica quanto o de água, na residência de Pedro, foram iguais aos consumos do mês de agosto. Porém, como as tarifas de água e energia elétrica foram reajustadas em 10% e 20%, respectivamente, Pedro desembolsou R$ 20,00 a mais do que em agosto para quitar as duas contas. Quanto Pedro pagou de energia elétrica no mês de setembro?

53. Um aparelho de som que custava R$ 700,00 sofreu um acréscimo de 6% sobre o preço original.

a) Qual o novo preço do aparelho de som?

b) Suponhamos um desconto de 3% sobre o novo preço. Qual será o preço do aparelho com esse desconto?

c) Se o preço de R$ 700,00 sofresse um acréscimo de 120%, qual seria o novo preço?

54. (Vunesp-SP) Um determinado carro popular custa numa revendedora R$ 11 500,00 à vista. Numa promoção de Natal, realizada no mês de dezembro de 1998, com R$ 5 000,00 de entrada, um comprador tem o valor restante do carro facilitado pela revendedora em 36 prestações mensais, sendo que as prestações num mesmo ano são iguais e que a cada ano a prestação sofre um aumento de 10%, relativamente à do ano anterior. Sabendo-se que a primeira prestação, a ser paga no mês de janeiro de 1999, é R$ 200,00, determine:

a) quanto o comprador desembolsará ao final de cada ano, excluindo-se a entrada;

b) qual o valor total a ser desembolsado pelo comprador ao findar seus pagamentos.

55. (UF-RN) Dois supermercados (X e Y) vendem leite em pó, de uma mesma marca, ao preço de R$ 4,00 a lata. Numa promoção, o supermercado X oferece 4 latas pelo preço de 3, e o supermercado Y dá um desconto de 20% em cada lata adquirida.

Responda, justificando, em qual dessas promoções você economizaria mais, se comprasse:

a) 12 latas   b) 11 latas

56. (UF-AL) Analise as afirmativas abaixo:

1) 12% de R$ 200,00 correspondem a R$ 2,40.
2) Obtém-se 30% de uma quantia multiplicando-a por 0,3.
3) Três pessoas correspondem a 6% de um grupo de 50 pessoas.
4) $\frac{2}{5} = 4\%$
5) Um preço X que sofre um desconto de 20% passa a ser $0,8 \cdot X$.

57. Calcule o valor de x:

a) 30% de $x = 24$ b) 25% de $x = 120$ c) 180% de $x = 540$

58. (UF-RJ) A comissão de um corretor de imóveis é igual a 5% do valor de cada venda efetuada.

a) Um apartamento foi vendido por R$ 62 400,00. Determine a comissão recebida pelo corretor.

b) Um proprietário recebe, pela venda de uma casa, R$ 79 800,00, já descontada a comissão do corretor. Determine o valor da comissão.

59. Um aparelho de fax passou a custar R$ 360,00 após seu preço original sofrer um desconto de 10%. Qual o preço original do aparelho?

60. (UF-CE) O preço de um aparelho elétrico com um desconto de 40% é igual a R$ 36,00. Calcule, em reais, o preço desse aparelho elétrico, sem esse desconto.

61. (Unicamp-SP) Uma pessoa possui a quantia de R$ 7 560,00 para comprar um terreno, cujo preço é de R$ 15,00 por metro quadrado. Considerando que os custos para obter a documentação do imóvel oneram o comprador em 5% do preço do terreno, pergunta-se:

a) Qual é o custo final de cada m² do terreno?

b) Qual é a área máxima que a pessoa pode adquirir com o dinheiro que ela possui?

MATEMÁTICA COMERCIAL

62. Nas contas telefônicas, em São Paulo, incide o Imposto sobre Circulação de Mercadorias e Serviços (ICMS) que corresponde a 25% do valor total a ser pago. Um consumidor recebeu uma conta a pagar de R$ 165,00.

a) Qual o valor da conta antes da incidência do ICMS?

b) Se a alíquota de 25% incidisse sobre o valor obtido no item a, qual o valor da conta a ser paga?

63. (UnB-DF) Em uma cidade, há 10 000 pessoas aptas para o mercado de trabalho. No momento, apenas 7 000 estão empregadas. A cada ano, 10% das que estão empregadas perdem o emprego, enquanto 60% das desempregadas conseguem se empregar. Considerando que o número de pessoas aptas para o mercado de trabalho permaneça o mesmo, calcule o percentual de pessoas empregadas daqui a 2 anos. Despreze a parte fracionária de seu resultado, caso exista.

64. (Unicamp-SP) Segundo dados do Ministério do Trabalho e Emprego (MTE), no período de julho de 2000 a junho de 2001, houve dez milhões, cento e noventa e cinco mil, seiscentos e setenta e uma admissões ao mercado formal de trabalho no Brasil, e os desligamentos somaram nove milhões, quinhentos e cinquenta e quatro mil, cento e noventa e nove. Pergunta-se:

a) Quantos novos empregos formais foram criados durante o período referido?

b) Sabendo-se que esse número de novos empregos resultou em um acréscimo de 3% no número de pessoas formalmente empregadas em julho de 2000, qual o número de pessoas formalmente empregadas em junho de 2001?

65. (Vunesp-SP) Uma empresa agropecuária desenvolveu uma mistura, composta de fécula de batata e farinha, para substituir a farinha de trigo comum. O preço da mistura é 10% inferior ao da farinha de trigo comum. Uma padaria fabrica e vende 5 000 pães por dia. Admitindo-se que o kg da farinha comum custa R$ 1,00 e que com 1 kg de farinha ou da nova mistura a padaria fabrica 50 pães, determine:

a) a economia, em reais, obtida em um dia, se a padaria usar a mistura em vez de farinha de trigo comum;

b) o número inteiro máximo de quilos da nova mistura que poderiam ser comprados com a economia obtida em um dia e, com esse número de quilos, quantos pães a mais poderiam ser fabricados por dia.

66. (UnB-DF) Duas empresas de táxi, X e Y, praticam regularmente a mesma tarifa. No entanto, com o intuito de atrair mais passageiros, a empresa X decide oferecer um desconto de 50% em todas as suas corridas, e a empresa Y, descontos de 30%. Com base nessas informações e considerando o período de vigência dos descontos, julgue os itens a seguir:

1) Se um passageiro pagou R$ 8,00 por uma corrida em um táxi da empresa Y, então, na tarifa sem desconto, a corrida teria custado menos de R$ 11,00.

2) Ao utilizar um táxi da empresa Y, um passageiro paga 20% a mais do que pagaria pela mesma corrida, se utilizasse a empresa X.

3) Considere que, no mês de fevereiro, com 20 dias úteis, uma pessoa fez percursos de ida e volta ao trabalho, todos os dias, nos táxis da empresa Y, e, no final do mês, pagou R$ 80,00. Nessas condições, para fazer os mesmos percursos de ida e volta ao trabalho, no mês seguinte, com 24 dias úteis, nos táxis da empresa X, a pessoa pagaria mais de R$ 70,00.

67. (UnB-DF, adaptado) Em uma empresa, o salário mensal de um estagiário é de R$ 400,00, o de um técnico é o dobro desse valor e o de cada gerente é igual a R$ 2 800,00. O valor total da folha de pagamento de pessoal dessa empresa é de R$ 20 800,00 mensais e o salário médio mensal é de R$ 520,00. A direção da empresa decide, por questões de economia, reduzir a folha de pagamento mensal em 2%, distribuídos da seguinte maneira: uma redução de 1% nos salários dos estagiários, de 3% nos dos técnicos e de 5% nos dos gerentes. Sendo E a quantidade de estagiários, T a de técnicos e G a de gerentes, julgue os itens a seguir:

1) $E + T + G \leq 52$
2) $396E + 776T + 2660G = 20384$

68. Calcule:
a) Quanto vale 20% de 30% de um valor?
b) Quanto vale 10% de 50% de um valor?
c) Quanto vale 160% de 300% de um valor?

69. Em uma pesquisa de opinião foram ouvidas x pessoas, dentre as quais 63% eram mulheres. Entre os homens, 45% tinham nível universitário. Qual é, em função de x, o número de homens entrevistados sem formação universitária?

70. A primeira fase de um vestibular foi feita por 48 000 candidatos, dos quais 65% não passaram para a fase seguinte. Entre os que fizeram a segunda fase, 68% não foram aprovados. Quantos candidatos conseguiram ingressar na faculdade por meio desse exame?

71. (UF-PE) Em um exame de vestibular 30% dos candidatos eram da área de Ciências Sociais. Dentre esses candidatos, 20% optaram pelo curso de Administração. Indique a porcentagem, relativa ao total de candidatos, dos que optaram por Administração.

MATEMÁTICA COMERCIAL

72. Calcule e expresse o resultado em forma de porcentagem:
  a) $(10\%)^2$ b) $(20\%)^2$ c) $(10\%) \cdot (20\%)$ d) $(120\%) \cdot (350\%)$

73. (FGV-SP) Chama-se margem de contribuição unitária à diferença entre o preço unitário de venda e o custo unitário de um produto.

Se o preço unitário de venda é p e o custo unitário é c:

  a) Qual o valor de p em função de c, sabendo-se que a margem de contribuição unitária é 10% do preço de venda?
  b) Se a margem de contribuição unitária for 30% do preço de venda, qual a margem de contribuição unitária, em porcentagem, do custo unitário?

74. Calcule o valor solicitado em cada caso:
  a) A margem de contribuição unitária é igual a 18% do preço de venda de um produto. Qual a margem como porcentagem do custo por unidade?
  b) A margem de contribuição unitária é igual a 140% do custo por unidade. Qual a margem como porcentagem do preço de venda?

75. De acordo com uma reportagem publicada na revista *Veja São Paulo*, cerca de 100 unidades de churrasco grego são vendidas diariamente, em média, em cada barraca. A porção de churrasco mais um copo de suco custam apenas R$ 0,70. O custo do referido produto aparece discriminado na tabela ao lado.

Pão	R$ 0,11
Carne	R$ 0,20
Legumes	R$ 0,03
Suco	R$ 0,07
Total	R$ 0,41

Fonte: *Veja São Paulo*, 11 fev. 2003.

  a) Qual a margem de contribuição por unidade do produto?
  b) Se o produtor trabalhar 25 dias por mês e tiver um custo fixo mensal de R$ 40,00, qual será seu lucro nesse período?

76. (Ibmec-SP, adaptado) Classifique como verdadeira ou falsa cada uma das afirmações e justifique sua resposta.
  a) O Produto Nacional Bruto (PNB) de um país cresceu 30% em um ano, enquanto no mesmo período sua população cresceu 20%. Então, para esse mesmo período, o crescimento do PNB *per capita* (PNB dividido pela população) foi de 10%.
  b) Carlos vendeu um apartamento com um lucro de 20% em relação ao preço de venda, então seu lucro em relação ao custo foi de 25%.

77. (UF-GO) Um comerciante que compra e revende coco adquire cada unidade do produto por R$ 0,34. Esse comerciante tem uma despesa, na comercialização, que representa, em média, por unidade, 10% do preço final de venda ao consumidor. O lucro em cada unidade é de 50% do custo total (preço de compra mais custo de comercialização). Com base no exposto, classifique como verdadeira ou falsa cada uma das afirmações a seguir:

1) O preço de venda, de cada unidade, ao consumidor é maior que R$ 0,70.
2) Se o comerciante faturou R$ 600,00 com a venda dos cocos, seu lucro foi de R$ 200,00.
3) Se o comerciante vender em determinado dia o dobro de unidades do dia anterior, seu lucro será o dobro do lucro do dia anterior.
4) Para que o comerciante tenha lucro de R$ 500,00, ele deverá vender 2 500 cocos.

78. O dono de uma padaria comprou um pacote de chocolate com 100 unidades pagando R$ 120,00. Se ele vender 40 unidades com uma margem de contribuição unitária igual a 50% do custo unitário, e 60 unidades com uma margem de 30% sobre o custo unitário, qual a receita de venda das 100 unidades?

79. (UF-PA) Para produzir determinado artigo, uma indústria tem dois tipos de despesa: uma fixa e uma variável. A despesa fixa foi estimada em R$ 90,00 (noventa reais), e a variável deverá corresponder a 30% do total das vendas. Se para o mês de março de 2001 pretende-se que o lucro em relação ao produto represente 20% do total de vendas, qual deve ser, em reais, o volume de vendas e de quanto será o lucro?

80. (UF-ES) Humberto comprou seis exemplares de um livro, um para ele e cinco para dar de presente a seus amigos. Os livros foram comprados com 20% de desconto sobre o preço original. Pela remessa de cada um dos cinco livros, ele pagou 5% sobre o valor unitário de compra (com desconto) mais R$ 1,00 pela embalagem. Ao todo, ele gastou R$ 289,00. Qual o preço original do livro?

81. (U.F. Viçosa-MG) Uma indústria fabrica dois tipos de produto, X e Y, com custo por unidade de R$ 4,00 e R$ 10,00, respectivamente. Sabendo que essa indústria vendeu 260 unidades dos produtos X e Y com preços 50% e 40%, respectivamente, acima de seu valor de custo, obtendo R$ 2 680,00 com a venda, determine a quantidade de cada produto.

82. (Fuvest-SP) No início de sua manhã de trabalho, um feirante tinha 300 melões que ele começou a vender ao preço unitário de R$ 2,00. A partir das dez horas reduziu o preço em 20% e a partir das onze horas passou a vender cada melão por R$ 1,30. No final da manhã havia vendido todos os melões e recebido o total de R$ 461,00.
a) Qual o preço unitário do melão entre dez e onze horas?
b) Sabendo que $\frac{5}{6}$ dos melões foram vendidos após as dez horas, calcule quantos foram vendidos antes das dez, entre dez e onze e após as onze horas.

83. (FGV-SP) No Brasil, quem ganha um salário mensal menor ou igual a R$ 900,00 está isento do pagamento do imposto de renda (IR). Quem ganha um salário mensal acima de R$ 900,00 até R$ 1800,00 paga um IR igual a 15% da parte de seu salário que excede R$ 900,00; quem ganha um salário mensal acima de R$ 1800,00 paga um IR igual a R$ 135,00 (correspondente a 15% da parte do salário entre R$ 900,00 e R$ 1800,00) mais 27,5% da parte do salário que excede R$ 1800,00.

a) Qual o IR pago por uma pessoa que recebe um salário mensal de R$ 1400,00?

b) Uma pessoa pagou um IR de R$ 465,00 num determinado mês. Qual o seu salário nesse mês?

Observação: os dados são do ano 2000.

84. (UF-PR, adaptado) O imposto de renda (IR) a ser pago mensalmente é calculado com base na tabela da Receita Federal, da seguinte forma: sobre o rendimento base aplica-se a alíquota correspondente; do valor obtido, subtrai-se a "parcela a deduzir"; o resultado é o valor do imposto a ser pago.

Rendimento base (R$)	Alíquota	Parcela a deduzir (R$)
Até 900,00	Isento	–
De 900,01 a 1800,00	15%	135,00
Acima de 1800,00	27,5%	360,00

Fonte: Receita Federal, ago. 1999.

Em relação ao IR do mês de agosto de 1999, considerando apenas as informações da tabela, classifique como verdadeiro ou falso cada um dos itens a seguir:

1) Sobre o rendimento base de R$ 1000,00, o valor do imposto é R$ 15,00.

2) Para rendimentos base maiores que R$ 900,00, ao se triplicar o rendimento base, triplica-se também o valor do imposto.

3) Sendo x o rendimento base, com $x > 1800$, uma fórmula para o cálculo do imposto y é: $y = 0,275x - 360$, considerando x e y em reais.

85. Em fevereiro de 2013, vigorava no Brasil a seguinte tabela para o cálculo do imposto de renda sobre os salários:

Rendimento em R$	Alíquota %	Deduzir – R$
Até R$ 1710,78	Isento	–
De 1710,79 até 2563,91	7,5	128,31
De 2563,92 até 3418,59	15,0	320,60
De 3418,60 até 4271,59	22,5	577,00
Acima de R$ 4271,59	27,5	790,58

Fonte: Receita Federal, fev. 2013.

a) Qual o imposto de renda de quem ganha um salário mensal de R$ 1 500,00?
b) Qual o imposto de renda de quem ganha um salário mensal de R$ 2 000,00?
c) Qual o imposto de renda de quem ganha um salário mensal de R$ 5 000,00?
d) Explique o significado da parcela de R$ 128,31 a deduzir.

86. (Vunesp-SP) Suponhamos que, para uma dada eleição, uma cidade tivesse 18 500 eleitores inscritos. Suponhamos ainda que, para essa eleição, no caso de se verificar um índice de abstenções de 6% entre os homens e de 9% entre as mulheres, o número de votantes do sexo masculino será exatamente igual ao de votantes do sexo feminino. Determine o número de eleitores inscritos de cada sexo.

IV. Variação percentual

Suponhamos que, no início de certo mês, o preço de determinado produto seja R$ 20,00 e, no final do mês, o preço tenha aumentado para R$ 21,00. O aumento de preço foi de R$ 1,00; a razão entre o aumento e o preço inicial, expressa na forma de porcentagem, é chamada de **variação percentual** de preço entre as datas consideradas. Assim, indicando a variação percentual por j, teremos:

$$j = \frac{1}{20} = 0,05 = 5\%$$

De modo geral, consideremos uma grandeza que assuma um valor V_0 na data 0 e o valor V_t numa data futura t. Chamamos de **variação percentual** dessa grandeza entre as datas 0 e t, e indicamos por j o número dado por:

$$j = \frac{V_t - V_0}{V_0}$$

Observemos que, pela propriedade distributiva, a variação percentual j também pode ser expressa por:

$$j = \frac{V_t}{V_0} - 1$$

Quando a variação percentual é positiva, denomina-se **taxa percentual de crescimento**, e, quando é negativa, seu valor absoluto é denominado **taxa percentual de decrescimento** (desde que $V_0 > 0$ e $V_t > 0$).

MATEMÁTICA COMERCIAL

6. Variações percentuais sucessivas

Consideremos os instantes de tempo 0, $t_1, t_2, t_3, ..., t_{n-1}, t_n$, em que $0 < t_1 < t_2 < t_3 ... < t_n$, e chamemos de j_1 a variação percentual da grandeza entre 0 e t_1. Denominamos j_2 a variação percentual da grandeza entre t_1 e t_2 e assim sucessivamente até j_n, que representa a variação percentual da grandeza entre t_{n-1} e t_n. Os valores $j_1, j_2, j_3, ..., j_n$ são chamados de **variações percentuais sucessivas**, conforme mostra a figura abaixo:

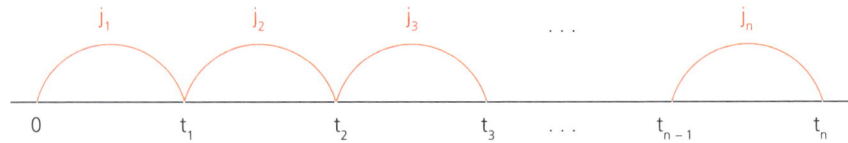

7. Variações percentuais acumuladas

Se indicarmos por $V_0, V_1, V_2, ..., V_n$ os valores da grandeza nas datas 0, $t_1, t_2, t_3, ..., t_{n-1}, t_n$, poderemos escrever:

- $j_1 = \dfrac{V_1}{V_0} - 1 \Rightarrow V_1 = V_0(1 + j_1)$

- $j_2 = \dfrac{V_2}{V_1} - 1 \Rightarrow V_2 = V_1(1 + j_2) = V_0(1 + j_1)(1 + j_2)$

- $j_3 = \dfrac{V_3}{V_2} - 1 \Rightarrow V_3 = V_2(1 + j_3) = V_0(1 + j_1)(1 + j_2)(1 + j_3)$

Assim, concluímos que:

$$V_n = V_0(1 + j_1)(1 + j_2)(1 + j_3) \cdots (1 + j_n)$$

À variação percentual entre as datas 0 e t_n damos o nome de **variação percentual acumulada**, também conhecida como j_{ac}, expressa por:

$$j_{ac} = \dfrac{V_n}{V_0} - 1$$

Substituindo o numerador, temos:

$$j_{ac} = \dfrac{V_0(1 + j_1)(1 + j_2)(1 + j_3) \cdots (1 + j_n)}{V_0} - 1$$

$$j_{ac} = (1 + j_1)(1 + j_2)(1 + j_3) \cdots (1 + j_n) - 1$$

Exemplos:

1º) No final de um ano o número de habitantes de uma cidade era igual a 40 000 e no final do ano seguinte esse número subiu para 41 000. Qual a variação percentual entre as datas consideradas?

A variação percentual pode ser calculada da seguinte forma:

$$j = \frac{41\,000}{40\,000} - 1 = 0,025 = 2,5\%$$

Como **j > 0**, dizemos que a população **cresceu** a uma taxa de 2,5%.

2º) Em 20/5/2013 o preço de uma ação era R$ 205,00 e em 7/7/2013 o preço caiu para R$ 190,00. Qual a variação percentual?
A variação percentual é dada por:

$$j = \frac{190}{205} - 1 = -0,0732 = -7,32\%$$

Como j < 0, dizemos que o preço da ação decresceu a uma taxa de 7,32% no período.

3º) O lucro de uma empresa foi de R$ 300 000,00 em 2013.
   a) Qual o lucro em 2014 se nesse ano ele crescer 5%?
   b) Qual o lucro em 2016 se ele crescer 5% em 2014, 6% em 2015 e 7% em 2016?

Chamando de V_0 o lucro em 2013, V_1 em 2014, V_2 em 2015 e V_3 em 2016, teremos:

a) $V_1 = 300\,000(1 + 0,05) = 315\,000$
   O lucro em 2014 será de R$ 315 000,00.

b) $V_3 = 300\,000(1 + 0,05)(1 + 0,06)(1 + 0,07) = 357\,273$
   O lucro em 2016 será de R$ 357 273,00.

4º) O preço de um automóvel 0 km era R$ 25 000,00. Um ano depois, o preço teve um decréscimo de 15% e, após mais um ano, teve outro decréscimo de 10%.
   a) Qual o preço do automóvel dois anos depois?
   b) Qual a taxa acumulada de decréscimo?

O preço inicial é denominado V_0, e V_2 é o preço dois anos depois.
Calculando, temos:

a) $V_2 = 25\,000(1 - 0,15)(1 - 0,10) = 19\,125$
   Dois anos depois, o automóvel custou R$ 19 125,00.

b) $j_{ac} = \dfrac{19\,125}{25\,000} - 1 = -0{,}235 = -23{,}5\%$. Portanto, a taxa de decréscimo foi de 23,5%.

Poderíamos também encontrar a taxa acumulada de decréscimo pela fórmula:
$$j_{ac} = (1 - 0{,}15)(1 - 0{,}10) - 1 = -0{,}235 = -23{,}5\%$$

EXERCÍCIOS

87. O preço de um produto era R$ 50,00 e, dois meses depois, passou a R$ 52,00. Qual a variação percentual?

88. O PIB de um país era 500 bilhões de dólares e, dois anos depois, passou a 542 bilhões de dólares. Qual a taxa de crescimento no período?

89. A tabela ao lado fornece o número de automóveis de passeio produzidos no Brasil de julho a novembro de 2012. Calcule a variação percentual do número de veículos produzidos de cada mês em relação ao mês anterior.

Mês	Automóveis produzidos (1 000 unidades)
Julho	298
Agosto	329
Setembro	283
Outubro	319
Novembro	302

Fonte: *Conjuntura Econômica*, jan. 2013.

90. A tabela ao lado fornece a produção média diária de petróleo bruto no Brasil em 1981, 1991, 2001 e 2011.

Ano	Produção média (barris por dia)
1981	213 000
1991	622 000
2001	1 351 000
2011	2 105 000

Fonte: *Conjuntura Econômica*, jul. de 2003 e ANP.

   a) Calcule a variação percentual de cada ano dado em relação ao anterior.
   b) Calcule a média aritmética das três variações percentuais do item anterior.
   c) Se entre 2011 e 2021 a variação percentual for igual à média calculada no item *b*, qual será a produção média diária em 2021?

91. A população de uma cidade cresceu 4% no período de um ano, passando a ser de 64 000 habitantes. Qual o número de habitantes antes do crescimento?

92. (UF-GO) Segundo dados da *Folha de S. Paulo* (30/8/2001, p. B2), o total de exportações feitas pelos gaúchos, de janeiro a julho de 2001, foi de 3,75 bilhões de dólares. Esse valor é 16,42% maior do que o total exportado por eles, de janeiro a julho de 2000.

Calcule o total exportado pelos gaúchos, nesse período de 2000.

93. O gráfico abaixo apresenta o número de habitantes do Brasil (em milhões de pessoas) desde 1900.

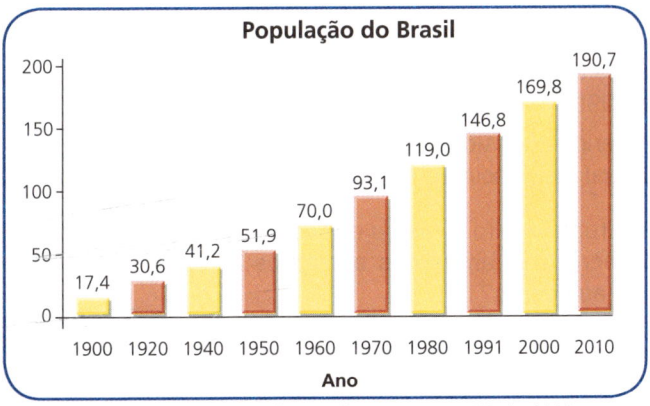

População do Brasil

Ano	1900	1920	1940	1950	1960	1970	1980	1991	2000	2010
Pop.	17,4	30,6	41,2	51,9	70,0	93,1	119,0	146,8	169,8	190,7

Fonte: IBGE. Disponível em:<www.ibge.gov.br>. Acesso em: 30 abr. 2013.

a) Qual o crescimento percentual ocorrido entre 1960 e 1970?
b) Qual o crescimento percentual ocorrido entre 1991 e 2000?
c) Qual o crescimento percentual ocorrido entre 1900 e 2010?
d) Entre quais anos sucessivos indicados no gráfico houve maior taxa de crescimento percentual?
e) Se entre 2010 e 2020 a taxa de crescimento for igual a 15%, qual será a população em 2020?
f) Se entre 2010 e 2020 a taxa de crescimento for igual a 10%, qual será a população em 2020?
g) Se entre 2010 e 2020 a taxa de crescimento for igual a 10% e entre 2020 e 2030 a taxa for de 8%, qual será a população em 2030?

94. Uma dúzia de laranja que custava R$ 5,00 passou a custar R$ 4,00 três meses depois. Qual a taxa de decréscimo?

95. (UF-SC) Pedro investiu R$ 1 500,00 em ações. Após algum tempo, vendeu essas ações por R$ 2 100,00. Determine o percentual de aumento obtido em seu capital inicial.

96. Um produto que custava R$ 25,00 subiu 4% em um mês. Qual o preço após o aumento?

97. (UF-GO) Analise o seguinte texto e responda às perguntas abaixo.

> Pela primeira vez, o número de mulheres conectadas [à Internet] ultrapassou o de homens nos Estados Unidos. Elas representam [em maio de 2000] 50,4% dos internautas. [...] De maio de 1999 a maio de 2000, a presença delas aumentou 34,9%, enquanto o número [total] de usuários da Internet cresceu 22,4%.
>
> (*Veja*, 23 ago. 2000.)

a) Qual era o percentual de mulheres entre os usuários da internet em maio de 1999?

b) No período considerado, de maio de 1999 a maio de 2000, qual foi o percentual de crescimento do número de usuários masculinos na internet?

98. Em janeiro, fevereiro e março o preço de um produto subiu 2%, 3% e 5%, respectivamente. Se antes dos aumentos o preço era R$ 36,00, qual o preço após os aumentos?

99. Em outubro, novembro e dezembro o preço de uma ação teve as seguintes variações percentuais: 4%, 8% e –5%. Qual o preço, após as variações, sabendo-se que antes o preço era R$ 28,00?

100. Se em cinco meses sucessivos o preço de um produto crescer a uma taxa de 1% ao mês, qual a taxa acumulada de variação percentual?

101. Se o PIB de um país crescer 4% ao ano durante dez anos, qual a taxa acumulada de crescimento percentual?

102. Se em quatro anos consecutivos o lucro de uma empresa decrescer a uma taxa de 3% ao ano, qual a taxa acumulada de decrescimento?

103. (UFF-RJ) Em 15 de julho de 2001, Miguel deverá pagar a taxa de condomínio acrescida, a partir desse mês, de uma cota extra. Após o primeiro pagamento, essa cota sofrerá, mensalmente, uma redução de 60%.

Determine o mês em que, na taxa de condomínio a ser paga por Miguel, a cota extra original estará reduzida em 93,6%.

104. (UF-PA) Ao entrar no período seco, o volume do reservatório de uma hidrelétrica é reduzido a 20% ao mês, em relação ao mês anterior.

a) Sendo o período seco de abril a novembro, qual a relação entre o volume no mês de março e o volume no final do período seco?

b) Se no início do período seco o reservatório apresenta 50% de sua capacidade, quando chegará a 20% de sua capacidade? (Use log 2 = 0,30.)

105. (U.F. Viçosa-MG) Uma empresa concedeu aos seus funcionários um reajuste de 60% em duas etapas. Em agosto, 40% sobre o salário de julho e, em outubro, mais 20% sobre o salário de julho. Quanto este último reajuste representou em relação ao salário de setembro?

106. O salário de uma pessoa era R$ 2 800,00 e um ano depois passou a R$ 3 400,00. Passado mais um ano, o salário passou a ser R$ 3 800,00.
a) Qual a variação percentual do salário no 1º ano?
b) Qual a variação percentual do salário no 2º ano?
c) Qual a variação percentual acumulada nos dois anos?

107. Uma revendedora de automóveis resolveu baixar o preço de um automóvel em 5% em virtude da falta de compradores. Na semana seguinte, resolveu baixar mais 4%. Qual a redução acumulada de preço?

108. (UnB-DF) O crescimento anual das exportações de um país, em um determinado ano, é medido tendo-se por base o valor total das exportações do ano imediatamente anterior. Supondo que o crescimento das exportações de um país foi de 12% em 1996 e de 8% em 1997, julgue os itens abaixo.
1) O valor total das exportações em 1996 foi igual a 1,2 vez o valor correspondente em 1995.
2) Diminuindo-se 8% do valor total das exportações ocorridas em 1997, obtém-se o valor total das exportações ocorridas em 1996.
3) Em 1997, o valor total das exportações foi 20% maior que o de 1995.
4) O crescimento do valor das exportações durante o biênio 1996-1997 equivale a um crescimento anual constante inferior a 10% ao ano, durante o mesmo período.

109. O gráfico abaixo apresenta a expectativa de vida (em anos) dos brasileiros de 1900 a 2010. Uma das razões para a baixa expectativa no início do século XX foi a alta mortalidade infantil, reduzindo a vida média.

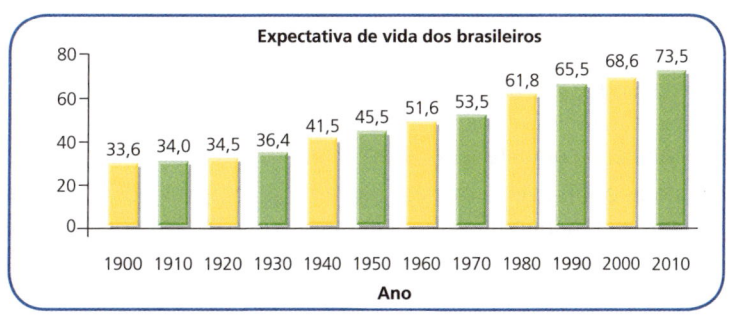

Expectativa de vida dos brasileiros

Ano	1900	1910	1920	1930	1940	1950	1960	1970	1980	1990	2000	2010
	33,6	34,0	34,5	36,4	41,5	45,5	51,6	53,5	61,8	65,5	68,6	73,5

Fonte: IBGE. Disponível em:<www.ibge.gov.br>. Acesso em: 30 abr. 2013.

MATEMÁTICA COMERCIAL

a) Qual a variação percentual da expectativa de vida entre 1940 e 1950?
b) Qual a variação percentual da expectativa de vida entre 1990 e 2000?
c) Entre quais anos sucessivos do gráfico houve a maior variação percentual na expectativa de vida?
d) Se entre 2010 e 2020 a expectativa de vida crescer 5%, qual será a expectativa de vida em 2020?
e) Se entre 2010 e 2020 a expectativa de vida crescer 5% e entre 2020 e 2030 crescer 4%, qual a será expectativa de vida em 2030?

110. (UFF-RJ) Um jovem recebe mesada dos pais e gasta 45% com transporte, 25% com lazer e 30% com lanches. A despesa com transporte aumentou 10%, porém o valor total da mesada foi mantido.

Determine o percentual que ele precisa reduzir da quantia destinada ao lazer para fazer frente a esse aumento, sem alterar sua despesa com lanches.

V. Taxas de inflação

8. Inflação

O fenômeno do aumento persistente e generalizado dos preços de bens e de serviços, com consequente perda do poder aquisitivo da moeda, denomina-se **inflação**.

Os governos geralmente colocam como meta o combate à inflação, pois ela acarreta grandes distorções numa economia de mercado, tais como: perda do poder aquisitivo dos salários que não sofrerem reajustes no seu vencimento, perda do poder aquisitivo daqueles que recebem rendas fixas como o aluguel, desorganização do mercado de capitais e aumento da procura por ativos reais (como, por exemplo, casas e terrenos), dificuldades do financiamento do setor público (o governo encontra dificuldades para vender seus títulos), etc.

9. Deflação

Entende-se por **deflação** o fenômeno da queda persistente dos preços de bens e de serviços. A deflação acarreta problemas como a queda do investimento com consequente queda da produção e aumento do desemprego; e também pode levar o país a uma depressão como a que houve nos Estados Unidos no período compreendido entre 1929 e 1933. Geralmente, o combate à deflação é feito com o aumento dos gastos públicos.

Usualmente, a inflação é medida segundo a composição de uma **cesta básica** de produtos com quantidades físicas bem determinadas. Em seguida, mês a mês, os preços desses produtos são coletados e então, com base nos preços médios de cada produto, obtém-se o valor da cesta básica. A **taxa de inflação** mensal é a variação percentual do valor médio da cesta básica calculada entre um mês e o mês anterior.

MATEMÁTICA COMERCIAL

Admitamos, por exemplo, que uma cesta básica seja constituída de apenas dois produtos A e B, com duas unidades de A e uma de B. Suponhamos que em janeiro de certo ano os preços médios por unidade de A e B sejam, respectivamente, R$ 80,00 e R$ 40,00. Assim, o valor da cesta básica em janeiro é $V_{jan} = 2 \cdot (80) + 1 \cdot (40) = 200$. Suponhamos, também, que em fevereiro do mesmo ano os preços médios de A e B passem a valer R$ 81,00 e R$ 42,00, respectivamente. O valor da cesta básica, em fevereiro, será $V_{fev} = 2 \cdot (81) + 1 \cdot (42) = 204$. A taxa de inflação de fevereiro (indicada por j_{fev}) será dada por:

$$j_{fev} = \frac{204}{200} - 1 = 0{,}02 = 2\%$$

Se em março os preços de A e B forem R$ 82,00 e R$ 43,00, respectivamente, o valor da cesta básica, no mês de março, será $V_{mar} = 2 \cdot (82) + 1 \cdot (43) = 207$. A taxa de inflação de março (indicada por j_{mar}) será dada por:

$$j_{mar} = \frac{207}{204} - 1 = 0{,}0147 = 1{,}47\%$$

No caso de taxas mensais de inflação $j_1, j_2, j_3, ..., j_n$ de meses sucessivos, a taxa acumulada de inflação nesses meses, de acordo com o que foi visto em **Variação percentual**, é dada por:

$$\boxed{j_{ac} = (1 + j_1)(1 + j_2)(1 + j_3) \ ... \ (1 + j_n) - 1}$$

Observações:

1ª) O exemplo dado foi elaborado considerando-se uma cesta básica com apenas dois produtos. No entanto, a mesma ideia pode ser facilmente generalizada para uma cesta básica com um número qualquer de produtos. Em geral, essas quantidades são determinadas por meio de pesquisas de orçamentos familiares.

2ª) A definição da taxa de inflação, de acordo com o que vimos, é baseada no chamado **método de Laspeyres** (Étienne Laspeyres, 1834-1913, economista e estatístico alemão) com quantidades fixas na época base, sendo um dos mais utilizados na prática. Existem, entretanto, outras metodologias.

3ª) Existem muitos índices oficiais de inflação, cada qual caracterizado pelos produtos da cesta básica, pela metodologia de cálculo ou pelo período e local de coleta de preços. Entre eles destacamos os **Índices de Preços ao Consumidor** (IPCs), cujas cestas básicas contêm produtos de consumo final, e são calculadas por diversas instituições nas grandes cidades, o **Índice de Preços no Atacado** (IPA), calculado pela Fundação Getúlio Vargas, com preços negociados no atacado e com dados coletados em todo o país, o **Índice Nacional do Custo da Construção** (INCC), que envolve preços de produtos e serviços da construção civil, com dados coletados em todo o país pela Fundação Getúlio Vargas, e o **Índice Geral de Preços** (IGP), calculado pela Fundação Getúlio Vargas, utilizando uma média ponderada do IPA, do IPC do Rio de Janeiro e São Paulo e do INCC, que representam 60%, 30% e 10%, respectivamente, do IGP.

Exemplos:

1º) Em janeiro, fevereiro e março as taxas de inflação foram 1%, 1,5% e 2%, respectivamente. Qual a taxa acumulada no trimestre?

Calculando, temos:
$$j_{ac} = (1 + 0,01)(1 + 0,015)(1 + 0,02) - 1 = 0,0457 = 4,57\%$$
A taxa acumulada no trimestre é 4,57%.

2º) Uma taxa mensal de inflação de 1% acumula que taxa em 10 meses?

Temos:
$$j_{ac} = (1,01)(1,01)(1,01) \ldots (1,01) - 1$$
$$j_{ac} = (1,01)^{10} - 1 = 0,1046 = 10,46\%$$
Assim, em 10 meses haverá um acúmulo de taxa de 10,46%.

3º) Que taxa mensal constante de inflação deverá vigorar em cada um dos próximos 12 meses para acumular uma taxa de 20%?

Seja j a taxa procurada:
$$(1 + j)^{12} - 1 = 0,20$$

Portanto:
$$(1 + j)^{12} = 1,20$$
$$\left[(1 + j)^{12}\right]^{\frac{1}{12}} = \left[1,20\right]^{\frac{1}{12}}$$
$$(1 + j)^1 = (1,20)^{0,0833}$$
$$1 + j = 1,0153$$
$$j = 0,0153 = 1,53\%$$

A taxa mensal deve ser 1,53%.

4º) Num período em que a inflação é de 20%, qual a perda do poder aquisitivo da moeda?

Consideremos um valor arbitrário da moeda, por exemplo, R$ 1 000,00.

Suponhamos que, no início do período, o valor da cesta básica seja R$ 100,00 (valor arbitrário).

O poder aquisitivo de R$ 1 000,00 equivale a quanto esse valor consegue comprar de um produto (no caso, a cesta básica). O poder aquisitivo de R$ 1 000,00 é 1 000 : 100 = 10 cestas básicas.

No final do período, o valor da cesta básica é R$ 120,00, pois a inflação é de 20% e o valor de R$ 1 000,00 comprará 1 000 : 120 = 8,3333 cestas básicas.

A variação percentual do poder aquisitivo é $\frac{8,3333}{10} - 1 = -16,67\%$. Portanto, a moeda teve uma perda de poder aquisitivo igual a 16,67%.

EXERCÍCIOS

111. Uma cesta básica é constituída de três produtos X, Y e Z nas quantidades 3, 5 e 12, respectivamente. Em janeiro, fevereiro e março os preços médios por unidade desses produtos são dados ao lado.

	X	Y	Z
Janeiro	10,00	12,00	15,00
Fevereiro	10,00	12,50	15,60
Março	11,00	12,60	15,40

a) Qual a taxa de inflação de fevereiro, considerando-se essa cesta básica?

b) Qual a taxa de inflação de março, considerando-se a mesma cesta básica?

112. A tabela ao lado fornece os preços de uma cesta básica de janeiro a julho de certo ano.

Mês	Preço da cesta básica
Janeiro	240
Fevereiro	246
Março	250
Abril	x
Maio	259
Junho	264
Julho	270

a) Qual a taxa de inflação de fevereiro, março, junho e julho?

b) Qual o valor de x para que a taxa de inflação de abril seja 1,5%?

c) Qual o valor de x para que a taxa de inflação de maio seja 1%?

113. (FGV-SP) Uma dona de casa compra mensalmente 3 produtos A, B e C nas quantidades (em unidades) dadas pela tabela ao lado.

Produto	Quantidades
A	2
B	3
C	5

Em janeiro, os preços por unidade de A, B e C foram, respectivamente, 10, 12 e 20. Em fevereiro, tais preços foram, respectivamente, 10, 14 e 21.

a) Quais os aumentos percentuais de preços de cada produto, de fevereiro em relação a janeiro?

b) Qual o aumento da despesa da dona de casa com esses produtos de fevereiro em relação a janeiro?

114. Em julho, agosto e setembro as taxas de inflação foram, respectivamente, 1,2%, 0,8% e 1,3%.

a) Qual a taxa acumulada de inflação no período?

b) Qual deverá ser a taxa de inflação de outubro para que a taxa acumulada do quadrimestre seja 4%?

MATEMÁTICA COMERCIAL

115. A taxa de inflação acumulada em um bimestre foi de 5%. No 1º mês a taxa foi de 2%. Qual a taxa do 2º mês?

116. Em janeiro, a taxa de inflação foi de 2%, em fevereiro, 1,5% e em março houve uma deflação de 1%.
a) Qual a taxa acumulada no trimestre?
b) Qual deverá ser a taxa de abril para que a taxa acumulada no quadrimestre seja 4,5%?

117. Uma taxa mensal de inflação de 1,5% acumula que taxa em 12 meses?

118. Uma taxa de inflação de 0,7% ao mês acumula que taxa em 24 meses?

119. (PUC-RJ) Suponha uma inflação mensal de 4% durante um ano. De quanto será a inflação acumulada nesse ano?

120. Uma taxa mensal de deflação de 1% acumula que taxa em 6 meses?

121. Qual taxa mensal constante de inflação acumula 8% em 5 meses?

122. Qual taxa mensal constante de inflação acumula 25% em 1 ano?

123. Durante o ano de 1923, no auge da hiperinflação na Alemanha, a taxa de inflação foi de $(855{,}44 \cdot 10^8)$%. Se em cada um dos 12 meses a taxa fosse constante, qual seria seu valor? (Dados extraídos de: W. A. Bomberger e outros. *Hiperinflação: algumas experiências*. São Paulo: Ed. Paz e Terra.)

124. Em 1990, no auge da inflação brasileira, o Índice Geral de Preços (IGP) acusou uma variação de 2 740,23%. (Dados extraídos de: Revista *Conjuntura Econômica*, julho de 2003.)
Se em cada mês de 1990 a taxa de inflação fosse constante, qual o valor dessa taxa?

125. Num período em que a taxa de inflação é de 40%, qual a perda do poder aquisitivo da moeda?

126. Num período em que a taxa de inflação é de 100%, qual a perda do poder aquisitivo da moeda?

127. (Vunesp-SP) No início de um mês, João poderia comprar M kg de feijão, se gastasse todo o seu salário nessa compra. Durante o mês, o preço do feijão aumentou 30% e o salário de João aumentou 10%. No início do mês seguinte, se gastasse todo o seu salário nessa compra, João só poderia comprar X% dos M kg de feijão. Calcule X.

CAPÍTULO II

Matemática financeira

I. Capital, juros, taxa de juros e montante

Fundamentalmente, a Matemática Financeira estuda os procedimentos utilizados em pagamentos de empréstimos, bem como os métodos de análise de investimentos em geral.

Quando uma pessoa empresta a outra um valor monetário durante um certo tempo, essa quantia é chamada de **capital** (ou **principal**) e é indicada por C. O valor que o emprestador cobra pelo uso do dinheiro, ou o valor pago pelo tomador do empréstimo, é chamado de **juros** e indicado por J.

A **taxa de juros**, indicada por i (do inglês *interest*, que significa juros), é expressa como porcentagem do capital. Ela representa os juros numa certa unidade de tempo, normalmente indicada da seguinte forma: ao dia (a.d.), ao mês (a.m.), ao ano (a.a.), etc. Assim, por exemplo, se o capital emprestado for R$ 8 000,00 e a taxa, 1,5% ao mês, os juros pagos no mês serão iguais a 1,5% sobre R$ 8 000,00, que equivale a 0,015 · (8 000) e, portanto, igual a R$ 120,00. De modo geral, os juros no período são iguais ao produto do capital pela taxa, isto é:

$$J = C \cdot i$$ (juros no período da taxa)

Se o pagamento do empréstimo for feito numa única parcela, ao final do prazo do empréstimo, o tomador pagará a soma do capital emprestado com o juro, que chamaremos de **montante** e indicaremos por M. No caso do empréstimo de R$ 8 000,00, durante 1 mês, à taxa de 1,5% ao mês, o montante será igual a R$ 8 120,00. De modo geral, teremos:

$$M = C + J$$

MATEMÁTICA FINANCEIRA

As operações de empréstimo são feitas geralmente por intermédio de um banco que, de um lado, capta dinheiro de interessados em aplicar seus recursos e, de outro, empresta esse dinheiro aos tomadores interessados no empréstimo. A captação é feita sob várias formas, como, por exemplo, cadernetas de poupança e certificados de depósito bancário (cada aplicação recebe uma taxa de acordo com o prazo e os riscos envolvidos). Os tomadores também podem obter financiamento sob diversas maneiras, e as taxas cobradas dependem do prazo do empréstimo, dos custos do capital para o banco e do risco de não pagamento por parte do tomador.

Exemplos:

1º) Um capital de R$ 12 000,00 foi aplicado durante 3 meses à taxa de 5% a.t. (ao trimestre). Vamos calcular os juros e o montante recebidos após 3 meses.
Em reais, após 3 meses, os juros recebidos foram:
$$J = 12\,000 \cdot (0{,}05) = 600$$
Assim, o montante recebido, em reais, foi:
$$M = 12\,000 + 600 = 12\,600$$

2º) Uma empresa recebeu um empréstimo bancário de R$ 60 000,00 por 1 ano, pagando um montante de R$ 84 000,00. Vamos obter a taxa anual de juros.
Os juros do empréstimo, em reais, são:
$$84\,000 - 60\,000 = 24\,000$$
Como $J = C \cdot i$, segue que $i = \dfrac{J}{C} = \dfrac{24\,000}{60\,000} = 0{,}40 = 40\%$ a.a. (ao ano), que corresponde à taxa anual de juros.

3º) Um investidor aplicou R$ 30 000,00 numa caderneta de poupança e R$ 20 000,00 num fundo de investimento, pelo prazo de 1 ano. A caderneta de poupança rendeu no período 9% e o fundo, 12%. Vamos calcular a taxa global de juros recebidos pelo investidor.
Chamamos de J_1 os juros da caderneta de poupança, e de J_2, os do fundo de investimento. Assim, temos, em reais:
$$J_1 = 30\,000 \cdot (0{,}09) = 2\,700 \text{ e } J_2 = 20\,000 \cdot (0{,}12) = 2\,400$$
Calculando os juros totais recebidos, temos:
$$J = 2\,700 + 2\,400 = 5\,100$$
Assim, a taxa global de juros recebidos é:
$$i = \frac{J}{C} = \frac{5\,100}{50\,000} = 0{,}1020 = 10{,}20\% \text{ a.a.}$$

4º) Um investidor aplicou 80% de seu capital num fundo A e o restante num fundo B, pelo prazo de 1 ano. Nesse período, o fundo A rendeu 16%, enquanto o fundo B rendeu 10%. Vamos determinar a taxa global de juros ao ano recebida pelo investidor.

Seja C o capital total aplicado. A parte aplicada no fundo A é $C_A = 0{,}80 \cdot C$ e a parte aplicada no fundo B é $C_B = 0{,}20 \cdot C$.

Os juros recebidos por meio do fundo A foram:
$$J_A = 0{,}16 \cdot C_A = 0{,}16 \cdot (0{,}80C) = 0{,}128C$$
Os juros recebidos por meio do fundo B foram:
$$J_B = 0{,}10 \cdot C_B = 0{,}10 \cdot (0{,}20C) = 0{,}02C$$
Assim, os juros totais recebidos foram:
$$J_A + J_B = 0{,}128C + 0{,}02C = 0{,}148C$$
Finalmente, a taxa global de juros recebida na aplicação foi:
$$i = \frac{J}{C} = \frac{0{,}148C}{C} = 0{,}148 = 14{,}8\% \text{ a.a.}$$

EXERCÍCIOS

128. Um capital de R$ 4 000,00 foi aplicado durante 2 meses à taxa de 3% a.b. (ao bimestre). Calcule os juros e o montante recebido.

129. Osvaldo aplicou R$ 15 000,00 durante 6 meses num fundo que rendeu 10% a.s. (ao semestre). Qual o montante recebido?

130. Olavo aplicou R$ 25 000,00 numa caderneta de poupança pelo prazo de 1 ano. Sabendo-se que a taxa era de 9% a.a. (ao ano), qual o valor do montante?

131. Sueli aplicou R$ 4 800,00 num fundo de investimento e recebeu, 3 meses depois, R$ 500,00 de juros. Qual a taxa trimestral de juros da aplicação?

132. Uma empresa tomou um empréstimo de R$ 100 000,00 por 1 dia, à taxa de 0,2% a.d. (ao dia). Qual o valor do montante pago?

133. Roberto aplicou R$ 12 000,00 num fundo e recebeu, 1 ano depois, um montante de R$ 17 000,00. Qual a taxa anual de juros recebida?

134. Em um empréstimo de R$ 50 000,00 feito por 1 mês, uma empresa pagou um montante de R$ 51 200,00. Qual a taxa mensal do empréstimo?

135. Um investidor dobrou seu capital numa aplicação pelo prazo de 2 anos. Qual a taxa de juros no período da operação?

136. (Vunesp-SP) O preço de tabela de um determinado produto é R$ 1 000,00. O produto tem um desconto de 10% para pagamento à vista e um desconto de 7,2% para pagamento em 30 dias. Admitindo que o valor desembolsado no pagamento à vista possa ser aplicado pelo comprador em uma aplicação de 30 dias, com um rendimento de 3%, determine:
   a) quanto o comprador teria ao final da aplicação;
   b) qual a opção mais vantajosa para o comprador: pagar à vista ou aplicar o dinheiro e pagar em 30 dias. Justifique matematicamente sua resposta.

137. (FGV-SP) Um investidor norte-americano traz para o Brasil 50 000 dólares; faz a conversão de dólares para reais; aplica os reais por um ano à taxa de 18% ao ano, e no resgate converte os reais recebidos para dólares e os envia para os Estados Unidos. No dia da aplicação, um dólar valia R$ 1,10 e, um ano depois, na data do resgate, um dólar valia R$ 1,20.
   a) Qual a taxa de rendimento dessa aplicação, considerando os valores expressos em dólares?
   b) Quanto deveria valer um dólar na data de resgate (um ano após a aplicação) para que a taxa de rendimento em dólares tivesse sido de 12% ao ano?

138. Pedro aplicou R$ 25 000,00 num fundo A e R$ 45 000,00 num fundo B pelo prazo de 3 meses. Nesse período, o fundo A rendeu 15% e o B rendeu 12%. Qual a taxa global de rendimento no trimestre?

139. Jair aplicou 60% de seu capital na caderneta de poupança e o restante num fundo de investimento, pelo prazo de 6 meses. Nesse período, a caderneta de poupança rendeu 5% e o fundo, 8%. Qual a taxa global de rendimento auferido por Jair nesse período?

140. José Roberto aplicou 30% de seu capital num fundo A, 30% num fundo B e o restante num fundo C, pelo prazo de 8 meses. Nesse período, o fundo A rendeu 8%, o fundo B, 12% e o C, 6%. Qual a taxa global de rendimento obtida pelo investidor?

141. (FGV-SP) O sr. Matias tem R$ 12 000,00 para investir pelo prazo de um ano. Ele pretende investir parte numa aplicação A que tem um rendimento esperado de 15% ao ano sobre o valor investido, e parte numa outra aplicação B que dá um rendimento esperado de 20% sobre o valor investido.
   a) Qual o rendimento anual esperado, se ele aplicar R$ 7 000,00 em A e R$ 5 000,00 em B?
   b) Qual o máximo que deve investir em A para auferir um ganho esperado de, no mínimo, R$ 2 200,00 daqui a um ano?

142. (UnB-DF) Uma pessoa investiu certo capital, por um período de 5 anos, da seguinte maneira: com $\dfrac{2}{5}$ do capital comprou ações da bolsa de valores; do restante, aplicou metade em imóveis e metade em caderneta de poupança. Ao final de 5 anos, ela contabilizou um prejuízo de 2% na aplicação em ações, um ganho de 20% na aplicação imobiliária e um ganho de 26% na aplicação em poupança. Calcule, em relação ao capital inicial, o percentual ganho pelo investidor, desprezando a parte fracionária de seu resultado, caso exista.

II. Regimes de capitalização

Se um capital for aplicado a uma certa taxa por período, por vários intervalos ou períodos de tempo, o valor do montante pode ser calculado segundo duas convenções de cálculo, chamadas de **regimes de capitalização**: **capitalização simples** (ou juros simples) e **capitalização composta** (ou juros compostos).

10. Regime de capitalização simples

De acordo com esse regime, os juros gerados em cada período são sempre os mesmos e são dados pelo produto do capital pela taxa. Os juros são pagos somente no final da aplicação.

Exemplo:

Um capital de R$ 5 000,00 é aplicado a juros simples durante 4 anos à taxa de 20% a.a. Vamos calcular os juros gerados em cada período e o montante após o período de aplicação.

Os juros gerados no 1º ano são 5 000 · (0,20) = 1 000.
Os juros gerados no 2º ano são 5 000 · (0,20) = 1 000.
Os juros gerados no 3º ano são 5 000 · (0,20) = 1 000.
Os juros gerados no 4º ano são 5 000 · (0,20) = 1 000.

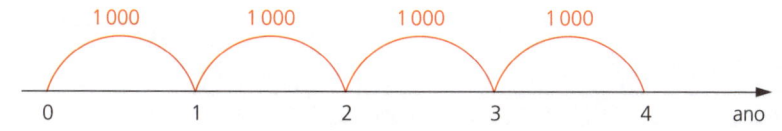

No cálculo dos juros de cada ano, a taxa incide apenas sobre o capital inicial. Assim, o montante após 4 anos vale R$ 9 000,00.

11. Regime de capitalização composta

Nesse regime, os juros do 1º período correspondem ao produto do capital pela taxa; esses juros são adicionados ao capital, gerando o montante M_1 após 1 período.

Os juros do 2º período são obtidos multiplicando-se a taxa pelo montante M_1; esses juros são adicionados a M_1, gerando o montante M_2 após 2 períodos.

Os juros do 3º período são obtidos multiplicando-se a taxa pelo montante M_2; esses juros são adicionados a M_2, gerando o montante M_3 após 3 períodos.

Dessa forma, os juros em cada período são iguais ao montante do início do período multiplicado pela taxa, e esses juros são adicionados ao montante do início do período, gerando o montante do final do período.

Exemplo:

Um capital de R$ 5 000,00 é aplicado a juros compostos durante 4 anos à taxa de 20% a.a. Vamos calcular os juros e o montante para cada período.

Os juros do 1º ano são $5\,000 \cdot (0{,}20) = 1\,000$, e o montante após 1 ano é $M_1 = 6\,000$.

Os juros do 2º ano são $6\,000 \cdot (0{,}20) = 1\,200$, e o montante após 2 anos é $M_2 = 7\,200$.

Os juros do 3º ano são $7\,200 \cdot (0{,}20) = 1\,440$, e o montante após 3 anos é $M_3 = 8\,640$.

Os juros do 4º ano são $8\,640 \cdot (0{,}20) = 1\,728$, e o montante após 4 anos é $M_4 = 10\,368$.

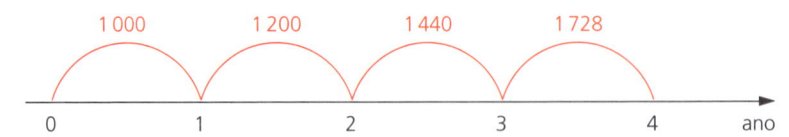

No Brasil, o regime de juros compostos é o mais utilizado em operações tradicionais, embora haja também a utilização dos juros simples. Entretanto, quando a operação não tiver uma prática tradicional (ou seja, operações consagradas, tais como cheque especial, crédito direto ao consumidor, desconto de títulos, etc.), o que prevalece é o regime acordado entre o tomador e o emprestador.

EXERCÍCIOS

143. Um capital de R$ 4 000,00 é aplicado a juros simples, à taxa de 2% a.m. Calcule o montante para os seguintes prazos de aplicação:

a) 2 meses   b) 3 meses   c) 6 meses

144. Qual o montante de uma aplicação de R$ 12 000,00 a juros simples, à taxa de 18% a.a., durante 5 anos?

145. Um capital de R$ 4 000,00 é aplicado a juros compostos, à taxa de 2% a.m. Calcule o montante para os seguintes prazos de aplicação:

a) 2 meses
b) 3 meses
c) 4 meses

146. Qual o montante de uma aplicação de R$ 7 000,00 a juros compostos durante 4 anos, à taxa de 15% a.a.?

147. (Unicamp-SP) Uma pessoa investiu R$ 3 000,00 em ações. No primeiro mês ela perdeu 40% do total investido e no segundo mês ela recuperou 30% do que havia perdido.

a) Com quantos reais ela ficou após os dois meses?

b) Qual foi seu prejuízo após os dois meses, em porcentagem, sobre o valor do investimento inicial?

148. (UF-MG) Um televisor estava anunciado por R$ 500,00 para pagamento à vista ou em três prestações mensais de R$ 185,00 cada uma; a primeira delas a ser paga um mês após a compra. Paulo, em vez de pagar à vista, resolveu depositar, no dia da compra, os R$ 500,00 numa caderneta de poupança, que lhe renderia 2% ao mês nos próximos três meses. Desse modo, ele esperava liquidar a dívida, fazendo retiradas de R$ 185,00 daquela caderneta nas datas de vencimento de cada prestação. Mostre que a opção de Paulo não foi boa, calculando quanto a mais ele teve de desembolsar para pagar a última prestação.

149. (UF-SC, adaptado) Classifique como verdadeira ou falsa a proposição abaixo:

Se uma loja vende um artigo à vista por R$ 54,00, ou por R$ 20,00 de entrada e mais dois pagamentos mensais de R$ 20,00, então a loja está cobrando mais do que 10% ao mês sobre o saldo que tem a receber.

III. Juros simples

Consideremos um capital C aplicado a juros simples, a uma taxa i por período e durante n períodos de tempo. Os juros no 1º período são iguais a $C \cdot i$ e, de acordo com a definição de capitalização simples, em cada um dos períodos os juros são iguais a $C \cdot i$, conforme mostra a figura.

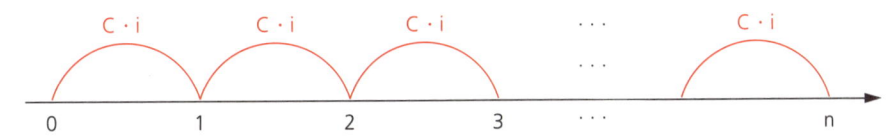

Assim, os juros simples da aplicação serão iguais à soma de n parcelas iguais a $C \cdot i$, ou seja:

$$J = C \cdot i + C \cdot i + C \cdot i + \ldots + C \cdot i$$

E, portanto:

$$J = C \cdot i \cdot n$$

Os juros simples são resultados do produto do capital pela taxa e pelo prazo da aplicação. Observemos que nessa fórmula o prazo n deve estar expresso na mesma unidade de i, isto é, se a taxa i for definida em meses, o prazo n virá também em meses. Além disso, embora a fórmula tenha sido deduzida para n inteiro, ela é estendida também para qualquer prazo fracionário, por exemplo, $\frac{1}{2}$ ano, $\frac{5}{12}$ de ano.

Exemplos:

1º) Um capital de R$ 8000,00 é aplicado a juros simples, à taxa de 2% a.m., durante 5 meses. Vamos calcular os juros e o montante da aplicação.
Os juros da aplicação, em reais, são:
$$J = 8000 \cdot (0,02) \cdot 5 = 800$$
O montante da aplicação, em reais, é:
$$M = 8000 + 800 = 8800$$

2º) Vamos obter o montante de uma aplicação de R$ 5000,00 a juros simples e à taxa de 3% a.m., durante 2 anos.
Seja C = 5000, i = 3% a.m. e n = 24 meses.
Para calcular os juros simples, temos:
$$J = 5000 \cdot (0,03) \cdot 24 = 3600$$
E, consequentemente, o montante é dado por:
$$M = 5000 + 3600 = 8600$$
Assim, o valor do montante é R$ 8600,00.

3º) Vamos determinar o capital que, aplicado a juros simples, à taxa de 1,5% a.m., durante 6 meses, resulta em um montante de R$ 14000,00.
Seja C o capital procurado, temos:
$$C + J = 14000$$
Portanto:
$$C + C \cdot (0,015) \cdot 6 = 14000$$
$$1,09 \cdot C = 14000$$
$$C = \frac{14000}{1,09} = 12844,04$$
Assim, o capital aplicado a juros simples é R$ 12844,04.

4º) Uma geladeira é vendida à vista por R$ 1 200,00 ou a prazo com 20% de entrada mais uma parcela de R$ 1 100,00, após 3 meses. Qual a taxa mensal de juros simples do financiamento?

Para calcularmos a taxa de juros simples, precisamos determinar:
- a entrada: R$ 240,00 (20% de 1 200);
- o capital financiado: R$ 960,00 (1 200 − 240);
- o montante do capital financiado: R$ 1 100,00;
- o juro do financiamento: R$ 140,00 (1 100 − 960).

Assim, chamando de i a taxa mensal de juros, podemos escrever:

$$140 = 960 \cdot i \cdot 3 \Rightarrow 140 = 2880 \cdot i \Rightarrow i = \frac{140}{2880} = 0{,}0486 = 4{,}86\% \text{ a.m.}$$

5º) Um capital de R$ 12 000,00 é aplicado a juros simples durante 72 dias. Qual o valor dos juros simples nos seguintes casos:

a) taxa de 3% a.m. b) taxa de 45% a.a.

Em situações como essa (quando o prazo da operação é dado em dias), costuma-se utilizar o calendário comercial para efeito do cálculo dos juros. De acordo com essa convenção, todos os meses são considerados com 30 dias e o ano é considerado com 360 dias. Dessa forma, temos:

a) $n = \frac{72}{30} = 2{,}4$ meses e, consequentemente,

$$J = 12\,000 \cdot (0{,}03) \cdot 2{,}4 = 864$$

b) $n = \frac{72}{360} = 0{,}2$ ano e, consequentemente,

$$J = 12\,000 \cdot (0{,}45) \cdot 0{,}2 = 1\,080$$

EXERCÍCIOS

150. Obtenha os juros simples recebidos nas seguintes aplicações:

	Capital	Taxa	Prazo
a)	5 000	2,5% a.m.	8 meses
b)	4 000	4% a.t.	1 ano e meio
c)	7 000	1,7% a.m.	1 ano e meio

MATEMÁTICA FINANCEIRA

151. Um capital de R$ 20 000,00 é aplicado a juros simples, durante 2 anos, à taxa de 2% a.m. Qual o montante obtido?

152. Qual o capital que, aplicado a juros simples, à taxa de 2% a.m., durante 8 meses, resulta em um montante de R$ 6 000,00?

153. Determine o capital que, aplicado a juros simples, à taxa de 2,5% a.m., durante 2 anos, resulta em um montante de R$ 16 000,00.

154. Calcule o capital que, aplicado a juros simples, durante 11 meses e à taxa de 1,5% a.m., proporciona juros de R$ 700,00.

155. O banco RST empresta R$ 2 000 000,00 a uma firma pelo prazo de 120 dias, cobrando juros simples à taxa de 3% a.m. Simultaneamente, ele paga aos aplicadores dessa quantia juros simples com prazo de 120 dias, à taxa de 2% a.m.
  a) Qual a diferença entre os juros recebidos e os pagos após os 120 dias?
  b) Qual o valor dos juros pagos aos aplicadores?

156. Roberto pretende comprar um carro usado cujo preço é R$ 12 000,00 para pagamento daqui a 4 meses. Se ele conseguir aplicar seu dinheiro a juros simples e à taxa de 2% a.m.:
  a) Quanto deverá aplicar no ato da compra para fazer frente ao pagamento?
  b) Se o preço para pagamento à vista for R$ 11 200,00, é melhor ele pagar à vista ou a prazo?

157. O sr. Macedo quer dividir seu capital de R$ 30 000,00 em duas partes, uma para ser aplicada no banco A, que paga juros simples à taxa de 1,8% a.m., e a outra no banco B, que também paga juros simples à taxa de 2,2% a.m. A aplicação no banco A é por 2 anos e no B, por 1 ano e meio. Calcule o valor aplicado em cada banco de modo que os juros sejam iguais.

158. Uma televisão é vendida à vista por R$ 1 800,00 ou então com R$ 400,00 de entrada mais uma parcela de R$ 1 500,00 após 2 meses. Qual a taxa mensal de juros simples do financiamento?

159. Uma máquina de lavar roupa é vendida à vista por R$ 1 500,00 ou então com 30% de entrada mais uma parcela de R$ 1 200,00 após 3 meses. Qual a taxa mensal de juros simples do financiamento?

160. (Ibmec-SP, adaptado) Classifique a sentença abaixo como verdadeira ou falsa:

Um televisor é vendido à vista por R$ 1 000,00 ou a prazo com 10% de entrada e mais uma parcela de R$ 1 080,00 após 4 meses. Logo, a taxa mensal de juros simples do financiamento é 4,5%.

161. (FGV-SP) Carlos adquiriu um aparelho de TV em cores pagando uma entrada de R$ 200,00 mais uma parcela de R$ 450,00 dois meses após a compra. Sabendo-se que o preço à vista do aparelho é R$ 600,00:
   a) qual a taxa mensal de juros simples do financiamento?
   b) após quantos meses da compra deveria vencer a parcela de R$ 450,00 para que a taxa de juros simples do financiamento fosse de 2,5% ao mês?

162. (U.F. Juiz de Fora-MG, adaptado) O preço à vista de uma mercadoria é R$ 130,00. O comprador pode pagar 20% no ato da compra e o restante em uma única parcela de R$ 128,96, vencível em 3 meses. Admitindo-se o regime de juros simples comerciais, qual a taxa de juros anual cobrada na venda a prazo?

163. Um aparelho de som é vendido por R$ 1200,00 para pagamento dentro de 3 meses após a compra. Se o pagamento for feito à vista, há um desconto de 9% sobre o preço de R$ 1200,00. Qual a taxa mensal de juros simples cobrada na compra a prazo?

164. Resolva o exercício anterior considerando um desconto de 5% sobre o preço de R$ 1200,00.

165. Um banco concedeu a uma empresa um empréstimo a juros simples por 15 meses. Qual a taxa mensal do empréstimo sabendo-se que o montante é igual a 160% do capital emprestado?

166. Durante quanto tempo um capital de R$ 25000,00 deve ser aplicado a juros simples e à taxa de 2% a.m. para se obter um montante de R$ 30000,00?

167. Um capital aplicado a juros simples e à taxa de 8% a.a. triplica em que prazo?

168. Calcule o montante de uma aplicação de R$ 8000,00 a juros simples, durante 96 dias, à taxa de:
   a) 3% a.m.   b) 54% a.a.   c) 24% a.t.

169. Calcule o montante de uma aplicação de R$ 200000,00 a juros simples, durante 1 dia, à taxa de 30% a.a.

170. Qual o montante de uma aplicação de R$ 200000,00 a juros simples, durante 1 dia, à taxa de 4% a.m.?

171. Uma aplicação financeira de R$ 2500,00 a juros simples gerou, 6 meses depois, um montante de R$ 2920,00. Qual a taxa anual da aplicação?

172. Uma aplicação financeira de R$ 8000,00 gerou, após 142 dias, um montante de R$ 10000,00. Qual a taxa mensal de juros simples da aplicação?

173. A que taxa anual um capital de R$ 4500,00 deve ser aplicado, a juros simples, para render juros de R$ 300,00 no prazo de 3 meses e 12 dias?

MATEMÁTICA FINANCEIRA

174. A que taxa anual um capital deve ser aplicado, a juros simples, para triplicar num prazo de 72 dias?

175. Renata pretende comprar um aparelho de som cujo preço é R$ 1 200,00 para pagamento dentro de 100 dias. Se ela conseguir aplicar seu dinheiro a juros simples e à taxa de 1,8% a.m.:

  a) Quanto deverá aplicar no ato da compra para fazer frente ao pagamento?

  b) Se o preço para pagamento à vista for de R$ 1 050,00, é melhor ela pagar à vista ou a prazo?

IV. Descontos simples

Quando um comprador efetua uma compra de muitas unidades de um produto, é comum que ele peça um abatimento no preço por unidade. Esse abatimento é chamado **desconto**. O pedido de desconto ocorre também quando o comprador, tendo um prazo para o pagamento de um produto, propõe o pagamento à vista, desde que haja abatimento no preço. O pedido de desconto também pode ocorrer quando o comprador tenta pagar menos por algum produto ou serviço.

Existe ainda o conceito de **desconto de títulos**, muito empregado por empresas. Suponhamos que uma empresa faça uma venda de R$ 15 000,00 para outra empresa, concedendo um prazo de 2 meses para o pagamento. Nesse caso, o vendedor emite um documento chamado **duplicata**, que lhe dará o direito de cobrar o valor de R$ 15 000,00 do comprador dentro de 2 meses.

Caso o vendedor necessite do dinheiro antes do vencimento da duplicata, ele pode ir a um banco e efetuar o desconto da duplicata. O procedimento consiste em a empresa ceder o direito do recebimento da duplicata para o banco, em troca recebendo do banco um valor menor que o valor da duplicata. Digamos, por exemplo, que a duplicata de R$ 15 000,00 seja descontada 1 mês antes do vencimento e que a empresa receba do banco R$ 14 800,00 nessa data. Assim, em troca de um adiantamento de R$ 14 800,00, o banco fica com o direito de receber a duplicata de R$ 15 000,00 um mês depois. A diferença entre R$ 15 000,00 e o valor de R$ 14 800,00 adiantado pelo banco é chamada de **desconto da duplicata**.

De modo análogo, os bancos descontam **cheques pré-datados** e **notas promissórias** (estas são papéis que representam uma promessa de pagamento ao credor, feita pelo devedor).

Chamemos de N o valor do título a ser descontado, d a taxa de desconto utilizada pelo banco e n o prazo de antecipação do vencimento do título. O **desconto bancário** (ou **comercial**), indicado por D, é definido por:

$$D = N \cdot d \cdot n$$

em que o prazo n deve estar expresso na mesma unidade da taxa de desconto d.

MATEMÁTICA FINANCEIRA

A diferença N – D, que a empresa recebe antecipadamente, recebe o nome de **valor descontado** (ou **valor líquido**) do título e é indicada por V_d.

Exemplos:

1º) Uma empresa desconta em um banco uma duplicata de R$ 12 000,00, três meses antes do vencimento, a uma taxa de desconto de 3% a.m. Vamos calcular a taxa de juros simples efetivamente cobrada pelo banco.

O desconto é dado por D = 12 000 · (0,03) · 3 = 1 080.

Calculando o valor descontado (ou líquido) recebido pela empresa, temos, em reais:

$$V_d = 12\,000 - 1\,080 = 10\,920$$

Para o banco, o valor de R$ 10 920,00 adiantado para a empresa é o capital, e o valor de R$ 12 000,00, a ser recebido dentro de 3 meses, é o montante. Assim, os juros recebidos pelo banco totalizam R$ 1 080,00.

A taxa mensal de juros simples efetivamente cobrada pelo banco é dada pela fórmula J = C · i · n, ou seja, 1 080 = 10 920 · i · 3.

Portanto, a taxa de juros simples cobrada pelo banco é i = 3,30% a.m.

Observemos que a diferença entre a taxa de desconto (*d*) e a taxa de juros (*i*) decorre do fato de a primeira incidir sobre o valor final (R$ 12 000,00), enquanto a segunda incide sobre o valor inicial (R$ 10 920,00).

2º) Um banco cobra em suas operações de desconto de duplicatas, com prazo de antecipação de 2 meses, uma taxa de desconto comercial de 2,5% a.m. Qual a taxa mensal de juros simples que está sendo efetivamente cobrada?

Como o valor da duplicata não foi informado, admitimos, por exemplo, um valor igual a R$ 100,00.

Assim, o desconto vale, em reais:

$$D = 100 \cdot (0,025) \cdot 2 = 5$$

e o valor descontado é igual a R$ 95,00.

Em resumo, o banco emprestou R$ 95,00 (capital) para receber um montante igual a R$ 100,00. Os juros cobrados somaram R$ 5,00.

Pela fórmula dos juros simples, temos, então:

$$5 = 95 \cdot i \cdot 2 \Rightarrow i = 0,0263 = 2,63\%\text{ a.m.}$$

Observemos que, atribuindo à duplicata qualquer outro valor, encontramos a mesma resposta. Genericamente, podemos chamar de N o valor da duplicata.

3º) Um pequeno comerciante leva a um banco o seguinte conjunto de cheques pré-datados para serem descontados à taxa de desconto de 2,8% a.m.

MATEMÁTICA FINANCEIRA

Cheque	Valor	Prazo de antecipação
A	R$ 500,00	2 meses
B	R$ 1 500,00	1 mês
C	R$ 2 000,00	45 dias

Vamos determinar o valor líquido recebido pela empresa.
O valor total dos cheques é R$ 4 000,00.

Calculando os descontos, temos:

- desconto do cheque A: $D_A = 500 \cdot (0{,}028) \cdot 2 = 28$
- desconto do cheque B: $D_B = 1\,500 \cdot (0{,}028) \cdot 1 = 42$
- desconto do cheque C: $D_C = 2\,000 \cdot (0{,}028) \cdot \dfrac{45}{30} = 84$

Subtraindo os descontos do valor total dos cheques, temos:

$$4\,000 - 28 - 42 - 84 = 3\,846$$

Portanto, o valor líquido recebido pela empresa é R$ 3 846,00.

EXERCÍCIOS

176. Uma empresa desconta em um banco uma duplicata de R$ 14 000,00, dois meses antes do vencimento, a uma taxa de desconto de 3,5% a.m.
   a) Qual o valor do desconto?
   b) Qual o valor descontado recebido pela empresa?
   c) Qual a taxa mensal de juros simples efetivamente cobrada pelo banco?

177. Uma empresa desconta em um banco uma duplicata de R$ 18 000,00, setenta e dois dias antes do vencimento, a uma taxa de desconto de 3,2% a.m. Responda:
   a) Qual o valor do desconto?
   b) Qual o valor descontado recebido pela empresa?
   c) Qual a taxa mensal de juros simples efetivamente cobrada pelo banco?

178. Ao descontar uma promissória de R$ 2 800,00 a uma taxa de desconto de 2,4% a.m., o banco creditou na conta de uma certa empresa um valor líquido de R$ 2 632,00. Qual o prazo de antecipação?

179. Artur descontou uma promissória de R$ 8 000,00 em um banco a uma taxa de desconto de 2,5% a.m. Sabendo-se que o desconto foi de R$ 250,00, obtenha o prazo de antecipação expresso em dias.

180. Ao descontar uma promissória com prazo de 45 dias, um banco calculou um desconto de R$ 1 200,00. Qual o valor da promissória sabendo-se que a taxa de desconto utilizada foi de 4% a.m.?

181. Uma gráfica, ao descontar em um banco uma duplicata com prazo de antecipação de 65 dias e valor de R$ 15 000,00, recebeu um valor líquido de R$ 13 800,00. Qual a taxa de desconto mensal utilizada pelo banco?

182. Uma gráfica, necessitando de R$ 15 000,00 para pagamento em 3 meses, pode obter esse valor mediante o desconto de uma duplicata à taxa de desconto de 4% a.m. ou ainda mediante uma linha de crédito bancário que cobra juros simples de 4,2% a.m. Qual das duas opções é a mais vantajosa para a gráfica?

183. Um banco cobra, em suas operações de desconto de duplicatas com prazo de antecipação de 3 meses, uma taxa de desconto de 3,6% a.m. Qual a taxa mensal de juros simples que está sendo efetivamente cobrada?

184. Um comerciante, necessitando hoje de R$ 30 000,00, resolve pedir um empréstimo a um agiota. Este propõe que o comerciante assine uma nota promissória de valor N com prazo de 3 meses. Em seguida, o comerciante desconta a promissória a uma taxa de desconto de 3% a.m. a fim de obter um valor líquido de R$ 30 000,00. Qual o valor de N?

185. Em relação ao exercício anterior, suponha que fossem assinadas duas promissórias, cada uma de valor P, vencíveis em 2 e 3 meses, de modo que a soma de seus valores descontados fosse R$ 30 000,00. Qual o valor de P?

186. Um pequeno comerciante leva a um banco 3 cheques pré-datados, cujos valores são R$ 2 000,00, R$ 2 500,00 e R$ 3 000,00, vencíveis em 45, 60 e 100 dias, respectivamente. O banco utiliza uma taxa de desconto de 2,7% a.m. Qual é o valor líquido recebido pelo comerciante?

187. O dono de uma pequena indústria metalúrgica leva a um banco as duplicatas A, B e C para serem descontadas.

Duplicata	Valor	Prazo de antecipação
A	R$ 4 000,00	2 meses
B	R$ 14 000,00	50 dias
C	R$ 8 000,00	75 dias

Se o banco utilizar uma taxa de desconto de 2,5% a.m., qual será o valor líquido recebido pela empresa?

MATEMÁTICA FINANCEIRA

V. Juros compostos

Consideremos um capital C aplicado a juros compostos, a uma taxa *i* por período e durante *n* períodos de tempo. Vamos calcular o montante dessa aplicação.

Temos:

- Montante após 1 período:
$$M_1 = C + C \cdot i = C(1 + i)$$

- Montante após 2 períodos:
$$M_2 = M_1 + M_1 \cdot i = M_1(1 + i) = C(1 + i)(1 + i) = C(1 + i)^2$$

- Montante após 3 períodos:
$$M_3 = M_2 + M_2 \cdot i = M_2(1 + i) = C(1 + i)^2 (1 + i) = C(1 + i)^3$$

...

- Montante após *n* períodos:
$$M_n = M_{n-1} + M_{n-1} \cdot i = M_{n-1}(1 + i) = C(1 + i)^{n-1} \cdot (1 + i) = C(1 + i)^n$$

Em resumo:
$$M_n = C(1 + i)^n$$

A fórmula acima é indicada habitualmente sem o índice, escrevendo-se simplesmente:

$$\boxed{M = C(1 + i)^n}$$

Observemos que, embora a fórmula acima tenha sido deduzida para *n* inteiro e não negativo, ela pode ser estendida para qualquer valor real não negativo. Além disso, o valor de *n* deve ser expresso de acordo com a unidade de tempo da taxa. Por exemplo, se a taxa for mensal, *n* deve ser expresso em meses, se a taxa for anual, *n* deve ser expresso em anos.

Exemplos:

1º) Um capital de R$ 5 000,00 é aplicado a juros compostos, à taxa de 2% a.m. Qual o montante se os prazos de aplicação forem:

a) 5 meses   b) 2 anos

Seja:

a) C = 5 000, i = 2% a.m. e n = 5 meses, temos:
$$M = 5\,000(1 + 0{,}02)^5 = 5\,000(1{,}02)^5 = 5\,520{,}40$$

b) Seja C = 5 000, i = 2% a.m. e n = 24 meses (pois *n* deve ser expresso em meses), temos:
$$M = 5\,000(1 + 0{,}02)^{24} = 5\,000(1{,}02)^{24} = 8\,042{,}19$$

Observação:

Nesses cálculos, primeiro calculamos a potência usando as teclas y^x ou x^y de uma calculadora e, com o resultado no visor, multiplicamos pelo capital.

Caso tivéssemos calculado a potência arredondada para 4 casas decimais, por exemplo, e multiplicássemos o resultado pelo capital, teríamos um resultado ligeiramente diferente em virtude do arredondamento. Assim, no cálculo de $5\,000(1,02)^5$, teríamos:

$$5\,000(1,02)^5 = 5\,000(1,1041) = 5\,520,50$$

Todavia, julgamos que essas pequenas diferenças por arredondamento não devem constituir motivo de preocupação, pelo menos nesta etapa da aprendizagem.

2º) Qual o capital que deve ser aplicado a juros compostos durante 5 meses e à taxa de 1,5% a.m. para resultar em um montante de R$ 12 000,00?

Seja C o capital aplicado. Devemos ter:

$$12\,000 = C(1 + 0,015)^5$$

Portanto:

$$12\,000 = C(1,015)^5$$
$$12\,000 = C(1,0773)$$
$$C = \frac{12\,000}{1,0773} = 11\,138,96$$

O capital que deve ser aplicado é R$ 11 138,96.

Notemos que o resultado foi obtido usando-se 4 casas decimais na calculadora. Se tivéssemos utilizado um número diferente de casas decimais, teríamos obtido um resultado ligeiramente diferente.

3º) Um capital de R$ 2 000,00 foi aplicado a juros compostos, durante 4 meses, produzindo um montante de R$ 2 200,00. Qual a taxa mensal de juros da aplicação? Designando por *i* a taxa mensal procurada, devemos ter:

$$2\,200 = 2\,000(1 + i)^4$$

Portanto:

$$(1 + i)^4 = 1,1$$
$$[(1 + i)^4]^{\frac{1}{4}} = [1,1]^{\frac{1}{4}}$$
$$(1 + i)^1 = (1,1)^{0,25}$$
$$1 + i = 1,0241$$
$$i = 0,0241 = 2,41\% \text{ a.m.}$$

Assim, a taxa mensal de juros da aplicação é 2,41%.

4º) Um capital de R$ 7 000,00 foi aplicado a juros compostos à taxa de 18% a.a. Calcule o montante se os prazos forem:

a) 180 dias b) 72 dias

a) Temos C = 7 000, i = 18% a.a. e n = $\frac{180}{360}$ = 0,5 ano

Portanto:
$$M = 7\,000(1,18)^{0,5}$$
$$M = 7\,603,95$$

O montante em 180 dias é R$ 7 603,95.

b) Temos C = 7 000, i = 18% a.a. e n = $\frac{72}{360}$ = 0,2 ano

Portanto:
$$M = 7\,000(1,18)^{0,20}$$
$$M = 7\,235,60$$

O montante em 72 dias é R$ 7 235,60.

5º) Durante quanto tempo um capital de R$ 2 000,00 deve ser aplicado a juros compostos e à taxa de 1,5% a.m. para gerar um montante de R$ 2 236,28?

Seja *n* o prazo procurado. Então:
$$2\,236,28 = 2\,000(1,015)^n$$
$$(1,015)^n = 1,118140$$

Calculando o logaritmo decimal de ambos os membros, teremos:
$$\log(1,015)^n = \log 1,118140$$
$$n \cdot \log(1,015) = \log 1,118140$$
$$n = \frac{\log 1,118140}{\log 1,015}$$

Os logaritmos acima podem ser calculados com o auxílio de uma calculadora (tecla log).

Assim:
$$n = \frac{0,048496}{0,006466} = 7,5$$

Portanto, o capital deve ser aplicado por 7,5 meses.

EXERCÍCIOS

188. Qual o montante de uma aplicação de R$ 3 000,00 a juros compostos, durante 10 meses, à taxa de 1,4% a.m.?

189. Uma empresa tomou um empréstimo bancário de R$ 80 000,00 pelo prazo de 1 ano. Calcule o montante pago sabendo que o banco cobrou juros compostos à taxa de 5% a.t.

190. a) Um investidor aplicou R$ 12 000,00 a juros compostos, durante 2 anos, à taxa de 1,5% a.m. Qual o valor dos juros recebidos?

b) Considerando o valor de juros recebidos o mesmo do item anterior, e o regime de juros simples, qual seria a taxa mensal com o mesmo prazo de aplicação?

191. (PUC-RJ, adaptado) Uma carteira de investimento rende 2% ao mês. Depois de três meses, R$ 1 500,00 aplicados cumulativamente nessa carteira valem aproximadamente x reais. Determine o valor de x.

192. Afonso pode comprar um terreno por R$ 20 000,00. Ele sabe que, com certeza, o terreno valerá R$ 30 000,00 daqui a 5 anos. Se ele tiver a alternativa de aplicar o dinheiro a juros compostos, à taxa de 9% ao ano, será que a aplicação no terreno valerá a pena?

193. Em 1626, Peter Minuit comprou a ilha de Manhattan (em Nova Iorque) dos índios em troca de objetos no valor de 24 dólares. (Dados extraídos de: Zvi Bodie. *Finanças*. Porto Alegre: Bookman, 1999.) Se os índios tivessem recebido em dinheiro e aplicado esse valor a juros compostos, à taxa de 8% a.a., qual teria sido seu montante em 2004, 378 anos depois?

194. (UF-PE, adaptado) Em um país irreal, o governante costuma fazer empréstimos para viabilizar sua administração. Existem dois empréstimos possíveis: pode-se tomar emprestado de países ricos, com juros de 4,2% ao ano (aqui incluída a taxa de risco) ou toma-se emprestado dos banqueiros do país irreal, que cobram juros compostos de 3% ao mês. Pressões políticas da oposição obrigam o governante a contrair empréstimos com os banqueiros do seu país. Quantas vezes maiores que os juros anuais cobrados pelos países ricos são os juros anuais cobrados pelos banqueiros do país irreal? (Use a aproximação $1,03^{12} \cong 1,42$.)

195. José Luís aplicou R$ 12 000,00 por 10 meses num fundo que rende juros compostos à taxa de 1,4% a.m.

a) Qual o montante recebido?

b) Quanto ele ganhou de juros ao longo do 10º mês?

MATEMÁTICA FINANCEIRA

196. (UF-PA, adaptado) Suely recebeu R$ 1 000,00 (mil reais) e pretende investi-los no prazo de dois anos. Um amigo lhe sugere duas opções de investimento. Na primeira delas, a rentabilidade é de 20% ao ano e, no momento do resgate, há um desconto de 25% sobre o valor acumulado, referente ao imposto de renda. Na segunda, a rentabilidade é de 6% ao ano, sem incidência de imposto. Efetuando os cálculos necessários, determine qual aplicação renderá mais a Suely após dois anos. Suponha regime de juros compostos.

197. José Carlos aplicou R$ 10 000,00 e aplicará mais R$ 10 000,00 daqui a 3 meses num fundo de investimentos que rende juros compostos à taxa de 1,3% a.m. Qual será seu montante daqui a 9 meses?

198. Teresa aplicou 30% de seu capital, durante um ano, a juros simples e à taxa de 2,5% a.m. O restante foi aplicado a juros compostos, à taxa de 1,5% a.m., também por um ano. Qual foi a taxa de rendimento anual auferida na aplicação como um todo em relação ao capital inicial?

199. Qual o capital que deve ser aplicado a juros compostos, à taxa de 1,8% a.m., durante 8 meses, para dar um montante de R$ 6 000,00?

200. Cristina tem uma dívida de R$ 10 000,00 que vence no prazo de 5 meses. Quanto deverá aplicar hoje, a juros compostos e à taxa de 1,2% a.m., para poder pagar a dívida?

201. O sr. Fontana pretende abrir mais uma farmácia dentro de 2 anos, em sua rede de farmácias. Para isso, ele precisará ter R$ 120 000,00 daqui a 2 anos. Quanto deverá aplicar hoje, a juros compostos e à taxa de 1,6% a.m., para atingir seu objetivo?

202. Um capital de R$ 2 000,00 foi aplicado a juros compostos, durante 10 meses, gerando um montante de R$ 2 400,00. Qual a taxa mensal de juros compostos?

203. Um microcomputador é vendido à vista por R$ 2 000,00 ou a prazo com R$ 400,00 de entrada mais uma parcela de R$ 1 800,00 a ser paga três meses após a compra. Qual a taxa mensal de juros compostos do financiamento?

204. Um fogão é vendido à vista por R$ 800,00 ou a prazo com 30% de entrada mais uma parcela de R$ 700,00 após 5 meses. Qual a taxa mensal de juros compostos do financiamento?

205. Um aparelho de blu-ray é vendido por R$ 600,00 para pagamento dentro de 2 meses após a compra. Se o pagamento for feito à vista, há um desconto de 5% sobre o preço de R$ 600,00. Qual a taxa mensal de juros compostos cobrada na venda a prazo?

206. A que taxa trimestral de juros compostos um capital deve ser aplicado durante 1 ano para que duplique seu valor?

207. César aplicou um capital a juros compostos, durante 2 anos e meio, e recebeu de juros 40% do capital aplicado. Qual a taxa mensal de juros?

208. Um capital de R$ 4000,00 foi aplicado a juros compostos à taxa de 25% a.a. Calcule o montante, considerando cada um dos seguintes prazos de aplicação:

a) 90 dias   b) 1 mês   c) 120 dias   d) 75 dias   e) 5 meses

209. Um banco concedeu um empréstimo a uma empresa no valor de R$ 20000,00, pelo prazo de 72 dias, cobrando um montante de R$ 26000,00.

a) Qual a taxa mensal de juros compostos do financiamento?

b) Qual a taxa anual de juros compostos do financiamento?

210. Durante quanto tempo um capital de R$ 5000,00 deve ser aplicado a juros compostos, à taxa de 1,9% a.m., para se obter um montante de R$ 7000,00?

211. Durante quanto tempo um capital deve ser aplicado a juros compostos, à taxa de 2% a.m., para que triplique seu valor?

212. Durante quanto tempo um capital deve ser aplicado a juros compostos, à taxa de 5% a.t., para que quadruplique seu valor?

213. Augusto aplicou um capital a juros compostos e à taxa de 1,3% a.m. Qual o prazo da aplicação para que ele receba de juros 60% do capital aplicado?

214. Um agiota emprestou certa quantia, por 1 ano e 8 meses, a juros simples, à taxa de 10% a.m., recebendo ao final desse período o capital acrescido dos juros. Por quanto tempo ele deveria aplicar o capital emprestado, a juros compostos, à taxa de 1,5% a.m., a fim de receber o mesmo montante do empréstimo?

215. (UF-PI) Um capital é empregado a uma taxa anual de 5% (juros compostos), calculada anualmente. Se o valor do montante, depois de n anos, é aproximadamente 34% maior do que o capital inicial, qual o valor de n? (Use $\log_{10} 1,05 = 0,02$ e $\log_{10} 1,34 = 0,12$.)

216. Um capital de R$ 900,00 é aplicado a juros compostos e à taxa de 3% a.m. Outro capital de R$ 1000,00 também é aplicado a juros compostos, à taxa de 2% a.m. Depois de quanto tempo aproximadamente os montantes se igualam?

217. (FGV-SP)

a) Uma empresa tomou um empréstimo bancário de R$ 500000,00 para pagamento em 3 parcelas anuais, sendo a 1ª daqui a 1 ano. O banco combinou cobrar juros compostos a uma taxa de 20% ao ano. Sabendo-se que a 1ª parcela foi de R$ 180000,00 e a 2ª de R$ 200000,00, qual será o valor da 3ª?

b) Durante quantos meses um capital deve ser aplicado a juros compostos e à taxa de 8% ao ano para que o montante seja o triplo do capital aplicado? (Você pode deixar a resposta indicada, sem fazer os cálculos.)

218. (U.F. Ouro Preto-MG) Chamamos de sistema de juros contínuos ao tipo de aplicação na qual os juros são capitalizados a cada instante t. Nesse tipo de aplicação, um capital C, empregado a uma taxa de $i\%$ ao ano, depois de t anos, será transformado em $C \cdot e^{\left(\frac{i \cdot t}{100}\right)}$, onde e é um número irracional cujo valor aproximado é 2,71.

Com base nas informações anteriores, calcule, aproximadamente, quanto tempo será necessário para que seja dobrado um capital C aplicado a juros contínuos de 20% ao ano.

(Dado: $\log_e 2 \cong 0{,}69$.)

219. Um capital C é aplicado a uma taxa mensal de juros i durante n meses. Para que valores de n o montante a juros simples é maior que o montante a juros compostos?

VI. Juros compostos com taxa de juros variáveis

Ao deduzirmos a fórmula do montante no item **Juros compostos**, admitimos que a taxa de juros permanecia constante em todos os períodos. Todavia, há algumas situações em que a taxa pode se modificar ao longo dos períodos. Um exemplo comum dessa situação ocorre quando analisamos as taxas de rentabilidade de fundos, que geralmente assumem valores diferentes mês a mês.

Consideremos um capital C aplicado a juros compostos, durante n períodos de tempo, sendo i_1 a taxa no 1º período, i_2 a taxa no 2º período, i_3 a taxa no 3º período, e assim sucessivamente até a taxa i_n no n-ésimo período, como mostra a figura abaixo.

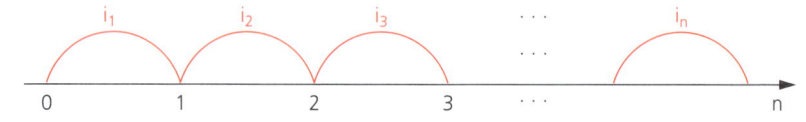

Para obtermos o montante final da aplicação, vamos calcular o montante em cada um dos períodos.

- Montante ao final do 1º período:
$$M_1 = C + C \cdot i_1 = C(1 + i_1)$$
- Montante ao final do 2º período:
$$M_2 = M_1(1 + i_2) = C(1 + i_1)(1 + i_2)$$
- Montante ao final do 3º período:
$$M_3 = M_2(1 + i_3) = C(1 + i_1)(1 + i_2)(1 + i_3)$$

Procedendo de modo análogo até o último período, podemos concluir que o montante ao final do último período é dado por:

$$M = C(1 + i_1)(1 + i_2)(1 + i_3) \ldots (1 + i_n)$$

Exemplos:

1º) Um investidor aplicou R$ 8 000,00 num fundo de investimentos por 3 meses. No 1º mês o fundo rendeu 1,2%, no 2º mês rendeu 1,7% e no 3º rendeu 1,5%.

  a) Qual o montante ao final dos 3 meses?
  De acordo com a fórmula descrita anteriormente:
  $$M = 8\,000(1{,}012)(1{,}017)(1{,}015)$$
  $$M = 8\,357{,}14$$
  Assim, o montante ao final dos três meses foi R$ 8 357,14.

  b) Qual a taxa de rentabilidade acumulada no trimestre?
  Seja i a taxa acumulada no trimestre. O montante para essa taxa deve ser igual ao montante obtido no item *a*, isto é:
  $$8\,000(1 + i)^1 = 8\,357{,}14$$
  Portanto:
  $$1 + i = 1{,}0446$$
  $$i = 0{,}0446 = 4{,}46\%$$
  A taxa de rentabilidade acumulada no trimestre foi de 4,46%.

2º) Em certo mês, um fundo de investimentos rendeu 5%, e, no mês seguinte, rendeu –3%. Qual foi a taxa de rentabilidade acumulada no bimestre?
  Seja i a taxa acumulada no bimestre. Devemos ter:
  $$C(1 + i) = C(1{,}05)(1 - 0{,}03)$$
  $$1 + i = (1{,}05)(0{,}97)$$
  $$1 + i = 1{,}0185$$
  $$i = 0{,}0185 = 1{,}85\%$$
  Portanto, a taxa de rentabilidade acumulada no bimestre foi de 1,85%.

EXERCÍCIOS

220. Um investidor aplicou R$ 7 500,00 num fundo de investimentos por 2 meses. No 1º mês o fundo rendeu 1,9% e no 2º rendeu 2,4%.

  a) Qual o montante após os 2 meses?
  b) Qual a taxa acumulada no bimestre?

221. Em outubro, novembro e dezembro um fundo de investimentos rendeu 2,1%, 1,7% e 1,9%, respectivamente. Qual foi o montante, no final de dezembro, de uma aplicação de R$ 12 000,00 feita no início de outubro?

222. Em 3 meses sucessivos um fundo de ações rendeu 4%, –2% e –6%. Qual o montante obtido, ao final dos 3 meses, de uma aplicação inicial de R$ 14 000,00?

223. Se em 12 meses sucessivos um fundo render 1,2% a.m., qual será o montante de uma aplicação inicial de R$ 10 000,00?

224. Em janeiro, um fundo rendeu 2% e em fevereiro rendeu 2,5%. Responda:
a) Qual a taxa de rentabilidade acumulada no período?
b) Qual deveria ser a taxa de rentabilidade em março para que a taxa acumulada no trimestre fosse 6,5%?

225. Se em 4 meses sucessivos um fundo de ações render –1,5% a.m., qual será a taxa acumulada no quadrimestre?

VII. Valor atual de um conjunto de capitais

Suponhamos que uma pessoa tenha uma dívida de R$ 15 000,00 que vence daqui a 1 mês. Suponhamos ainda que ela consiga aplicar seu dinheiro a juros compostos, à taxa de 2% a.m. Quanto essa pessoa deverá aplicar hoje àquela taxa para ter dinheiro suficiente para pagar a dívida?

Para resolvermos essa questão, devemos encontrar o capital que, aplicado por 1 mês a juros compostos e à taxa de 2% a.m., gera um montante de R$ 15 000,00. Assim, indicando esse capital por C, devemos ter:

$$C(1,02)^1 = 15\,000$$

E, portanto:

$$C = \frac{15\,000}{(1,02)^1} = 14\,705,88$$

O valor encontrado é chamado de **valor atual** de R$ 15 000,00 a uma taxa de 2% a.m.

No exemplo citado, caso a pessoa tivesse uma dívida de R$ 15 000,00 para daqui a 1 mês e outra de R$ 16 000,00 para daqui a 2 meses, o valor que ela precisaria para pagar ambos os compromissos pode ser obtido da seguinte forma:

• Para pagar a dívida de R$ 15 000,00, hoje a pessoa precisaria de:

$$C = \frac{15\,000}{(1,02)^1} = 14\,705,88$$

MATEMÁTICA FINANCEIRA

- Para pagar a dívida de R$ 16 000,00, hoje ela precisaria de:

$$C = \frac{16\,000}{(1,02)^2} = 15\,378,70$$

- Portanto, para saldar as duas dívidas, hoje ela precisaria de:

$$\frac{15\,000}{(1,02)^1} + \frac{16\,000}{(1,02)^2} = 30\,084,58$$

Esse valor é chamado de **valor atual** dos valores de R$ 15 000,00 e R$ 16 000,00 à taxa de 2% a.m.

De modo geral, dado um conjunto de valores monetários Y_1 na data 1, Y_2 na data 2, Y_3 na data 3, e assim por diante até o valor Y_n na data n (ver figura a seguir), chamamos de valor atual desse conjunto, a uma taxa i, ao valor indicado por V, que, aplicado à taxa i, gera as rendas Y_1, Y_2, Y_3, ... Y_n, isto é:

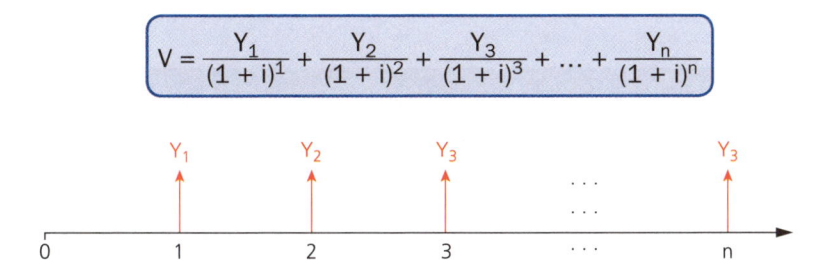

$$V = \frac{Y_1}{(1+i)^1} + \frac{Y_2}{(1+i)^2} + \frac{Y_3}{(1+i)^3} + \ldots + \frac{Y_n}{(1+i)^n}$$

Exemplos:

1º) Uma pessoa tem dívidas de R$ 2 000,00, R$ 3 500,00 e R$ 5 000,00 que vencem dentro de 2, 5 e 6 meses, respectivamente. Quanto deverá aplicar hoje, a juros compostos e à taxa de 1% a.m., para poder pagar esses compromissos? O valor que deve ser aplicado hoje, para fazer frente aos compromissos, corresponde ao valor atual dos compromissos à taxa de 1% a.m., e vale:

$$V = \frac{2\,000}{(1,01)^2} + \frac{3\,500}{(1,01)^5} + \frac{5\,000}{(1,01)^6}$$

Portanto:

$$V = 1\,960,59 + 3\,330,13 + 4\,710,23 = 10\,000,95$$

O valor a ser aplicado é R$ 10 000,95.

2º) Um conjunto de sofás é vendido a prazo em 5 prestações mensais de R$ 400,00 cada uma, sendo a primeira um mês após a compra. Se o pagamento for à vista, o preço cobrado é R$ 1 750,00. Qual a melhor alternativa de pagamento de um comprador que consegue aplicar seu dinheiro à taxa de juros compostos igual a 2% a.m.?

Para podermos comparar as duas alternativas, temos de obter o valor atual das duas e escolher a de menor valor atual. Evidentemente o valor atual do pagamento à vista é R$ 1 750,00. O valor atual do pagamento a prazo é dado por:

$$V = \frac{400}{(1,02)} + \frac{400}{(1,02)^2} + \frac{400}{(1,02)^3} + \frac{400}{(1,02)^4} + \frac{400}{(1,02)^5}$$

Assim:

$$V = 392,16 + 384,47 + 376,93 + 369,54 + 362,29 = 1\,885,39$$

Como o valor atual do pagamento à vista é menor do que o valor atual do pagamento a prazo, a melhor alternativa é o pagamento à vista.

EXERCÍCIOS

226. Uma pessoa tem dívidas de R$ 9 000,00 e R$ 8 000,00 que vencem dentro de 1 e 2 meses, respectivamente. Quanto deverá aplicar hoje, a juros compostos, para fazer frente aos compromissos? Considere cada uma das seguintes taxas de aplicação:

a) 2% a.m.
b) 1,5% a.m.
c) 1% a.m.
d) 0,5% a.m.
e) 0% a.m.

227. Quanto uma pessoa deve aplicar hoje, a juros compostos à taxa de 1,4% a.m., para poder pagar uma dívida de R$ 3 600,00 daqui a 3 meses e outra de R$ 8 700,00 daqui a 5 meses?

228. Uma televisão é vendida à vista por R$ 900,00 ou a prazo em 3 prestações mensais de R$ 305,00 cada uma. A primeira prestação vence um mês após a compra. Qual a melhor alternativa de pagamento para um comprador que aplica seu dinheiro a juros compostos, se a taxa for:

a) 1,5% a.m.
b) 0,5% a.m.

229. O preço à vista de um automóvel é R$ 18 000,00, mas pode ser vendido a prazo com 20% de entrada mais 5 prestações mensais de R$ 3 000,00 cada uma. Qual a melhor alternativa de pagamento para um comprador que aplica seu dinheiro a juros compostos à taxa de 1,6% a.m.?

230. Um microcomputador é encontrado à venda em duas condições de pagamento:
- em 3 prestações mensais de R$ 1 024,00 cada uma, sem entrada;
- em 4 prestações mensais de R$ 778,00 cada uma, sem entrada.

Qual a melhor alternativa de pagamento para um comprador que aplica seu dinheiro a juros compostos à taxa de 1% a.m.?

231. (Unicamp-SP) O IPVA de um carro, cujo valor é R$ 8 400,00, é de 3% do valor do carro e pode ser pago de uma das seguintes formas:
a) À vista, no dia 15/1/1996, com um desconto de 5%. Qual o valor a ser pago nesse caso?
b) Em 3 parcelas iguais (sem desconto), sendo a primeira no dia 15/1/1996, a segunda no dia 14/2/1996 e a terceira no dia 14/3/1996. Qual o valor de cada parcela nesse caso?
c) Suponha que o contribuinte disponha da importância para o pagamento à vista (com desconto) e que, nos períodos de 15/1/1996 a 14/2/1996 e de 14/2/1996 a 14/3/1996, o dinheiro disponível possa ser aplicado a uma taxa de 4% em cada um desses períodos. Qual a forma de pagamento mais vantajosa para o contribuinte? Apresente os cálculos que justificam sua resposta.

232. (UF-RJ) A rede de lojas Sistrepa vende por crediário com uma taxa de juros mensal de 10%. Certa mercadoria, cujo preço à vista é P, será vendida a prazo de acordo com o seguinte plano de pagamento: R$ 100,00 de entrada, uma prestação de R$ 240,00 a ser paga em 30 dias e outra de R$ 220,00 a ser paga em 60 dias. Determine P, o valor de venda à vista dessa mercadoria.

233. Uma televisão é vendida à vista por R$ 1 100,00 ou a prazo, em duas prestações mensais iguais, sem entrada.
a) Qual o valor de cada prestação se a loja cobra juros compostos com taxa de 4% a.m.?
b) Qual o valor de cada prestação, considerando uma taxa de juros compostos de 3% a.m.?

234. Um aparelho de som é vendido à vista por R$ 1 200,00 ou a prazo com R$ 200,00 de entrada mais 3 prestações mensais iguais. Qual o valor de cada prestação se a loja cobra juros compostos à taxa de 3% a.m.?

VIII. Sequência uniforme de pagamentos

Consideremos um valor financiado V que deve ser pago em prestações iguais de valor R nas datas 1, 2, 3, ..., n e suponhamos que a taxa de juros compostos cobrada no financiamento seja *i* por período de tempo.

MATEMÁTICA FINANCEIRA

Chamamos esse conjunto de **sequência uniforme de pagamentos**. Veja a figura a seguir, em que os pagamentos são representados por R.

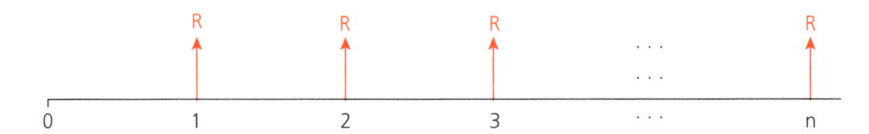

Podemos indicar o valor atual das prestações, representado por V, à taxa i, como:

$$V = \frac{R}{(1+i)^1} + \frac{R}{(1+i)^2} + \frac{R}{(1+i)^3} + \cdots + \frac{R}{(1+i)^n}$$

Considerando que o 2º membro dessa expressão é a soma dos termos de uma Progressão Geométrica finita, cuja razão é $q = \frac{1}{1+i}$ e cujo 1º termo é $a_1 = \frac{R}{(1+i)}$, podemos aplicar a fórmula da soma dos n primeiros termos de uma Progressão Geométrica finita, como segue:

$$S = a_1 + a_2 + a_3 + \cdots + a_n = \frac{a_1(q^n - 1)}{(q-1)}$$

Assim, temos:

$$V = \frac{\frac{R}{(1+i)}\left[\frac{1}{(1+i)^n} - 1\right]}{\frac{1}{(1+i)} - 1}$$

$$V = R \cdot \frac{\frac{1}{(1+i)}\left[\frac{1 - (1+i)^n}{(1+i)^n}\right]}{\frac{1 - (1+i)}{(1+i)}}$$

$$V = R \cdot \frac{\left[\frac{1 - (1+i)^n}{(1+i)^n}\right]}{-i} = R \cdot \frac{\left[\frac{(1+i)^n - 1}{(1+i)^n}\right]}{i}$$

E, finalmente:

$$V = R \cdot \frac{(1+i)^n - 1}{(1+i)^n \cdot i}$$

Essa é a fórmula que relaciona o valor atual com a prestação, taxa de juros e número de prestações.

MATEMÁTICA FINANCEIRA

Exemplos:

1º) Um banco concedeu um empréstimo para uma pessoa adquirir um carro. O pagamento deveria ser feito em 12 prestações mensais de R$ 1400,00 cada uma, sem entrada. Qual o valor do empréstimo, sabendo-se que a taxa de juros compostos cobrada pelo banco foi de 3% a.m.?

O empréstimo deve ser pago em 12 prestações mensais uniformes, sem entrada, conforme mostra a figura abaixo:

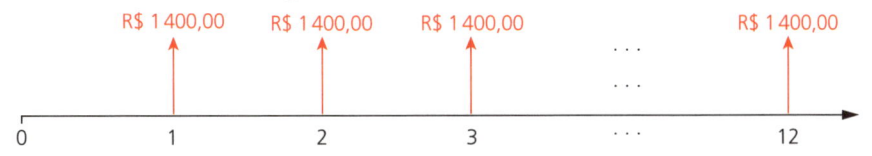

Assim, temos R = 1400, n = 12 e i = 3% a.m.

O valor do empréstimo corresponde ao valor atual desses pagamentos, que, conforme a fórmula dada, vale:

$$V = 1400 \cdot \frac{(1,03)^{12} - 1}{(1,03)^{12} \cdot 0,03}$$

$$V = 13\,935,61$$

Portanto, o valor emprestado pelo banco foi de R$ 13935,61.

2º) Uma loja vende uma televisão por R$ 1200,00 à vista ou financia essa quantia em 5 prestações mensais iguais, sem entrada. Qual o valor de cada prestação se a taxa de juros compostos cobrada for de 2,5% a.m.?

Chamando de R o valor de cada prestação, os pagamentos podem ser representados pela figura abaixo:

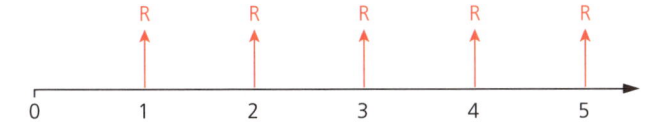

Temos V = 1200, n = 5 e i = 2,5% a.m.

Portanto:

$$1200 = R \cdot \frac{(1,025)^5 - 1}{(1,025)^5 \cdot 0,025}$$

$$1200 = R \cdot 4,645828$$

$$R = \frac{1200}{4,645828} = 258,30$$

Assim, cada prestação mensal deve valer R$ 258,30.

3º) Qual será o valor de cada prestação do exemplo anterior se a loja cobrar uma entrada de R$ 300,00?

Nesse caso o valor financiado passa a ser R$ 900,00 (1 200 − 300).

Assim, V = 900, n = 5 e i = 2,5% a.m.
Portanto:

$$900 = R \cdot \frac{(1,025)^5 - 1}{(1,025)^5 \cdot 0,025}$$

$$900 = R \cdot 4,645828$$

$$R = \frac{900}{4,645828} = 193,72$$

O valor de cada prestação será R$ 193,72.

EXERCÍCIOS

235. Um banco concede um empréstimo a uma pessoa cobrando 10 prestações mensais de R$ 700,00 cada uma, sem entrada. Qual o valor emprestado, sabendo-se que o banco cobra juros compostos, à taxa de 4% a.m.?

236. Na venda de uma geladeira, uma loja anuncia o pagamento em 6 prestações mensais de R$ 1 250,00 cada uma, sem entrada. Qual o preço à vista, sabendo-se que a loja cobra no financiamento juros compostos, à taxa de 3,2% a.m.?

237. Um banco concede um empréstimo de R$ 20 000,00 a uma pessoa, para ser pago em 8 prestações mensais iguais, sem entrada. Qual o valor de cada prestação se a taxa de juros compostos cobrada for de 2,8% a.m.?

238. Um aparelho de som é vendido à vista por R$ 900,00 ou a prazo em n prestações mensais iguais, sem entrada. Se a loja cobra em seus financiamentos a taxa de juros compostos de 2,7% a.m., determine o valor de cada prestação nos seguintes casos:

a) n = 12   b) n = 18   c) n = 24

239. Um automóvel 0 km é vendido à vista por R$ 32 000,00 ou a prazo com 20% de entrada mais 24 prestações mensais iguais. Qual o valor de cada prestação se a taxa de juros compostos do financiamento for de 1,8% a.m.?

240. Um microcomputador é vendido à vista por R$ 3 000,00 ou a prazo em 3 prestações mensais iguais, considerando-se a 1ª prestação como entrada. Qual o valor de cada prestação se a taxa de juros do financiamento for de 2,6% a.m.?

241. A sra. Estela pretende ter uma renda mensal de R$ 2 500,00, durante 48 meses, começando daqui a um mês. Quanto deverá aplicar hoje, num fundo que rende 1,4% a.m., para atingir seu objetivo?

242. O sr. Tanaka pretende juntar um montante M de modo que esse valor aplicado num fundo que rende juros compostos à taxa de 14% a.a. lhe proporcione a possibilidade de fazer cinco retiradas anuais de R$ 25 000,00 cada uma. Supondo que a primeira retirada seja feita um ano após a aplicação, determine o valor de M.

243. A empresa Vesúvio S.A., visando promover suas vendas, resolve dar um prêmio de R$ 500 000,00 a um de seus clientes escolhido por sorteio. O prêmio será pago em 10 parcelas anuais de R$ 50 000,00 cada uma, sendo a primeira um ano após o sorteio. Quanto a empresa deverá aplicar, na data do sorteio, a juros compostos à taxa de 15% a.a., para fazer frente aos pagamentos?

244. A sra. Helena pretende passar 24 meses na Europa fazendo um curso de pós-graduação. Ela estima que precisará ter uma renda mensal de R$ 4 500,00, começando com sua chegada à Europa. Para atingir seu objetivo, ela precisará aplicar um valor X, a juros compostos à taxa de 1,6% a.m., 60 meses antes do 1º saque de R$ 4 500,00. Qual o valor de X?

245. (FGV-SP) Se um investidor aplicar hoje P reais a uma taxa de juros mensal igual a i, ele poderá sacar R reais por mês (começando daqui a um mês), durante n meses, até esgotar seu saldo bancário. Sabendo-se que

$$P = R \cdot \frac{(1+i)^n - 1}{(1+i)^n \cdot i}$$

a) calcule R para que ele esgote seu saldo 1 mês após aplicar R$ 5 000,00, à taxa de juros de 2% ao mês.

b) expresse n em função de P, R e i.

246. Num país sem inflação, o sr. Olavo recebeu $ 100 000,00 de prêmio em uma loteria. Se ele aplicar esse valor num fundo que rende juros compostos à taxa de 0,5% a.m. e sacar $ 1 000,00 por mês (começando 1 mês após o depósito), durante quantos meses aproximadamente ele poderá efetuar os saques até esgotar seu saldo? Qual seria a resposta se ele sacasse $ 2 000,00 por mês?

IX. Montante de uma sequência uniforme de depósitos

Suponhamos que uma pessoa deposite mensalmente R$ 500,00 num fundo que renda juros compostos, à taxa de 1,5% a.m. Se ela quiser saber seu montante logo após ter feito o 20º depósito, podemos achar o montante de cada depósito e, em seguida, somá-los para obter o resultado desejado. A soma dos montantes de cada depósito recebe o nome de **montante de uma sequência uniforme de depósitos**. O cálculo desse montante pode ser facilitado se levarmos em consideração o raciocínio a seguir.

Consideremos n depósitos mensais iguais a R, nas datas 1, 2, 3, ... n, rendendo juros compostos, a uma taxa i mensal (veja a figura abaixo). Queremos saber qual a soma M dos montantes desses depósitos na data n (isto é, logo após ter sido feito o último depósito).

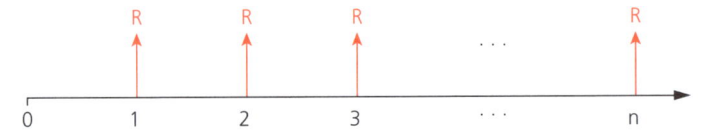

Temos:
- o montante do 1º depósito na data n: $R \cdot (1 + i)^{n-1}$;
- o montante do 2º depósito na data n: $R \cdot (1 + i)^{n-2}$;
- o montante do 3º depósito na data n: $R \cdot (1 + i)^{n-3}$.

Procedendo de modo análogo com os outros depósitos, obtemos o montante do último depósito na data n, que vale R.

Assim:
$$M = R \cdot (1 + i)^{n-1} + R \cdot (1 + i)^{n-2} + R \cdot (1 + i)^{n-3} + \ldots + R$$

Os termos do 2º membro dessa expressão constituem uma Progressão Geométrica cuja razão vale $q = \dfrac{1}{1+i}$ e cujo 1º termo é $a_1 = R(1+i)^{n-1}$. Ao aplicar a fórmula da soma dos termos da Progressão Geométrica finita, temos:

$$M = \dfrac{R \cdot (1+i)^{n-1}\left[\dfrac{1}{(1+i)^n} - 1\right]}{\dfrac{1}{1+i} - 1}$$

$$M = R \cdot \dfrac{\dfrac{1}{(1+i)} - (1+i)^{n-1}}{\dfrac{-i}{1+i}}$$

$$M = R \cdot \frac{\frac{1-(1+i)^n}{1+i}}{\frac{-i}{1+i}}$$

$$M = R \cdot \frac{1-(1+i)^n}{-i}$$

E, finalmente:

$$M = R \cdot \frac{(1+i)^n - 1}{i}$$

Exemplo:

Uma pessoa deposita mensalmente R$ 600,00 num fundo que rende juros compostos, à taxa de 1,5% a.m. Qual será seu montante no instante imediatamente após o 30º depósito?

Temos R = 600, n = 30 e i = 1,5% a.m.

Portanto:

$$M = 600 \cdot \frac{(1{,}015)^{30} - 1}{0{,}015}$$

$$M = 22\,523{,}21$$

Assim, no instante imediatamente após o 30º depósito, o montante valerá R$ 22 523,21.

EXERCÍCIOS

247. Uma pessoa deposita mensalmente R$ 700,00 num fundo que rende juros compostos, à taxa de 1,3% a.m. São feitos 25 depósitos.
   a) Qual será seu montante no instante após o último depósito?
   b) Qual será seu montante 3 meses após ter feito o último depósito?

248. Quanto uma pessoa deverá depositar num fundo que rende juros compostos, à taxa de 1,2% a.m., para ter um montante de R$ 30 000,00 no instante após o último depósito? (Considere que foram feitos 40 depósitos.)

249. Calcule a quantia que uma pessoa deverá depositar num fundo que rende juros compostos, à taxa de 1,6% a.m., para ter um montante de R$ 20 000,00 no instante após o último depósito. (Considere que foram feitos 30 depósitos.)

250. Para ampliar as instalações de sua loja de eletrodomésticos, o sr. Martinez estima que precisará de R$ 80 000,00 daqui a 18 meses. Quanto deverá depositar mensalmente, num total de 18 parcelas, à taxa de juros compostos de 1,5% a.m., para que no instante do último depósito consiga um montante de R$ 80 000,00?

251. Uma transportadora pretende comprar um caminhão dentro de 24 meses e estima que seu preço nessa data será R$ 90 000,00. Para atingir seu objetivo, ela resolve fazer 24 depósitos mensais de x reais cada um num fundo que rende 1,5% ao mês, de modo que, no instante do último depósito, o saldo dessas aplicações seja R$ 90 000,00.
a) Qual o valor de x?
b) No dia em que foi feito o 18º depósito, surgiu uma emergência e a empresa teve que sacar todo o saldo das aplicações. Qual era o valor desse saldo?

252. (FGV-SP) O salário líquido do sr. Ernesto é R$ 3 000,00 por mês. Todo mês ele poupa 10% de seu salário líquido e aplica essa poupança num fundo que rende juros compostos, à taxa de 2% ao mês.
a) Qual seu saldo no fundo, no dia em que fez o segundo depósito?
b) Quantos depósitos deverá fazer para ter um saldo de R$ 7 289,00 no dia do último depósito?

253. A sra. Marli pretende custear os estudos universitários de seu filho, estimados em R$ 1 800,00 por mês, durante 60 meses. Para isso, ela resolve depositar k reais por mês num fundo que rende juros compostos, à taxa de 1,2% a.m., num total de 48 depósitos. Sabendo-se que serão sacados R$ 1 800,00 por mês desse fundo, sendo o primeiro saque realizado 1 mês após o último depósito, obtenha o valor de k.

254. Num país sem inflação, uma pessoa efetua 180 depósitos mensais de $ 800,00 cada um, num fundo que rende 0,5% a.m.
a) Qual seu montante no instante após o último depósito?
b) Se 1 mês após o último depósito ela resolve sacar desse fundo uma quantia x por mês, durante 200 meses, qual o valor de x?

MATEMÁTICA FINANCEIRA

LEITURA

Richard Price e a sequência uniforme de capitais

Há dois tipos de problemas bastante frequentes em operações financeiras. O primeiro diz respeito ao cálculo da prestação de um financiamento em prestações iguais no regime de juros compostos, dados o valor financiado, a taxa de juros e o número de prestações. O segundo refere-se ao montante auferido por uma sucessão de depósitos iguais a juros compostos, dados o valor de cada depósito, a taxa de juros e o número de depósitos.

Essa sucessão de valores iguais (pagamentos ou depósitos) é chamada de **sequência uniforme de capitais**.

Um dos pioneiros na utilização desses problemas no cálculo de aposentadorias e pensões foi o filósofo, teólogo e especialista em finanças e seguros Richard Price.

Nascido na Inglaterra, em Tynton, Glamorgan, em fevereiro de 1723, foi educado em sua cidade natal até a morte de seu pai, depois mudou-se para Londres em 1740. Nessa cidade, recebeu sólidos conhecimentos de Matemática e foi discípulo de John Eames.

Permaneceu estudando até 1748, ano em que se tornou ministro presbiteriano. Em 1758, publicou o livro *Revisão das questões principais em moral*, que causou grande impacto na conservadora sociedade britânica pela proposta de revisão das questões morais da época. Em 1766, publicou a *Importância do cristianismo*, obra na qual está presente a rejeição às ideias tradicionais cristãs, como pecado original, castigo eterno e purgatório.

Richard Price (1723-1791).

Três anos depois, a pedido da seguradora inglesa Sociedade Equitativa, Price publicou um trabalho na área de Estatística e Atuária chamado *Tabelas de mortalidade de Northampton*, que serviu para o cálculo das probabilidades de morte e sobrevivência de um indivíduo em função da idade. Essas tabelas serviram de base para o cálculo de seguros e aposentadorias.

Em 1771, publicou sua mais famosa obra da área financeira e atuarial intitulada *Observações sobre pagamentos reversíveis*. Nessa obra, Price elaborou tabelas para o cálculo de juros compostos, explicou o financiamento por meio da sequência uniforme de pagamentos, o montante gerado por depósitos em sequência uniforme, rendas vitalícias em aposentadorias e cálculo de prêmio de seguros de vida.

Em 1776, publicou *Observações sobre a natureza da liberdade civil, os princípios do governo, e a justiça e a política da guerra com a América*, um sucesso de vendas na América e na Inglaterra (cerca de 60 000 exemplares em poucos meses). Graças a essa obra e suas ideias, foi convidado pelo Congresso dos Estados Unidos da América para exercer a função de conselheiro na área financeira.

Nos últimos anos de sua vida, em 1789, fez um de seus últimos discursos em defesa da Revolução Francesa, *Discurso sobre o amor pelo nosso país*, que provocou fortes reações na sociedade britânica conservadora. Price foi chamado de ateu pelo rei George III. Seus adversários ideológicos combateram suas ideias por meio de panfletos, nos quais chegou até a ser caricaturado como insano e ateu por James Gillray, famoso caricaturista da época.

Price faleceu em Hackney, próximo de Londres, em abril de 1791, aos 68 anos.

CAPÍTULO III

Estatística Descritiva

I. Introdução

Imagine que, um mês antes de uma eleição presidencial, a federação das indústrias de determinado estado encomendou a um instituto especializado uma pesquisa cujo objetivo consistiu em detectar a intenção de voto do eleitor e levantar o perfil socioeconômico dos eleitores de cada um dos candidatos.

O que o instituto fez?

- Primeiramente, dimensionou uma amostra da população e fez a coleta de dados por meio de uma pesquisa de campo. A escolha da amostra é, em geral, complexa, pois deve-se levar em conta, entre outros fatores, o tempo e o custo da pesquisa, o número de eleitores de cada cidade do estado, a camada social à qual o entrevistado pertence, o local onde será feita a entrevista. É imprescindível que a amostra seja representativa, a fim de não haver comprometimento na análise dos resultados.
- Num segundo momento, organizou em tabelas os dados brutos coletados, construiu gráficos para apresentar os resultados obtidos e divulgou-os nos meios de comunicação. É preciso também associar ao conjunto de informações medidas de tendência **central** e medidas de **variabilidade** (ou dispersão dos dados em relação a valores centrais).
- Por fim, fez a análise confirmatória dos dados, isto é, verificou a margem de erro com que os resultados da amostra refletiram, de fato, a intenção de votos de toda a população de eleitores.

A ciência que se dedica a esse trabalho é a **Estatística**.

ESTATÍSTICA DESCRITIVA

Os levantamentos estatísticos costumam ser divulgados em jornais, revistas, televisão, Internet, etc. e quase sempre têm relação direta com a vida das pessoas, pois envolvem assuntos como saúde, comportamento, bem-estar e desenvolvimento humano, economia, demografia, pesquisas de mercado, educação, entre muitos outros.

Sobre as etapas mencionadas, podemos dizer que a primeira diz respeito às técnicas de **Amostragem**, a segunda compete à **Estatística Descritiva** e a última é objeto de estudo da **Inferência Estatística**.

A Estatística Descritiva é utilizada também para se organizar e resumir informações relativas a uma população inteira, como ocorre, por exemplo, nos censos demográficos efetuados pelo Instituto Brasileiro de Geografia e Estatística (IBGE).

Neste capítulo, nos ocuparemos do estudo de aspectos relacionados à Estatística Descritiva.

II. Variável

A entidade representativa dos moradores de um bairro queria traçar um perfil dos frequentadores de um parque ali situado. Uma equipe de pesquisa de rua, contratada para realizar o trabalho, elaborou questões a fim de reunir as informações procuradas. Numa manhã de quarta-feira, 20 pessoas foram entrevistadas e cada uma respondeu a questões para identificar sexo, idade (arredondada para o inteiro mais próximo), número de vezes que frequenta o parque por semana, estado civil, meio de transporte utilizado para chegar ao parque, tempo de permanência no parque e renda familiar mensal. Os resultados são mostrados na tabela a seguir:

Sexo	Idade	Frequência semanal	Estado civil	Meio de transporte	Tempo de permanência	Renda familiar mensal (em salários mínimos)
Masculino	26	2	casado	carro	30 min	13,3
Masculino	23	1	solteiro	ônibus	35 min	11,8
Feminino	41	5	viúva	a pé	2h50min	8,9
Masculino	49	3	separado	a pé	45 min	13,9
Feminino	19	5	solteira	carro	1 h	11,6
Feminino	20	4	solteira	a pé	1h20min	16,0
Masculino	27	3	solteiro	carro	45 min	19,5
Masculino	38	3	casado	a pé	2h15min	9,3
Masculino	27	2	separado	ônibus	1h30min	10,2

ESTATÍSTICA DESCRITIVA

Sexo	Idade	Frequência semanal	Estado civil	Meio de transporte	Tempo de permanência	Renda familiar mensal (em salários mínimos)
Feminino	50	7	casada	a pé	45 min	12,4
Masculino	52	2	solteiro	a pé	1h40min	10,7
Feminino	48	4	casada	a pé	1h15min	14,7
Masculino	28	4	casado	a pé	1 h	16,6
Masculino	36	1	casado	carro	1h30min	12,5
Feminino	31	3	solteira	ônibus	2 h	8,2
Masculino	56	3	viúvo	a pé	30 min	15,4
Feminino	41	6	solteira	carro	2h30min	18,8
Masculino	44	1	casado	ônibus	50 min	12,1
Feminino	29	2	separada	a pé	40 min	5,0
Masculino	31	3	casado	ônibus	2h45min	7,6

Cada um dos aspectos investigados – os quais permitirão fazer a análise desejada – é denominado **variável**.

Algumas variáveis, como sexo, estado civil e meio de transporte utilizado para chegar ao parque, apresentam como resposta um atributo, qualidade ou preferência do entrevistado. Variáveis dessa natureza recebem o nome de **variáveis qualitativas**. Se considerarmos, por exemplo, a variável meio de transporte utilizado, dizemos que **carro**, **ônibus** e **a pé** correspondem às realizações ou valores assumidos por essa variável.

Outras variáveis, como idade, frequência semanal, tempo de permanência e renda familiar mensal, apresentam como resposta um número. Variáveis desse tipo são denominadas **variáveis quantitativas**. Podemos classificá-las em dois grupos:

- **Variáveis quantitativas discretas**: são aquelas cujos valores são obtidos por **contagem** e representados por elementos de um conjunto finito ou enumerável. No exemplo, a variável frequência semanal é discreta, e seus valores são 1, 2, 3, 4, 5, 6 ou 7.
- **Variáveis quantitativas contínuas**: são aquelas cujos valores são obtidos por **mensuração** e representados por valores pertencentes a um intervalo **real**. As variáveis idade, tempo de permanência e renda familiar mensal são contínuas e seus valores se distribuem em determinado intervalo real. A variável tempo de permanência, por exemplo, tem seus valores (em horas) pertencentes ao intervalo [0,5; 3[.

ESTATÍSTICA DESCRITIVA

EXERCÍCIOS

255. Ao se cadastrar em um *site* de comércio eletrônico, o usuário deve preencher um questionário com estas oito perguntas:
1. Você tem computador em casa?
2. Quantas vezes por semana você acessa a Internet?
3. Numa escala de zero a 10, qual seu índice de confiança na segurança do comércio eletrônico?
4. Quantos cartões de crédito você possui?
5. A residência em que vive é própria ou alugada?
6. Qual é o provedor que você utiliza para acessar a rede?
7. Qual é o tempo médio de acesso à Internet?
8. Já comprou algum produto via Internet?

Cada uma das questões anteriores define uma variável. Classifique-as como qualitativas ou quantitativas.

256. Num cursinho pré-vestibular, os estudantes inscritos responderam a um questionário no qual constavam, entre outras, as seguintes questões:
1. Qual é a área da carreira universitária pretendida?
2. Você cursou o ensino médio em escola particular ou pública?
3. Qual é a renda familiar mensal?
4. Qual é o grau de escolaridade do chefe da família?
5. Qual é a sua disciplina favorita?
6. Quantas vezes você já fez cursinho?
7. Você é usuário da Internet?
8. Quanto tempo de estudo diário pretende dedicar ao cursinho?

Em relação às variáveis definidas pelas questões acima, responda:
a) Quantas são classificadas como qualitativas?
b) Dê três possíveis realizações da variável definida pela questão 4.

257. Uma pesquisa realizada na plataforma de embarque de um terminal rodoviário tinha como objetivo conhecer o perfil do usuário dos fins de semana. Os 200 entrevistados responderam às seguintes questões:
1. Qual seu estado civil?
2. Você possui veículo próprio?
3. Quantas vezes por mês você utiliza este terminal?

4. Qual é a principal razão desta viagem: lazer, negócios ou visita à família?
5. Qual é, aproximadamente, o tempo de viagem até o destino final?
6. Em relação aos serviços deste terminal, você está: satisfeito, parcialmente satisfeito ou insatisfeito?
7. Qual é a quantia mensal que você costuma gastar neste terminal (incluindo passagens, alimentação, entretenimento, etc.)?

Classifique cada uma das variáveis determinadas por essas questões.

III. Tabelas de frequência

A simples leitura dos dados brutos da tabela anteriormente apresentada não nos fornece as condições necessárias à determinação do perfil do frequentador do parque, uma vez que as informações não estão devidamente organizadas.

O primeiro procedimento que possibilita uma leitura mais resumida dos dados é a construção de tabelas de frequência.

Para cada variável estudada, contamos o número de vezes que ocorre cada um de seus valores (ou realizações). O número obtido é chamado **frequência absoluta** e é indicado por n_i (cada valor assumido pela variável aparece um determinado número de vezes, o que justifica o uso do índice i). Vejamos:

Dos 20 entrevistados, encontramos os seguintes resultados para a frequência absoluta dos valores assumidos pela variável estado civil:

- separado $(n_1 = 3)$;
- casado $(n_3 = 8)$;
- solteiro $(n_2 = 7)$;
- viúvo $(n_4 = 2)$.

Note que:

$$n_1 + n_2 + n_3 + n_4 = \sum_{i=1}^{4} n_i = 20$$

Em geral, quando os resultados de uma pesquisa (ou estudo) são divulgados em jornais e revistas, os valores referentes à frequência absoluta aparecem acompanhados do **número total** de valores colhidos, a fim de tornar a análise mais significativa.

Poderíamos, por exemplo, repetir a pesquisa do parque algum tempo depois e construir uma amostra com 30 entrevistados em vez dos 20 participantes da pesquisa inicial. Para comparar os resultados obtidos nas duas amostras seria preciso levar em conta que elas têm "tamanhos" diferentes.

Definimos, então, para cada valor assumido por uma variável, a **frequência relativa** (f_i) como a razão entre a frequência absoluta (n_i) e o número total de dados (n), isto é:

$$f_i = \frac{n_i}{n}$$

Observações:

1ª) Como $n_i \leq n$, segue que, para cada i, $0 \leq f_i \leq 1$. Por esse motivo, é comum a frequência relativa ser expressa em porcentagem.

2ª) A soma das frequências relativas dos valores assumidos por determinada variável é sempre igual a 1.

De fato:

$$\sum_i f_i = \sum_i \frac{n_i}{n} = \frac{1}{n}\sum_i n_i = \frac{1}{n} \cdot n = 1$$

Exemplo:

Para a variável estado civil da tabela anteriormente apresentada, construímos a seguinte tabela de frequência:

Estado civil	Frequência absoluta (n_i)	Frequência relativa (f_i)	Porcentagem (%)
Separado	3	$\frac{3}{20} = 0{,}15$	15
Solteiro	7	$\frac{7}{20} = 0{,}35$	35
Casado	8	$\frac{8}{20} = 0{,}40$	40
Viúvo	2	$\frac{2}{20} = 0{,}10$	10
Total	20	1,0	100

A construção das tabelas de frequência para as variáveis sexo, frequência semanal de visita ao parque e meio de transporte utilizado é análoga.

Em alguns casos, porém, pode ocorrer que os valores assumidos por uma variável pertençam a determinado intervalo real, não havendo praticamente repetição (coincidência) de valores. Isso ocorre com as variáveis idade, tempo de permanência no parque e renda familiar mensal. Esta última tem seus valores variando no intervalo [5, 20[. Nesse caso, construímos uma tabela de frequência em que os dados estarão agrupados em classes (ou intervalos) de valores.

Observações:

1ª) Vamos convencionar que cada intervalo construído é fechado à esquerda e aberto à direita, isto é, a notação $a \vdash b$ refere-se ao intervalo real [a, b[, que inclui a e não inclui b, isto é:

$$[a, b[= \{x \in \mathbb{R} \mid a \leq x < b\}$$

2ª) A amplitude do intervalo a ⊢ b é dada pela diferença b − a. (No exemplo que será fornecido a seguir, a amplitude de cada uma das classes da renda familiar é igual a 3.)

3ª) Não há regras fixas para a construção dos intervalos usados para agrupar as informações a partir dos dados brutos. Dependendo da natureza dos dados, podemos ter um número maior ou menor de classes. Recomenda-se, no entanto, sempre que possível, construir classes de **mesma amplitude**. Além disso, convém evitar classes de amplitude muito grande ou muito pequena, a fim de que a análise não fique comprometida.

Exemplos:

1º) Considerando a variável renda mensal familiar, é possível agrupar os dados brutos nas seguintes classes:

Renda familiar mensal (em salários mínimos)	Frequência absoluta (n_i)	Frequência relativa (f_i)	Porcentagem (%)
5 ⊢ 8	2	$\frac{2}{20} = 0{,}10$	10
8 ⊢ 11	5	$\frac{5}{20} = 0{,}25$	25
11 ⊢ 14	7	$\frac{7}{20} = 0{,}35$	35
14 ⊢ 17	4	$\frac{4}{20} = 0{,}20$	20
17 ⊢ 20	2	$\frac{2}{20} = 0{,}10$	10
Total	20	1,0	100

2º) Para a variável tempo de permanência no parque, construímos uma tabela de frequência em que as informações estão agrupadas em intervalos de amplitude igual a 30.

Tempo de permanência (em minutos)	Frequência absoluta (n_i)	Frequência relativa (f_i)	Porcentagem (%)
30 ⊢ 60	8	$\frac{8}{20} = 0{,}40$	40
60 ⊢ 90	4	$\frac{4}{20} = 0{,}20$	20

Tempo de permanência (em minutos)	Frequência absoluta (n_i)	Frequência relativa (f_i)	Porcentagem (%)
90 ⊢ 120	3	$\frac{3}{20} = 0,15$	15
120 ⊢ 150	2	$\frac{2}{20} = 0,10$	10
150 ⊢ 180	3	$\frac{3}{20} = 0,15$	15
Total	20	1,0	100

A leitura da tabela permite concluir que:
- a maioria (60% dos entrevistados) permanece menos de 90 minutos no parque;
- três em cada quatro entrevistados ficam no parque por menos de duas horas (note que 40% + 20% + 15% = 75%).

EXERCÍCIOS

Os exercícios 258 a 260 referem-se à situação da tabela apresentada nas páginas 79 e 80.

258. Construa uma tabela de frequência para a variável sexo.

259. Construa uma tabela de frequência para a variável frequência semanal de visita ao parque.

260. Com os dados referentes à idade agrupados em classes de intervalo, cada um com amplitude igual a 10, construa uma tabela de frequência.

261. Em uma pesquisa socioeconômica sobre itens de conforto, perguntou-se a cada um dos 800 entrevistados: Quantos aparelhos de TV em cores há em sua casa?

Os resultados aparecem na tabela:

Nº de aparelhos	Frequência absoluta	Frequência relativa	Porcentagem (%)
0	20	▲	▲
1	▲	▲	▲
2	▲	0,6	▲
3	▲	▲	7,5
4	30	▲	▲

a) Complete a tabela.

b) Suponha que levantamentos posteriores mostraram que os resultados dessa amostra representam, em termos da frequência relativa, a distribuição do número de aparelhos de TV de toda a população. No universo de 680 000 domicílios, qual o número daqueles em que há exatamente 1 aparelho?

262. Os dados seguintes referem-se ao tempo de espera (em minutos) de 30 clientes em uma fila de banco, em um dia de grande movimento:

23 — 19 — 7 — 21 — 16 — 13 — 11 — 16 — 33 — 22
17 — 15 — 12 — 18 — 25 — 20 — 14 — 16 — 12 — 10
8 — 20 — 16 — 14 — 19 — 23 — 36 — 30 — 28 — 35

Construa uma tabela de frequência, agrupando as informações em classes de amplitude igual a 5, a partir do menor tempo encontrado.

263. A tabela abaixo informa os tipos de lazer preferidos por 80 garotos da 1ª série do ensino médio de um colégio.

Lazer	Frequência absoluta	Frequência relativa
Jogar futebol com os amigos	48	a
Computador e *videogame*	b	c
Paquerar no *shopping*	d	e
Viajar para a praia	f	g
Total	80	1,00

Complete a tabela, sabendo que c é o dobro de e, que é o quíntuplo de g.

264. Vinte e cinco jovens de até 15 anos foram selecionados para participar de um programa desenvolvido pela Secretaria de Esportes de uma cidade cujo objetivo consiste na formação de futuros jogadores de vôlei. As alturas dos jovens (em metro) são dadas a seguir:

1,82 — 1,77 — 1,79 — 1,74 — 1,73 — 1,81 — 1,82 — 1,69 — 1,71
1,78 — 1,78 — 1,88 — 1,72 — 1,65 — 1,75 — 1,78 — 1,73
1,82 — 1,84 — 1,74 — 1,76 — 1,79 — 1,83 — 1,76 — 1,70

a) A partir da menor altura encontrada, agrupe os dados em classes de amplitude 5 cm e faça a tabela de frequência correspondente.

b) Em visita ao centro de treinamento, um técnico estrangeiro sugeriu que pelo menos 48% dos jovens deveriam ter estatura superior ou igual a 1,80 m. Quantos jovens nessas condições devem ser incorporados ao atual grupo, de acordo com tal sugestão? Use os dados agrupados no item *a*.

265. A tabela seguinte informa os valores de 160 empréstimos solicitados a um banco por pessoas físicas durante uma semana.

Valor do empréstimo (em R$)	Frequência absoluta	Frequência relativa
200 ⊢ 400	a	b
400 ⊢ 600	60	c
600 ⊢ 800	d	e
800 ⊢ 1 000	f	0,05
1 000 ⊢ 1 200	g	h
Total	160	1,00

Complete a tabela, sabendo que 52,5% dos empréstimos representavam valores maiores ou iguais a R$ 600,00 e que, entre eles, $\frac{2}{3}$ eram inferiores a R$ 800,00.

266. (UF-GO) A tabela abaixo foi extraída da Pesquisa Nacional por Amostra de Domicílio/2001 do IBGE. Ela mostra as classes de rendimento mensal no Estado de Goiás e o número de pessoas de 10 anos ou mais de idade em cada classe.

Classe de rendimento mensal	Pessoas de 10 anos ou mais de idade		
	Total	Homens	Mulheres
Total	4 141 696	2 005 447	2 136 249
Até $\frac{1}{2}$ salário mínimo	210 438	62 010	148 428
Mais de $\frac{1}{2}$ a 1 salário mínimo	696 875	299 431	397 444
Mais de 1 a 2 salários mínimos	816 385	498 301	318 084
Mais de 2 a 3 salários mínimos	354 673	251 875	102 798
Mais de 3 a 5 salários mínimos	257 695	172 865	84 830
Mais de 5 a 10 salários mínimos	186 355	125 954	60 401
Mais de 10 a 20 salários mínimos	75 830	55 911	19 919
Mais de 20 salários mínimos	41 446	33 409	8 037
Sem rendimento	1 501 999	505 691	996 308

Analise essa tabela e julgue os itens a seguir:

1) O número de pessoas que ganham mais de 5 salários mínimos é inferior a 8% do total de pessoas.

2) A razão entre o número de mulheres e de homens que ganham até 1 salário mínimo é maior que a razão entre o número de mulheres e de homens com rendimento superior a 1 salário mínimo.

3) Mais de 60% das pessoas sem rendimento são mulheres.
4) Mais da metade das pessoas não possui rendimento ou ganha até 1 salário mínimo.

IV. Representação gráfica

Os gráficos constituem um importante instrumento de análise e interpretação de um conjunto de dados.

Diariamente é possível encontrar representações gráficas nos mais variados veículos de comunicação (jornais, revistas, televisão, Internet), associadas a assuntos diversos do nosso dia a dia, como resultados de pesquisas de opinião, saúde e desenvolvimento humano, economia, esportes, cidadania, etc.

A importância dos gráficos está ligada sobretudo à facilidade e rapidez na absorção e interpretação das informações por parte do leitor e também às inúmeras possibilidades de ilustração e resumo dos dados apresentados.

Estudaremos, neste capítulo, quatro tipos de representações gráficas: o gráfico de setores (ou *"pizza"*), o gráfico de barras (verticais ou horizontais), o histograma e o gráfico de linhas (poligonal).

Em relação aos tipos de gráficos citados, trabalharemos nos itens de V a VIII com sua construção, leitura e interpretação. É importante destacar que esses gráficos podem ser feitos utilizando-se planilhas ou *softwares* estatísticos.

Gráfico de setores

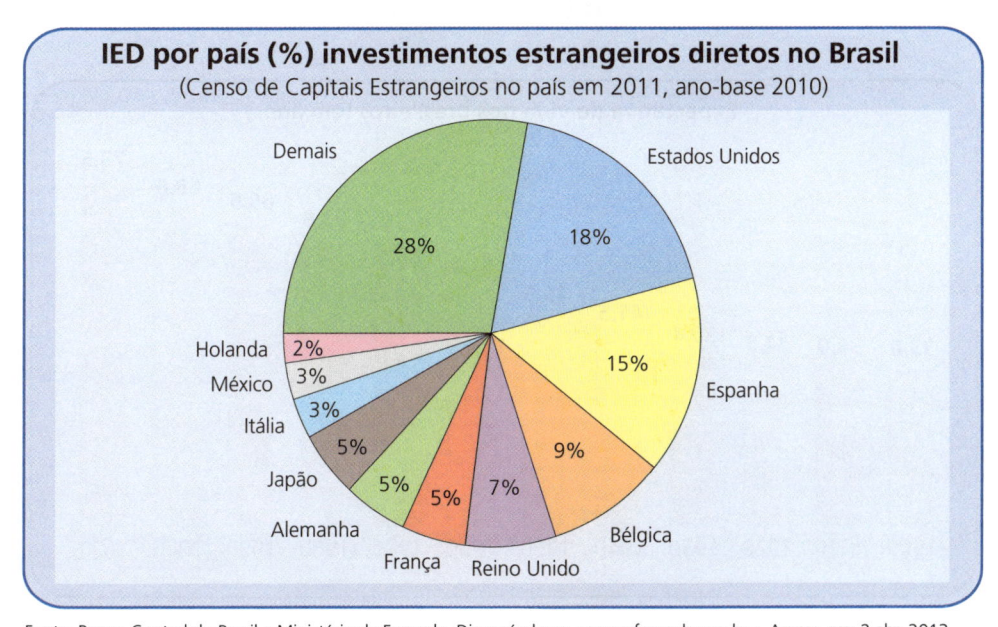

IED por país (%) investimentos estrangeiros diretos no Brasil
(Censo de Capitais Estrangeiros no país em 2011, ano-base 2010)

- Demais: 28%
- Estados Unidos: 18%
- Espanha: 15%
- Bélgica: 9%
- Reino Unido: 7%
- França: 5%
- Alemanha: 5%
- Japão: 5%
- Itália: 3%
- México: 3%
- Holanda: 2%

Fonte: Banco Central do Brasil e Ministério da Fazenda. Disponível em: <www.fazenda.gov.br>. Acesso em: 2 abr. 2013.

ESTATÍSTICA DESCRITIVA

Gráfico poligonal

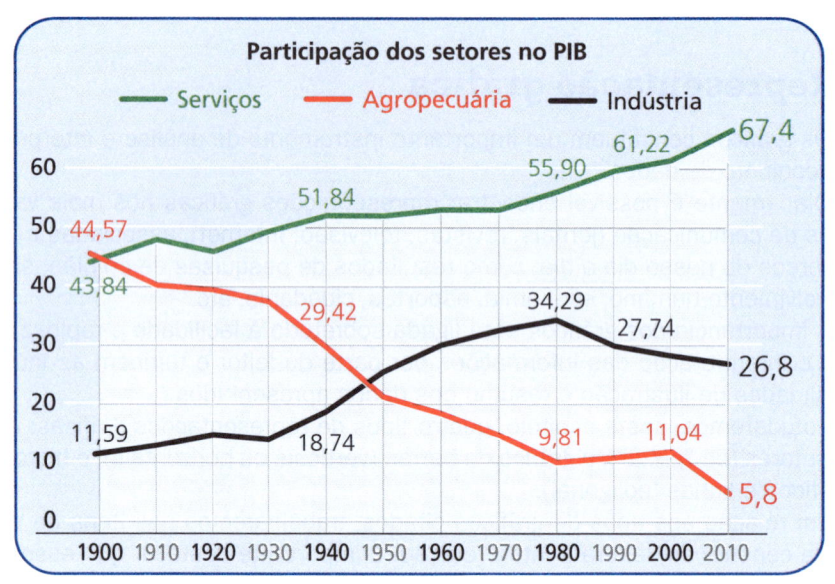

Participação dos setores no PIB

— Serviços — Agropecuária — Indústria

Serviços: 44,57 (1900); 51,84 (1930); 55,90 (1970); 61,22 (1990); 67,4 (2010)
Agropecuária: 44,57 (1900); 29,42 (1940); 9,81 (1980); 11,04 (2000); 5,8 (2010)
Indústria: 11,59 (1900); 18,74 (1940); 34,29 (1970); 27,74 (1990); 26,8 (2010)

Fonte: *Almanaque Abril*, 2012.

Gráfico de barras

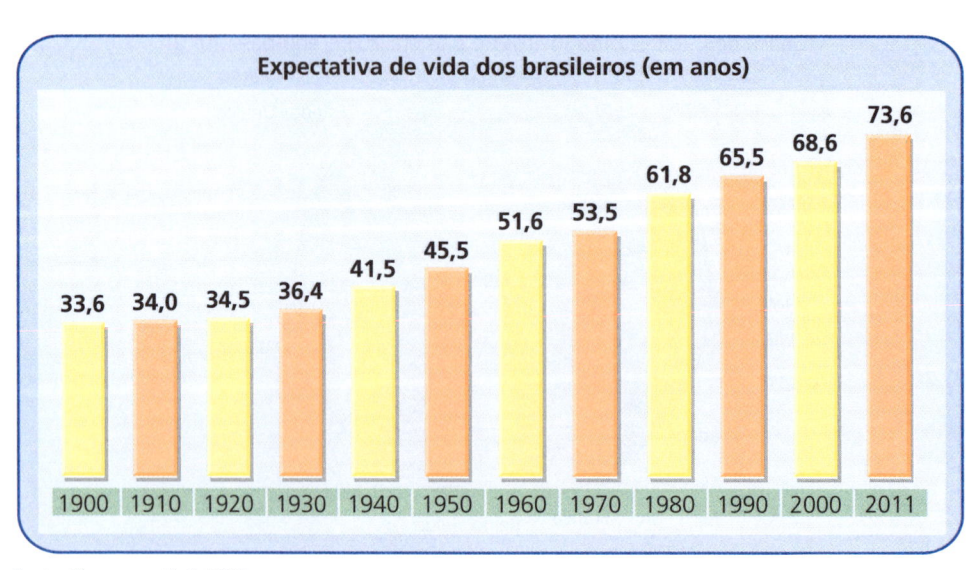

Expectativa de vida dos brasileiros (em anos)

1900	1910	1920	1930	1940	1950	1960	1970	1980	1990	2000	2011
33,6	34,0	34,5	36,4	41,5	45,5	51,6	53,5	61,8	65,5	68,6	73,6

Fonte: *Almanaque Abril*, 2012.

V. Gráfico de setores

O gráfico seguinte informa a distribuição da população brasileira que vive no campo (zona rural) e nas cidades (zona urbana).

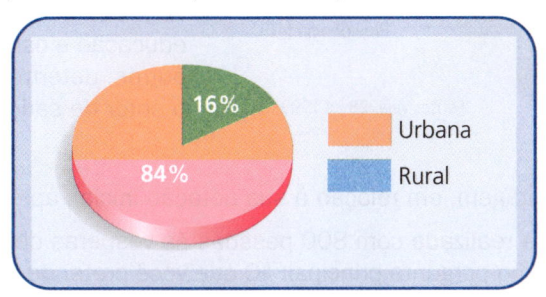

Fonte: *Almanaque Abril*, 2012.

Para representar essa distribuição, dividimos um círculo em duas partes (setores circulares), uma com ângulo de medida proporcional à porcentagem da população rural e outra com ângulo de medida proporcional à porcentagem da população urbana.

Temos, então, a seguinte proporção:

- população rural:

$$\left.\begin{array}{l} 100\% \longrightarrow 360° \\ 16\% \longrightarrow x \end{array}\right\} \quad x = 57{,}6° = 57°36'$$

- população urbana:

$$\left.\begin{array}{l} 100\% \longrightarrow 360° \\ 84\% \longrightarrow y \end{array}\right\} \quad y = 302{,}4° = 302°24'$$

(Poderíamos simplesmente fazer também: $360° - 57{,}6° = 302{,}4°$.)

Com o auxílio de um transferidor, construímos o gráfico acima, que é chamado de **gráfico de setores** ou de *"pizza"*.

De modo geral, quando uma variável assume k valores distintos, dividimos um círculo em k setores circulares cujas medidas dos ângulos são proporcionais às frequências correspondentes a cada um desses valores.

EXERCÍCIOS

267. (Vunesp-SP) O gráfico, publicado pela revista *Veja* de 28/7/1999, mostra como são divididos os 188 bilhões de reais do orçamento da União entre os setores de saúde, educação, previdência e outros.

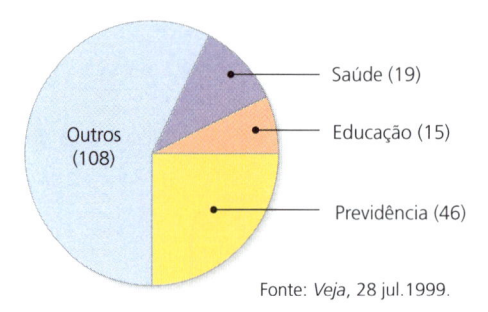

ESTATÍSTICA DESCRITIVA

Saúde (19)
Educação (15)
Outros (108)
Previdência (46)
Fonte: *Veja*, 28 jul.1999.

Se os 46 bilhões de reais gastos com a previdência fossem totalmente repassados aos demais setores, de modo que 50% fossem destinados à saúde, 40% à educação e os 10% restantes aos outros, determine o aumento que o setor de saúde teria:

a) em reais;
b) em porcentagem, em relação à sua dotação inicial, aproximadamente.

268. Uma pesquisa realizada com 800 pessoas às vésperas de um feriado prolongado tinha como pergunta principal: "O que você pretende fazer nestes quatro dias?". Os resultados são dados na tabela seguinte:

Intenção	Número de pessoas
Descansar em casa	240
Viajar	360
Passear na própria cidade	160
Trabalhar	40

Faça um gráfico de setores para representar esses resultados.

269. Os gráficos seguintes mostram a disposição dos alunos das turmas da 3ª série do ensino médio para fazer cursinho pré-vestibular paralelamente a frequentar as aulas do colégio.

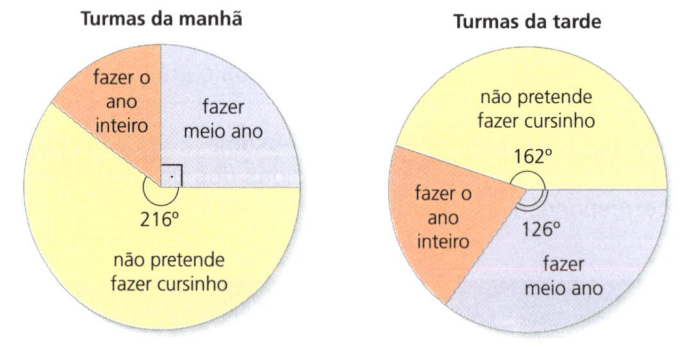

Turmas da manhã
fazer o ano inteiro
fazer meio ano
216°
não pretende fazer cursinho

Turmas da tarde
não pretende fazer cursinho
162°
fazer o ano inteiro
126°
fazer meio ano

Sabendo que as turmas da manhã contam com 340 alunos e as da tarde com 280 alunos, determine:

a) o número total de alunos que não pretendem fazer cursinho;
b) a diferença entre o número de alunos do vespertino e do matutino que pretendam fazer cursinho o ano inteiro.

270. Em uma cidade, o mercado de leite é disputado por quatro marcas: X, Y, Z e W. Os resultados de uma sondagem a propósito da marca preferida, realizada com 400 consumidores, estão parcialmente apresentados na tabela e no gráfico seguintes.

Marca de preferência	Número de pessoas
X	230
Y	120
Z	▲
W	▲

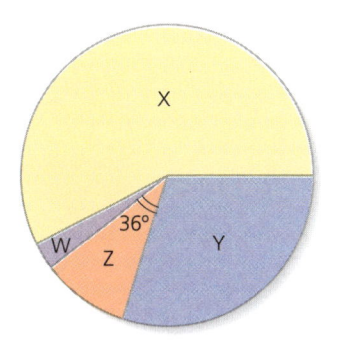

Determine:
a) a diferença entre o número de consumidores que preferem Z a W;
b) a diferença entre os ângulos correspondentes a X e Y.

271. Uma psicóloga realizou com os alunos da 1ª série do ensino médio de um colégio um estudo sobre orientação profissional. Após algumas dinâmicas e entrevistas, condensou as informações sobre a intenção de carreira dos alunos no gráfico abaixo.

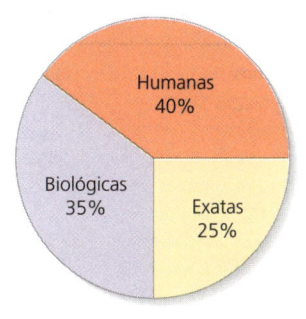

Humanas 40%
Biológicas 35%
Exatas 25%

Quando os mesmos alunos estavam na 3ª série, a psicóloga repetiu o estudo com eles e notou que, em relação à sondagem anterior, $\frac{5}{16}$ dos interessados em Humanas migraram para Exatas e $\frac{3}{40}$ para Biológicas. Admitindo que não haja outras migrações:

a) construa o novo gráfico de setores correspondente, destacando os ângulos;
b) determine quantos alunos migraram de Humanas para Exatas, sabendo que o número dos participantes da dinâmica foi 400.

ESTATÍSTICA DESCRITIVA

272. Uma universidade realizou um levantamento sobre a origem dos 4 800 novos alunos ingressantes. Os dados encontram-se resumidos nestes gráficos:

Distribuição dos calouros por região
- interior 25%
- capital 65%
- outros estados 10%

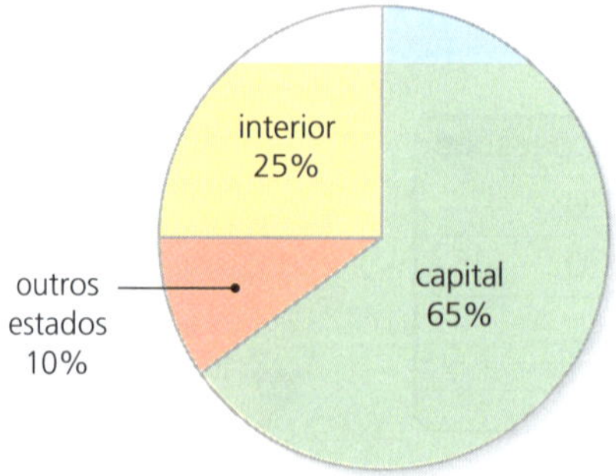

Distribuição dos alunos da capital por tipo de escola frequentada
- só escola particular 162°
- só escola pública 108°
- escola pública e particular

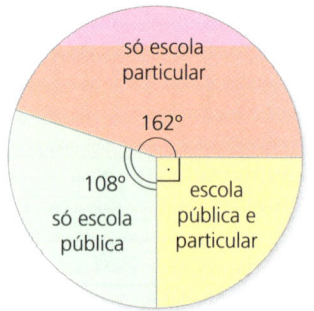

Com base nos gráficos, responda:

a) Qual é o número de calouros procedentes do interior?

b) Qual é o número de alunos da capital que estudaram nos dois tipos de escola (pública e particular)?

c) Qual é a porcentagem de calouros que estudaram apenas em escolas particulares da capital?

d) Qual é o número de calouros que já frequentaram a escola pública na capital?

273. Observe os gráficos a seguir e faça o que se pede.

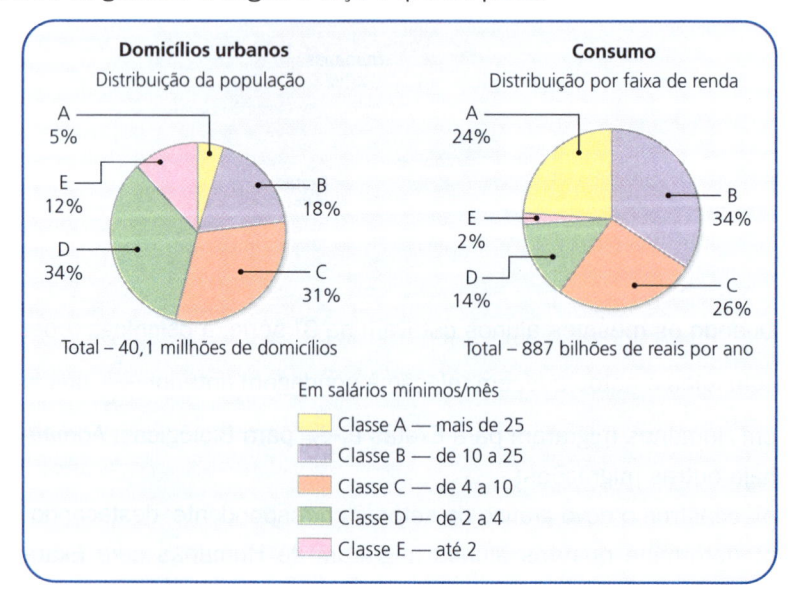

Domicílios urbanos — Distribuição da população
- A 5%
- B 18%
- C 31%
- D 34%
- E 12%

Total – 40,1 milhões de domicílios

Consumo — Distribuição por faixa de renda
- A 24%
- B 34%
- C 26%
- D 14%
- E 2%

Total – 887 bilhões de reais por ano

Em salários mínimos/mês
- Classe A — mais de 25
- Classe B — de 10 a 25
- Classe C — de 4 a 10
- Classe D — de 2 a 4
- Classe E — até 2

Fonte: *Exame*, 1º out. 2003.

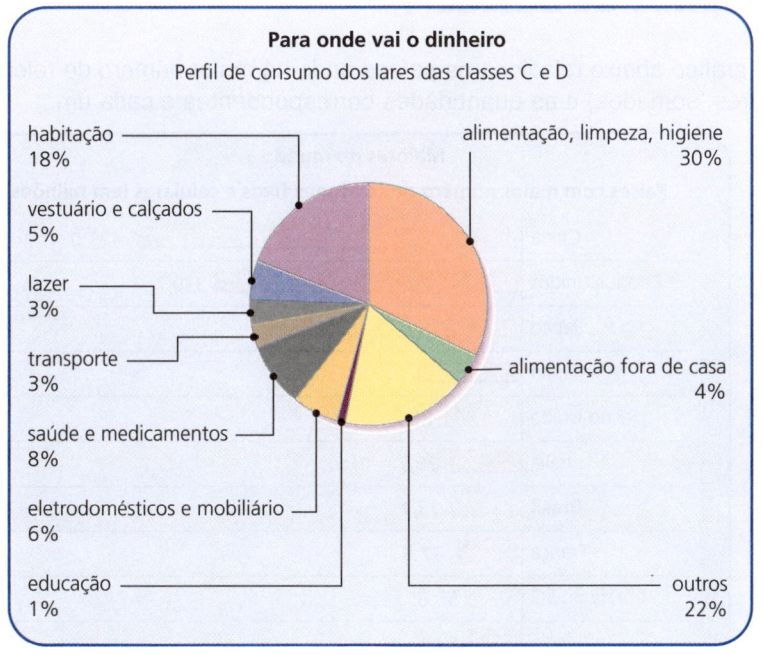

Para onde vai o dinheiro
Perfil de consumo dos lares das classes C e D

- habitação: 18%
- vestuário e calçados: 5%
- lazer: 3%
- transporte: 3%
- saúde e medicamentos: 8%
- eletrodomésticos e mobiliário: 6%
- educação: 1%
- alimentação, limpeza, higiene: 30%
- alimentação fora de casa: 4%
- outros: 22%

Fonte: *Exame*, 1 out. 2003.

a) Complete as afirmações corretamente:

1) As classes A e B juntas, embora representem apenas ▲% do total de domicílios urbanos, detêm ▲% do total consumido por ano pelos brasileiros.

2) O número de domicílios urbanos das classes D e E reunidos é da ordem de ▲ milhões.

3) A classe C é composta de aproximadamente ▲ milhões de domicílios urbanos e está representada no gráfico por um setor de ▲ graus. O consumo correspondente a essa classe gira em torno de ▲ bilhões de reais por ano.

b) Em relação ao consumo das classes C e D, assinale V (verdadeiro) ou F (falso) em cada item e justifique a classificação:

1) Alimentação, limpeza e higiene movimentam mais de 100 bilhões de reais por ano.

2) O total de gastos com saúde e medicamentos supera os 30 bilhões de reais por ano.

3) Os gastos com lazer de um único domicílio dessas classes são da ordem de 410 reais por ano.

VI. Gráfico de barras

O gráfico abaixo relaciona os países onde há maior número de telefones (fixos e celulares, somados) e as quantidades correspondentes a cada um.

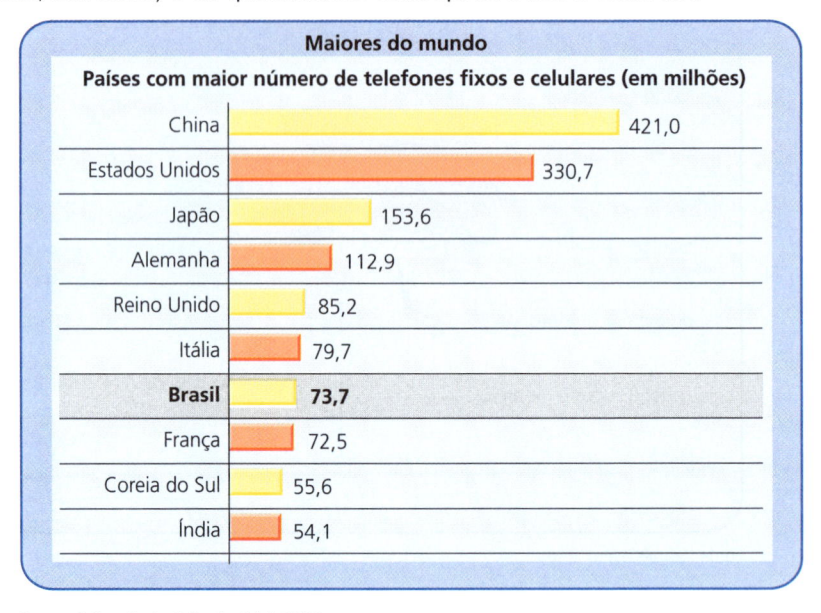

Maiores do mundo
Países com maior número de telefones fixos e celulares (em milhões)

China	421,0
Estados Unidos	330,7
Japão	153,6
Alemanha	112,9
Reino Unido	85,2
Itália	79,7
Brasil	73,7
França	72,5
Coreia do Sul	55,6
Índia	54,1

Fonte: *O Estado de S. Paulo*, 6 jul. 2003.

Ao lado do nome de cada país há uma barra cujo comprimento é **proporcional** ao número de telefones. Nessa escala, cada centímetro equivale a aproximadamente 70 milhões de telefones.

Esse tipo de gráfico recebe o nome de **gráfico de barras horizontais**. Para construí-lo, basta estabelecer uma escala conveniente para definir o tamanho da barra a ser usada para representar a frequência de cada ocorrência da variável em estudo.

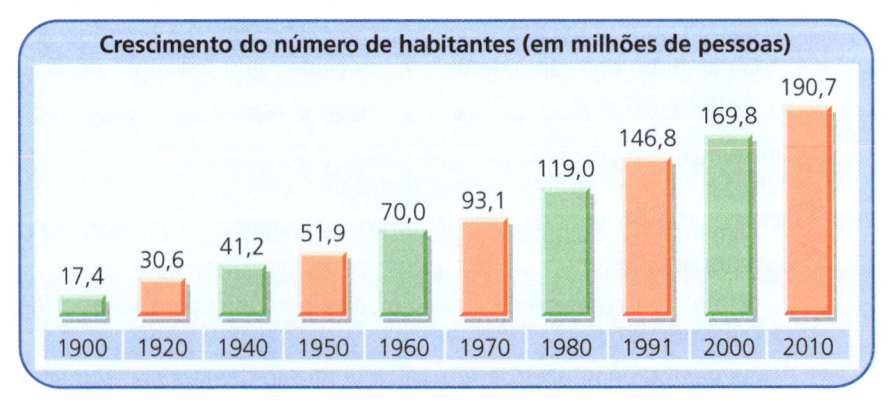

Crescimento do número de habitantes (em milhões de pessoas)

1900	1920	1940	1950	1960	1970	1980	1991	2000	2010
17,4	30,6	41,2	51,9	70,0	93,1	119,0	146,8	169,8	190,7

Fonte: IBGE.

ESTATÍSTICA DESCRITIVA

No gráfico anterior está representado o aumento da população brasileira em um século.

A cada ano corresponde uma coluna cujo comprimento é proporcional ao número de habitantes. Na escala utilizada, cada meio centímetro equivale a aproximadamente 35 milhões de habitantes. Esse tipo de gráfico é chamado de **gráfico de barras verticais**.

EXERCÍCIOS

274. O funcionário da bilheteria de um estádio de futebol classificou durante quinze minutos os torcedores que compareceram ao jogo segundo o critério: pagante (P), convidado (C) e menor com acompanhante (M).

Os dados brutos são apresentados a seguir:

P — P — P — P — C — P — M — M — M — P — P — P — P — P
C — P — P — P — M — M — C — M — P — P — P — P — C — P
C — C — P — P — P — P — M — C — C — P — P — P

Faça um gráfico de barras horizontais para representar a distribuição percentual do público registrado pelo funcionário.

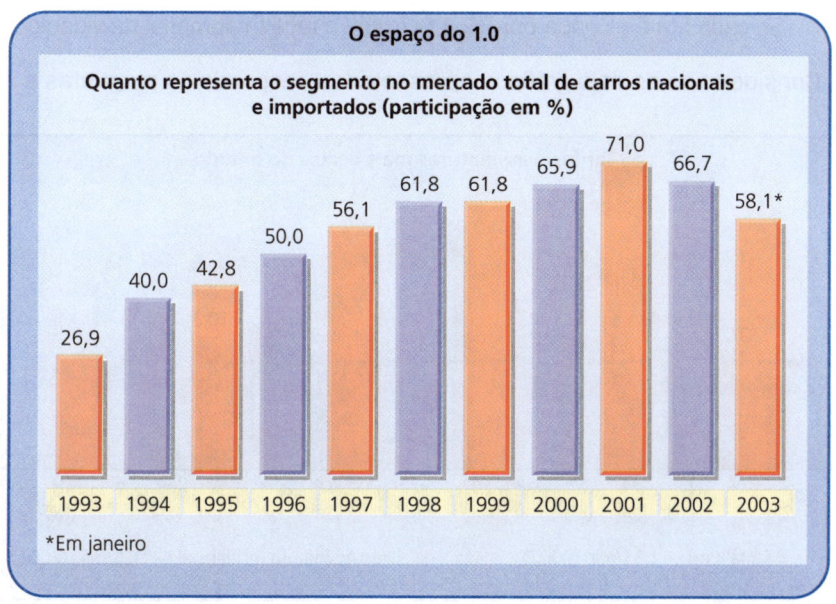

275.

O espaço do 1.0

Quanto representa o segmento no mercado total de carros nacionais e importados (participação em %)

1993	1994	1995	1996	1997	1998	1999	2000	2001	2002	2003
26,9	40,0	42,8	50,0	56,1	61,8	61,8	65,9	71,0	66,7	58,1*

*Em janeiro

Fonte: *O Estado de S. Paulo*, 2 mar. 2003.

Considerando o gráfico, assinale V (verdadeira) ou F (falsa) nas afirmações, justificando as falsas:

a) A participação dos carros populares vem sempre aumentando desde 1993.

b) Sabe-se que em 1999 foram comercializados, no Brasil, 1,2 milhão de veículos. Assim, o número de carros populares comercializados no país foi 650 mil.

c) A participação dos carros populares correspondeu, no mínimo, à metade dos veículos comercializados nesse período, exceto nos três primeiros anos.

276. (FGV-SP) No gráfico abaixo está representado, no eixo das abscissas, o número de fitas de vídeo alugadas por semana numa videolocadora e, no eixo das ordenadas, a correspondente frequência (isto é, a quantidade de pessoas que alugaram o correspondente número de fitas).

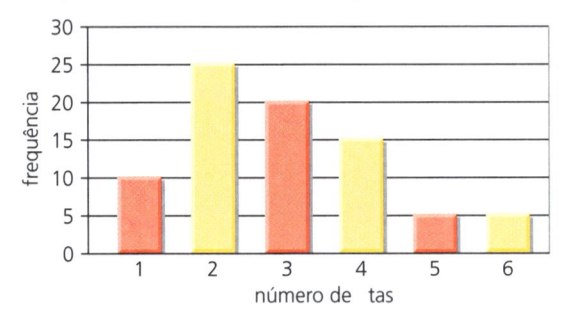

a) Qual a porcentagem de pessoas que alugaram 4 ou mais fitas?

b) Se cada fita é alugada por R$ 4,00, qual a receita semanal da videolocadora?

277. Considerando os dois gráficos apresentados, responda às perguntas a seguir:

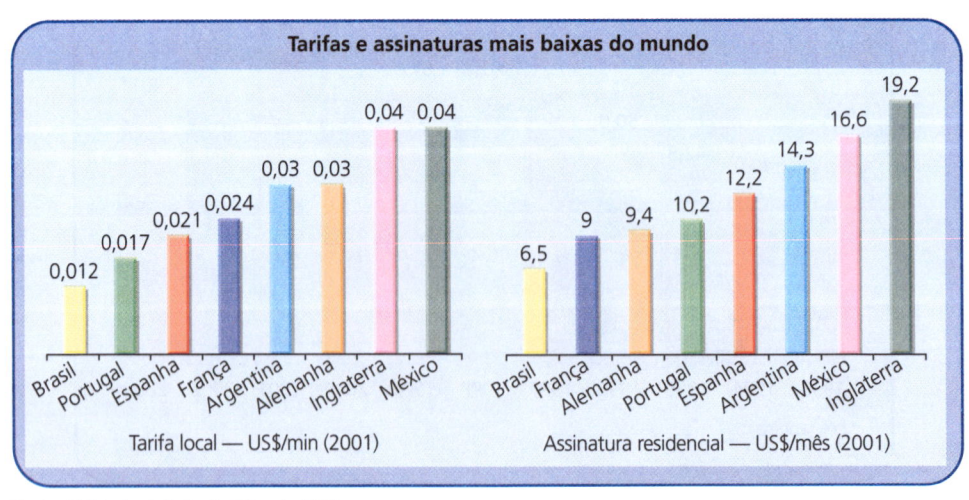

Fonte: *O Estado de S. Paulo*, 26 maio 2003.

a) Onde é mais caro falar ao telefone?

b) Qual é o valor da conta telefônica de um usuário que conversou 1 hora em um mês na França? E na Argentina?

c) Caso a tarifa telefônica local no Brasil aumente 150% e a da França não sofra alterações, a partir de quantos minutos mensais de uso de telefone a conta no Brasil passa a ser mais cara que a conta na França?

278. Cosiderando o gráfico, faça o que se pede.

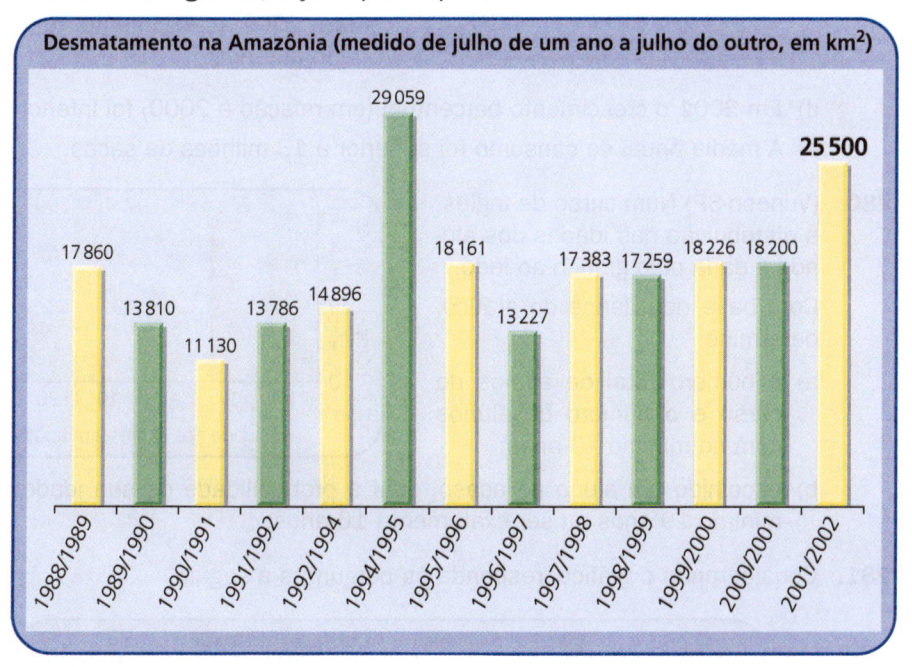

Desmatamento na Amazônia (medido de julho de um ano a julho do outro, em km²)

- 1988/1989: 17 860
- 1989/1990: 13 810
- 1990/1991: 11 130
- 1991/1992: 13 786
- 1992/1994: 14 896
- 1994/1995: 29 059
- 1995/1996: 18 161
- 1996/1997: 13 227
- 1997/1998: 17 383
- 1998/1999: 17 259
- 1999/2000: 18 226
- 2000/2001: 18 200
- 2001/2002: 25 500

Fonte: *O Estado de S. Paulo*, 26 jun. 2003.

a) Determine a ordem de grandeza do número total de quilômetros quadrados desmatados no período.

b) Determine a quantos campos de futebol de 100 m de comprimento e 70 m de largura corresponde o total desmatado calculado no item a.

c) Houve um período de anos consecutivos em que foi registrada pequena variação na área desmatada. Identifique-o.

d) Sabendo que a área da Amazônia Legal é da ordem de 4,9 milhões de quilômetros quadrados, determine o percentual correspondente à área da floresta desmatada em todo o período.

279. (UF-PE) O consumo anual de café em estabelecimentos comerciais no Brasil, de 1999 a 2002, está ilustrado no gráfico a seguir.

ESTATÍSTICA DESCRITIVA

Consumo de café
(em milhões de sacas)

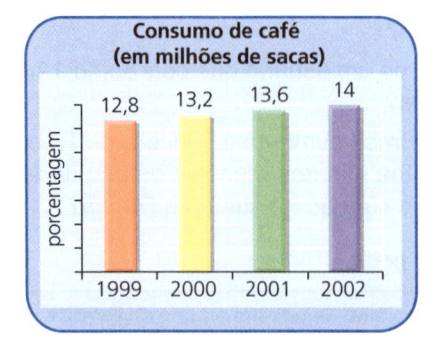

12,8 — 13,2 — 13,6 — 14
1999 — 2000 — 2001 — 2002

Admitindo esses dados, analise as alternativas a seguir, justificando:

a) O consumo cresceu linearmente de 2000 a 2002.

b) Entre 2000 e 2002 o crescimento percentual foi superior a 6%.

c) O crescimento percentual em 2001 foi igual ao crescimento percentual em 2002 (crescimento relativo ao ano anterior).

d) Em 2001 o crescimento percentual (em relação a 2000) foi inferior a 4%.

e) A média anual de consumo foi superior a 13 milhões de sacas.

280. (Vunesp-SP) Num curso de Inglês, a distribuição das idades dos alunos é dada pelo gráfico ao lado.

Com base nos dados do gráfico, determine:

a) o número total de alunos do curso e o número de alunos com no mínimo 19 anos;

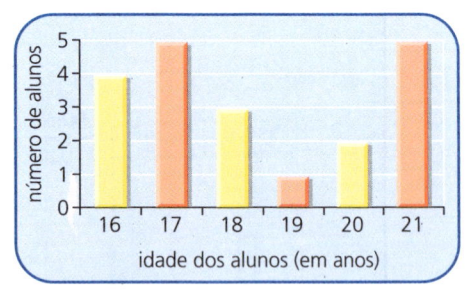

b) escolhido um aluno ao acaso, qual a probabilidade de sua idade ser no mínimo 19 anos ou ser exatamente 16 anos.

281. Considerando o gráfico, responda às perguntas a seguir.

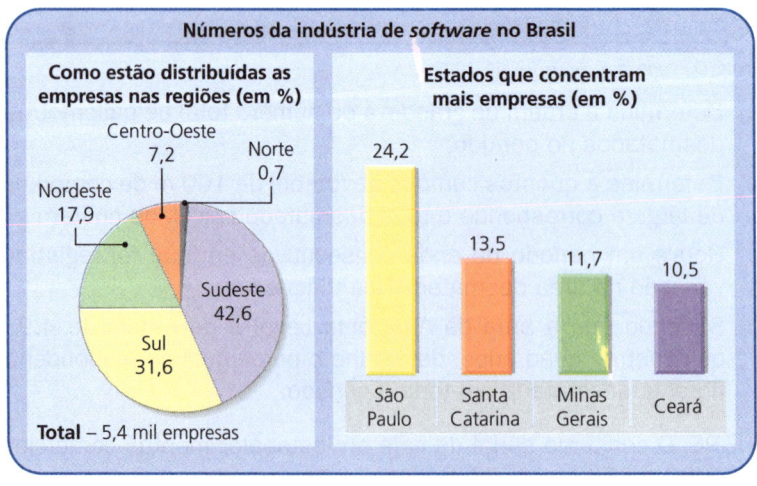

Números da indústria de *software* no Brasil

Como estão distribuídas as empresas nas regiões (em %)
- Centro-Oeste: 7,2
- Norte: 0,7
- Nordeste: 17,9
- Sudeste: 42,6
- Sul: 31,6

Total – 5,4 mil empresas

Estados que concentram mais empresas (em %)
- São Paulo: 24,2
- Santa Catarina: 13,5
- Minas Gerais: 11,7
- Ceará: 10,5

Fonte: *O Estado de S. Paulo*, 12 maio 2003.

a) Qual a medida aproximada do ângulo do setor que representa cada região?

b) Que número representa as empresas de *software* instaladas no Sudeste?

c) Qual a participação percentual de Santa Catarina e São Paulo na região em que cada estado se situa?

282. O gráfico abaixo mostra a distribuição dos funcionários de uma escola integrada (que oferece cursos desde o ensino infantil até o ensino superior) por ensino e por sexo.

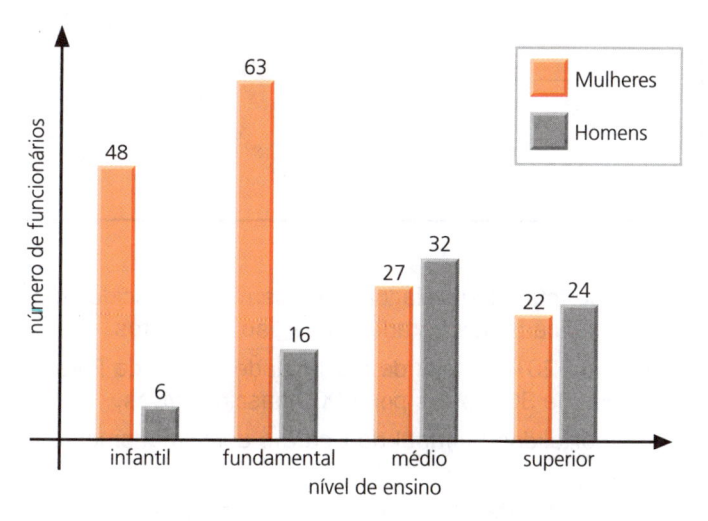

[Gráfico de barras — número de funcionários por nível de ensino:
- infantil: Mulheres 48, Homens 6
- fundamental: Mulheres 63, Homens 16
- médio: Mulheres 27, Homens 32
- superior: Mulheres 22, Homens 24]

Com base no gráfico, assinale V (verdadeira) ou F (falsa) nas proposições seguintes e justifique as falsas:

a) O número de mulheres que trabalham na escola representa mais de $\frac{2}{3}$ do total de funcionários.

b) O número de homens que trabalham na faculdade supera o número total de homens que trabalham no ensino infantil e fundamental.

c) No ensino fundamental os homens correspondem a menos de 15% do total de funcionários.

d) O número de mulheres que trabalham no ensino fundamental é 150% maior que o número de mulheres que trabalham no ensino médio.

e) Para que as mulheres representem mais de 55% dos funcionários que trabalham no ensino médio é necessário contratar pelo menos mais 11 funcionárias. (Admita que não haverá saída de nenhum funcionário.)

ESTATÍSTICA DESCRITIVA

283. Considerando o gráfico, classifique cada afirmação como verdadeira (V) ou falsa (F).

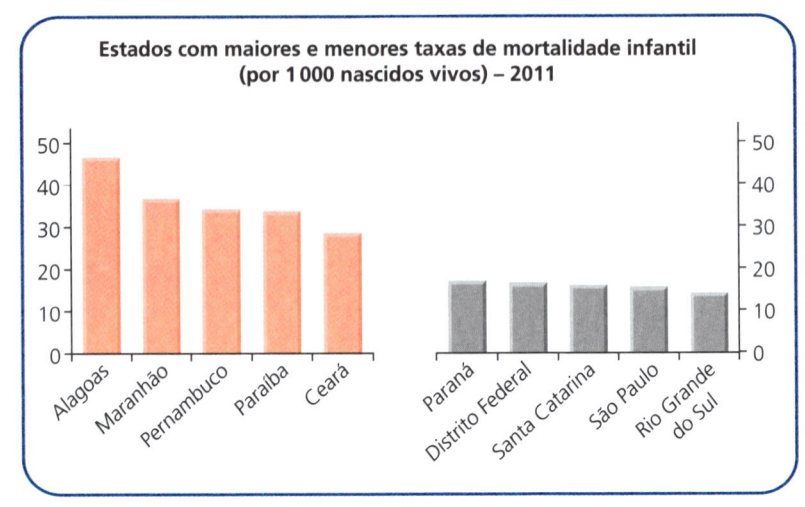

Estados com maiores e menores taxas de mortalidade infantil (por 1 000 nascidos vivos) – 2011

Fonte: *Almanaque Abril*, 2002.

a) A mortalidade infantil em Alagoas praticamente coincide com a mortalidade infantil verificada nos Estados da região Sul, juntos.

b) Uma queda de 20% na taxa de mortalidade infantil da Paraíba reduz essa taxa a menos de 30 mortes por 1 000 nascidos vivos.

c) A taxa de mortalidade infantil do Ceará é aproximadamente o triplo da de São Paulo.

d) A taxa de mortalidade infantil de Pernambuco, expressa em termos percentuais, é maior que 3%.

284. Na tabela abaixo estão relacionados os 30 municípios brasileiros que atingiram os maiores índices de desenvolvimento humano municipal (IDHM), de acordo com o censo de 2000.

	Município	IDHM
1º	São Caetano do Sul (SP)	0,919
2º	Águas de São Pedro (SP)	0,908
3º	Niterói (RJ)	0,886
4º	Florianópolis (SC)	0,875
5º	Santos (SP)	0,871
6º	Bento Gonçalves (RS)	0,870

ESTATÍSTICA DESCRITIVA

	Município	IDHM
7º	Balneário Camboriú (SC)	0,867
8º	Joaçaba (SC)	0,866
9º	Porto Alegre (RS)	0,865
10º	Fernando de Noronha* (PE)	0,862
11º	Carlos Barbosa (RS)	0,858
12º	Caxias do Sul (RS)	0,857
13º	Joinville (SC)	0,857
14º	Vinhedo (SP)	0,857
15º	Jundiaí (SP)	0,857
16º	Selbach (RS)	0,856
17º	Curitiba (PR)	0,856
18º	Vitória (ES)	0,856
19º	Luzerna (SC)	0,855
20º	Blumenau (SC)	0,855
21º	Ribeirão Preto (SP)	0,855
22º	Lacerdópolis (SC)	0,854
23º	Santana de Parnaíba (SP)	0,853
24º	Campinas (SP)	0,852
25º	Ivoti (RS)	0,851
26º	Videira (SC)	0,851
27º	Quatro Pontes (PR)	0,851
28º	Saltinho (SP)	0,851
29º	Veranópolis (RS)	0,850
30º	Jaraguá do Sul (SC)	0,850

*Distrito Estadual
Fonte: *Folha de S. Paulo*, 3 out. 2003.

a) Sabendo que o índice do 1º colocado é x% maior que o índice do 2º colocado e y% maior que o índice do 30º colocado, determine x e y.

b) Faça um gráfico de barras para representar o número de municípios pertencentes a cada Estado relacionado na tabela.

285. O gráfico seguinte mostra o número de clientes que uma churrascaria atendeu durante certa semana.

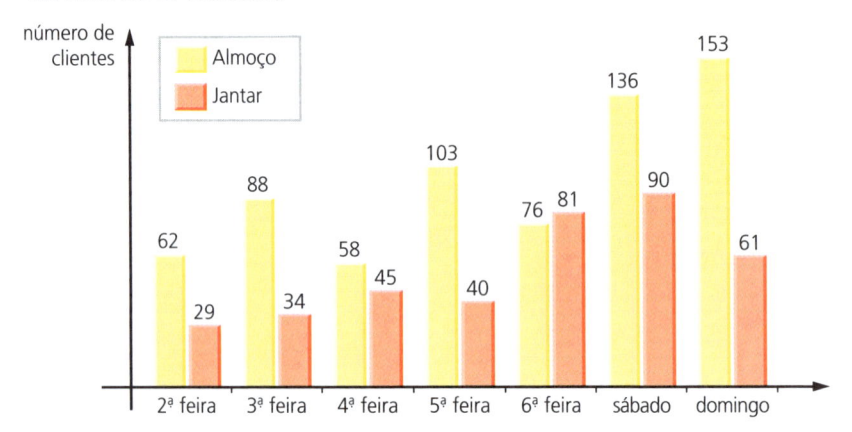

Dia	Almoço	Jantar
2ª feira	62	29
3ª feira	88	34
4ª feira	58	45
5ª feira	103	40
6ª feira	76	81
sábado	136	90
domingo	153	61

Os preços praticados por esse estabelecimento são:

almoço: de 2ª a 6ª feira → R$ 13,00

sábado e domingo → R$ 18,00

jantar: todos os dias → R$ 12,00

Qual foi o faturamento da churrascaria nessa semana?

VII. Histograma

Na tabela seguinte, extraída do *Atlas do Desenvolvimento Humano no Brasil*, está relacionada à renda *per capita* média em cada estado (dados do Censo de 2000), expressa em reais.

Distrito Federal	605,4
Santa Catarina	348,7
São Paulo	442,7
Rio Grande do Sul	357,7
Rio de Janeiro	413,9
Paraná	321,4
Mato Grosso do Sul	287,5
Goiás	286,0
Mato Grosso	288,1

Minas Gerais	276,6
Espírito Santo	289,6
Amapá	211,4
Roraima	232,5
Rondônia	233,8
Pará	168,6
Amazonas	173,9
Tocantins	172,6
Pernambuco	183,8

Rio Grande do Norte	176,2
Ceará	156,2
Acre	180,7
Bahia	160,2
Sergipe	163,5
Paraíba	150,2
Piauí	129,0
Alagoas	139,9
Maranhão	110,4

Fonte: *Folha de S.Paulo*, 3 out. 2003.

ESTATÍSTICA DESCRITIVA

Agrupando esses valores em cinco classes de intervalos — 100 ⊢ 200, 200 ⊢ 300, 300 ⊢ 400, 400 ⊢ 500 e mais de 500 —, é possível construir uma tabela de frequência. Para representar graficamente essas informações, construímos um gráfico semelhante ao de barras verticais, usando como abscissa os limites das classes de intervalos e como ordenada a frequência (absoluta ou relativa).

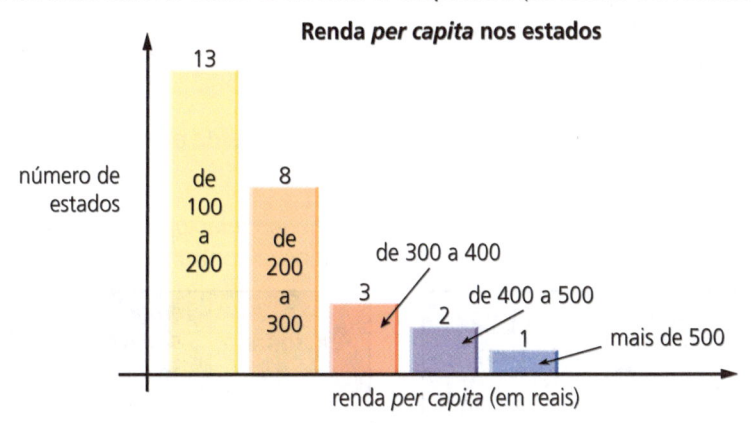

Renda *per capita* nos estados

(histograma: número de estados por faixa de renda *per capita* em reais — de 100 a 200: 13; de 200 a 300: 8; de 300 a 400: 3; de 400 a 500: 2; mais de 500: 1)

Esse tipo de gráfico é denominado **histograma**.

EXERCÍCIOS

286. Os dados seguintes referem-se à participação percentual da indústria na composição do Produto Interno Bruto (PIB) dos estados brasileiros.

AC	17,4%	CE	36,0%	MG	41,6%	PR	36,9%	RS	31,4%
AL	44,7%	DF	11,1%	MS	23,6%	RJ	32,0%	SC	36,3%
AM	41,0%	ES	30,4%	MT	11,7%	RN	41,9%	SE	28,5%
AP	24,0%	GO	21,2%	PA	29,1%	RO	6,6%	SP	41,0%
BA	36,7%	MA	32,0%	PB	20,5%	RR	26,3%	TO	4,9%
				PE	25,6%				
				PI	21,4%				

Fonte: *Almanaque Abril*, 2002.

Faça um histograma representativo dessa situação, agrupando os dados em intervalos de amplitude 10.

ESTATÍSTICA DESCRITIVA

287. O histograma ao lado mostra os gastos dos clientes de um supermercado registrados em um caixa expresso durante uma manhã.

a) Que porcentagem do total de clientes gastou pelo menos 20 reais?

b) Que porcentagem do total de clientes gastou menos de 15 reais?

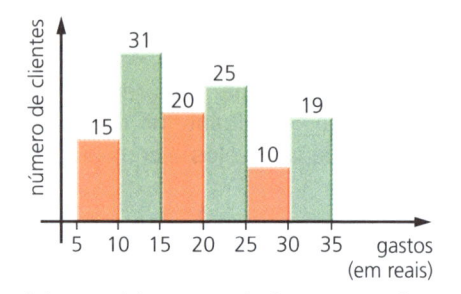

c) Estime a menor quantia possível que pôde ter sido arrecadada nesse caixa na manhã considerada.

288. O departamento pessoal de uma pequena fábrica relacionou o tempo de serviço e o salário de seus 30 funcionários. Tais dados encontram-se na tabela a seguir.

Funcionário	Tempo de serviço (meses)	Salário (R$)	Funcionário	Tempo de serviço (meses)	Salário (R$)
1	20	832,00	16	9	873,00
2	16	641,00	17	11	556,00
3	6	1 105,00	18	25	831,00
4	7	432,00	19	5	886,00
5	10	592,00	20	10	1 427,00
6	14	617,00	21	13	1 061,00
7	18	720,00	22	17	1 317,00
8	26	864,00	23	8	1 248,00
9	18	803,00	24	19	960,00
10	16	851,00	25	15	820,00
11	13	692,00	26	9	749,00
12	8	1 625,00	27	7	861,00
13	17	2 143,00	28	4	639,00
14	21	1 294,00	29	11	603,00
15	23	967,00	30	15	1 512,00

a) Faça um histograma para representar a distribuição do tempo de serviço dos funcionários, utilizando intervalos de amplitude 4, a partir do menor valor encontrado.

b) Faça um histograma para representar a distribuição dos salários, utilizando intervalos de amplitude 200, a partir do valor 400.

c) Refaça o histograma do item *b*, supondo a contratação de 8 novos funcionários, cada um com salário de R$ 700,00.

289. O histograma seguinte mostra as temperaturas máximas diárias registradas em 80 dias durante um verão na cidade do Rio de Janeiro.

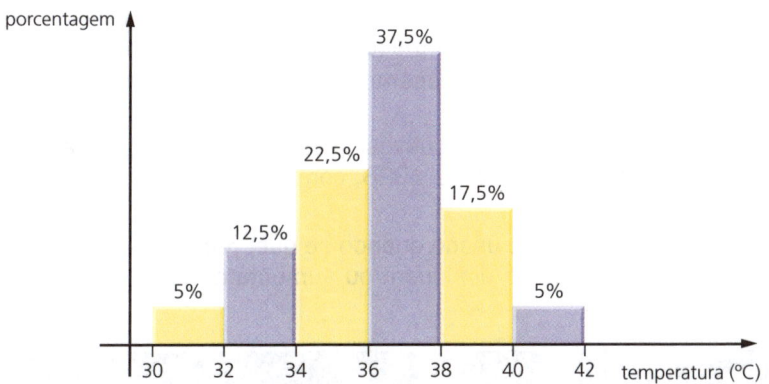

a) Em quantos dias a temperatura máxima manteve-se abaixo dos 38 °C?
b) Em quantos dias a temperatura máxima variou de 36 °C a 42 °C?
c) O dono de uma barraca de praia disse que o carioca costuma tomar 1 litro de cerveja na praia por dia quando a temperatura está abaixo de 32 °C e que, para cada 2 °C de aumento da temperatura, esse consumo sobe 10% (em relação ao consumo anterior). Se um carioca foi à praia nesses 80 dias, quantos litros de cerveja consumiu ao todo, de acordo com essa previsão?

VIII. Gráfico de linhas (poligonal)

O gráfico seguinte mostra a evolução da taxa de desemprego no Brasil no período de 1989 a 2002. A cada ano está associada certa taxa de desemprego.

Desse modo, ficam determinados diversos pontos no gráfico; unindo-os por segmentos de reta, obtemos o chamado **gráfico de linhas** ou **gráfico de curva poligonal**. É importante lembrar que esse tipo de gráfico define uma função entre as variáveis (taxa e anos) envolvidas. Dizemos que a taxa de desemprego é função do tempo.

Fonte: *Almanaque Abril* – atualidades de vestibular, 2004.

A leitura do gráfico nos permite concluir que:
- A taxa de desemprego aumentou de 1989 a 1992, teve ligeira queda de 1992 a 1995 e a partir daí cresceu até 1998. De 1998 a 1999, manteve-se praticamente constante, caindo a partir daí até 2001, quando houve retomada de crescimento.
- Nos últimos cinco anos, a taxa de desemprego manteve-se acima de 6% da população economicamente ativa.
- Considerando-se dois anos consecutivos, pode-se dizer que o maior aumento do desemprego ocorreu de 1997 a 1998, com acréscimo de aproximadamente 2 pontos percentuais na taxa.

O gráfico de linhas é muito usado quando se quer representar o comportamento de uma variável cujos valores diminuem ou aumentam no decorrer do tempo de maneira contínua.

EXERCÍCIOS

290. Observe os dados apresentados no gráfico e responda.

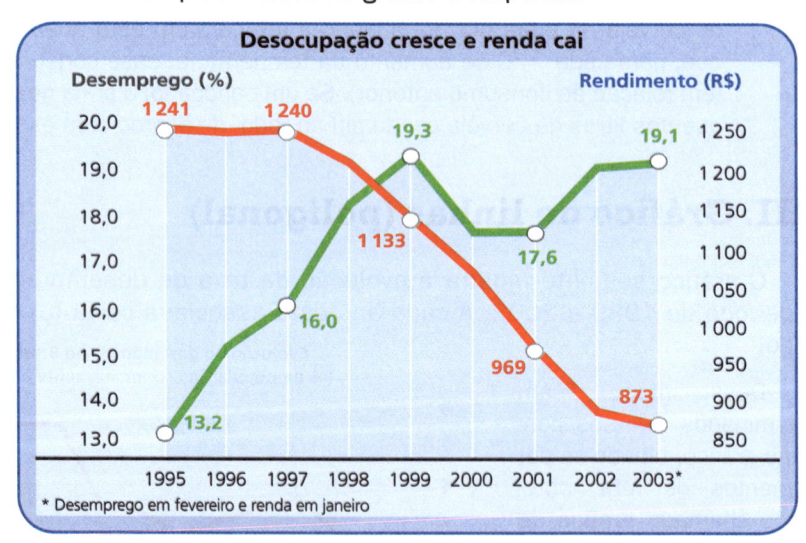

Desocupação cresce e renda cai

Desemprego (%): 1995: — ; 1996: 1241; 1997: 1240 (Rendimento); valores de rendimento em R$: 13,2 (1995); 16,0 (1996); 19,3 (1997); 1133 (1998); 17,6 (1999); 969 (2001); 873 (2002); 19,1 / 1250 (2003)

Fonte: *O Estado de S. Paulo*, 28 abr. 2004.

* Desemprego em fevereiro e renda em janeiro

a) Identifique os períodos de crescimento e decrescimento relativos às duas variáveis do gráfico.
b) Qual foi a perda percentual nos rendimentos no período de 1995 a 2003?
c) Suponha que, em 2003, o total dos rendimentos dos trabalhadores empregados tivesse sido dividido igualmente entre toda a população economicamente ativa a fim de que todos tivessem renda. Quantos reais **a menos** um trabalhador empregado passaria a receber?

291. Observe o gráfico a seguir:

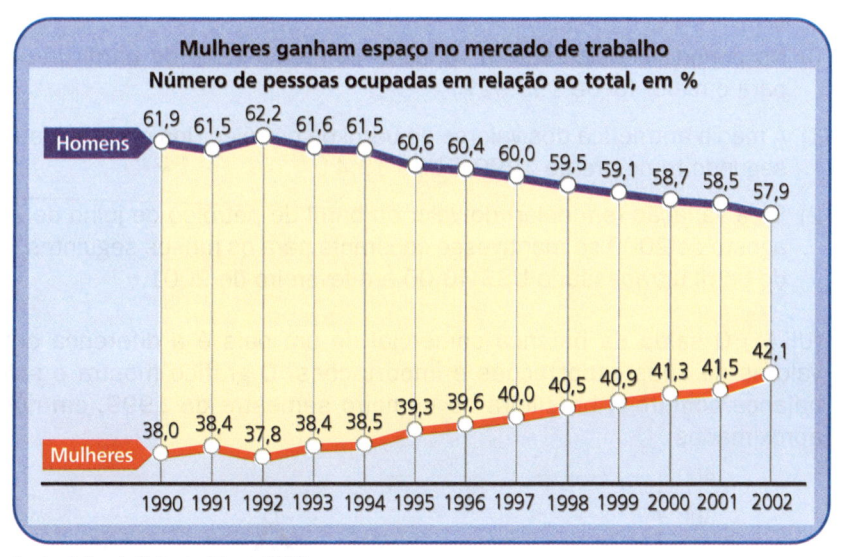

Mulheres ganham espaço no mercado de trabalho
Número de pessoas ocupadas em relação ao total, em %

Homens: 61,9 (1990); 61,5 (1991); 62,2 (1992); 61,6 (1993); 61,5 (1994); 60,6 (1995); 60,4 (1996); 60,0 (1997); 59,5 (1998); 59,1 (1999); 58,7 (2000); 58,5 (2001); 57,9 (2002)

Mulheres: 38,0 (1990); 38,4 (1991); 37,8 (1992); 38,4 (1993); 38,5 (1994); 39,3 (1995); 39,6 (1996); 40,0 (1997); 40,5 (1998); 40,9 (1999); 41,3 (2000); 41,5 (2001); 42,1 (2002)

Fonte: *Folha de S. Paulo*, 18 nov. 2002.

Responda:
a) A partir de que ano é possível afirmar que a participação masculina tornou-se decrescente e a feminina crescente?
b) Em um grupo de 500 000 trabalhadores, no ano de 2001, qual era a diferença entre o número de homens e de mulheres?
c) Em que anos a diferença entre a participação masculina e a feminina não excedeu 20 pontos percentuais? Em que anos ela ultrapassou 23 pontos percentuais?

292. (UF-MT, adaptado) Observe a figura:

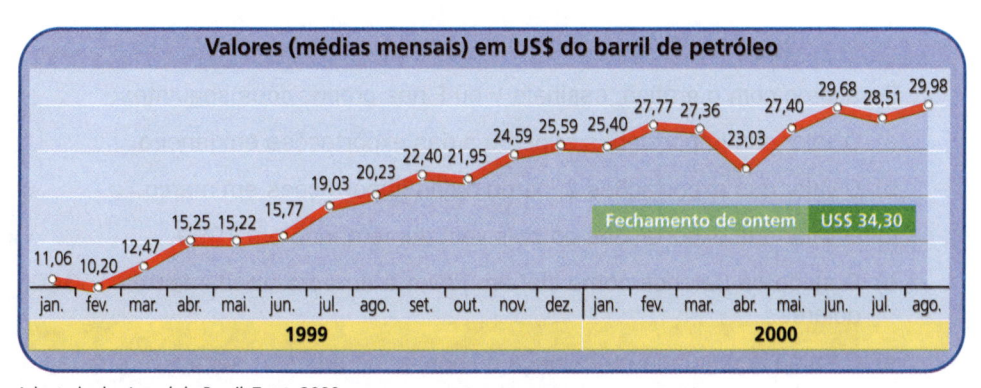

Valores (médias mensais) em US$ do barril de petróleo

1999: jan. 11,06; fev. 10,20; mar. 12,47; abr. 15,25; mai. 15,22; jun. 15,77; jul. 19,03; ago. 20,23; set. 22,40; out. 21,95; nov. 24,59; dez. 25,59

2000: jan. 25,40; fev. 27,77; mar. 27,36; abr. 23,03; mai. 27,40; jun. 29,68; jul. 28,51; ago. 29,98

Fechamento de ontem US$ 34,30

Adaptado de: *Jornal do Brasil*, 7 set. 2000.

A partir das informações dadas e utilizando a aproximação de duas casas decimais, julgue os itens:

0) No período considerado, a variação do menor valor do barril de petróleo para o maior foi de 193,92%.

1) A média aritmética dos valores do barril de petróleo dos meses relativos ao segundo trimestre de 1999 é US$ 15,41.

2) Se a variação (em dólar) do valor do barril de petróleo de julho de 2000 a agosto de 2000 se mantivesse constante para os meses seguintes, o valor do barril ultrapassaria US$ 40,00 em fevereiro de 2001.

293. (UF-AL) O saldo da balança comercial de um país é a diferença entre os valores de suas exportações e importações. O gráfico mostra o saldo da balança comercial brasileira no primeiro semestre de 1999, em números aproximados.

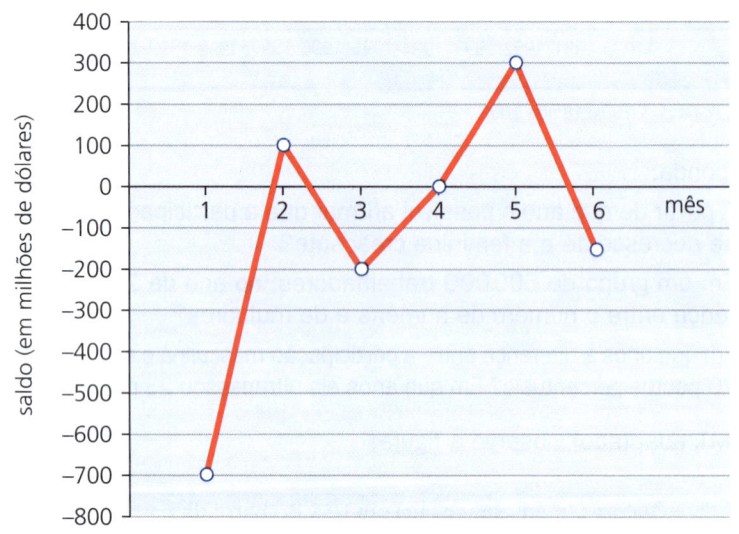

De acordo com o gráfico, assinale V ou F nas proposições seguintes:

a) O valor das importações superou o das exportações em janeiro.

b) O valor das exportações superou o das importações em março.

c) O valor das exportações do país vem aumentando em 1999.

d) O saldo da balança comercial em junho é de aproximadamente −150 000 dólares.

e) O saldo acumulado da balança comercial no primeiro semestre é de aproximadamente −650 000 000 dólares.

294. O gráfico seguinte mostra o desempenho de uma pequena fábrica nos oito primeiros meses de funcionamento:

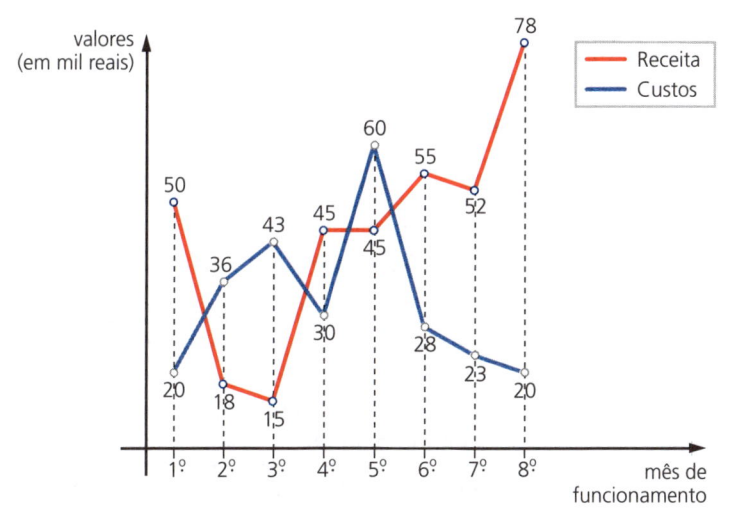

Com base no gráfico, responda:

a) Em que meses a empresa operou no "vermelho", isto é, os custos superaram a receita?
b) Qual foi a receita total da fábrica nesse período?
c) Faça um gráfico de linhas para representar a evolução do lucro da fábrica mês a mês nesse período; em seguida calcule o lucro total no período.

295. O gráfico abaixo mostra queda nas operações com cheques e avanço nas operações com cartões de crédito. Os valores referem-se às quantidades de transações efetuadas (em milhões).

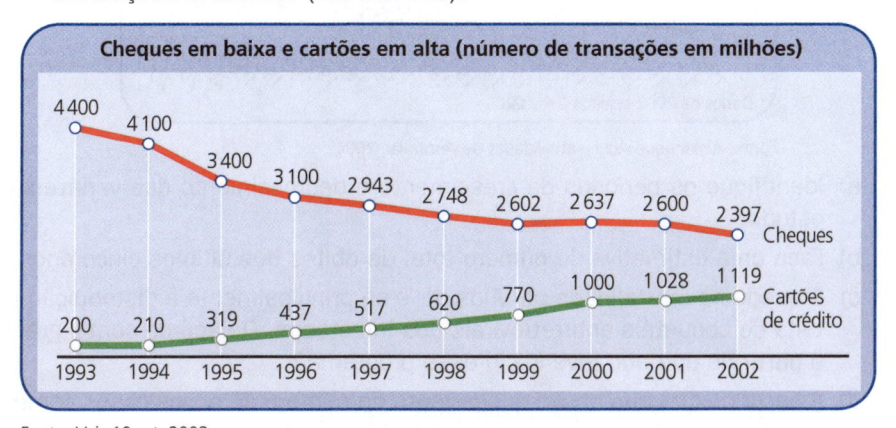

Fonte: *Veja*, 10 set. 2003.

Assinale V (verdadeira) ou F (falsa) nas afirmativas seguintes, justificando as falsas:

a) As transações efetuadas com cartões aumentaram a cada ano no período considerado.

b) De 1993 a 2002 registrou-se queda de aproximadamente 45% nas transações efetuadas com cheques.

c) O crescimento percentual das transações com cartões aumentou 560% no período de 1993 a 2002.

d) Considerando os dados de 2001 e 2002, pode-se dizer que a queda percentual nas operações com cheques correspondeu ao ganho percentual nas operações com cartões, com uma margem de erro de até 2 pontos percentuais.

296. Segundo o *Almanaque Abril* — atualidades de vestibular, de 2004, graças "a uma eficiente campanha de combate à Aids, que incluiu a distribuição gratuita de remédios, o Brasil conseguiu domar a epidemia e seu programa se tornou um exemplo para a comunidade mundial". Com base no gráfico sobre a evolução da doença no país, apresentado pela publicação, faça o que se pede.

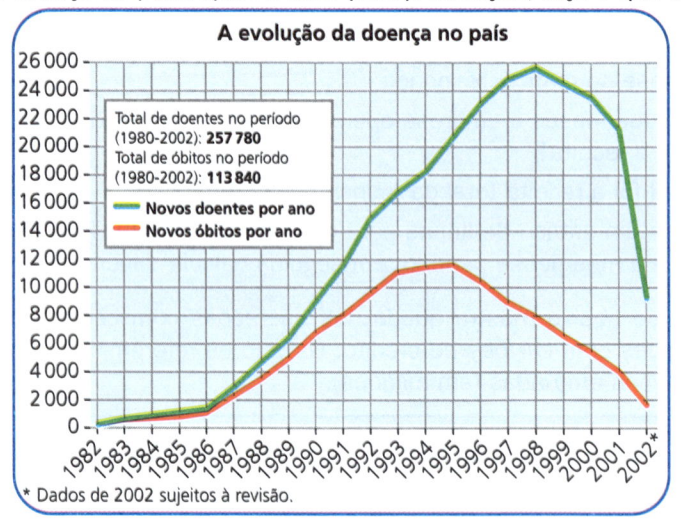

A evolução da doença no país

Total de doentes no período (1980-2002): **257 780**
Total de óbitos no período (1980-2002): **113 840**

— Novos doentes por ano
— Novos óbitos por ano

* Dados de 2002 sujeitos à revisão.

Fonte: *Almanaque Abril* – atualidades de vestibular, 2004.

a) Identifique os períodos de crescimento e decrescimento das variáveis em estudo.

b) Faça uma estimativa do número total de óbitos dos últimos cinco anos.

c) A queda na mortalidade por Aids deve-se principalmente à distribuição gratuita de coquetéis antirretrovirais aos infectados. De acordo com o gráfico, a partir de que ano teve início esse programa?

d) A partir de que ano houve queda tanto no número de novos casos como no número de óbitos?

IX. Medidas de centralidade e variabilidade

Nos itens anteriores, vimos como resumir um conjunto de dados em tabelas de frequência e também como representá-los graficamente.

Agora, a partir dos valores assumidos por uma variável quantitativa, vamos estabelecer medidas correspondentes a um resumo da distribuição de tais valores.

Estabeleceremos um valor **médio** ou **central** e um valor indicativo do grau de **variabilidade** ou **dispersão** em torno do valor central.

Como valores centrais, vamos estudar a **média**, a **mediana** e a **moda**.

Como medida da variabilidade, vamos estudar a **variância**, o **desvio padrão** e o **desvio médio**.

X. Média aritmética

Seja x uma variável quantitativa e $x_1, x_2, ..., x_n$ os valores assumidos por x. Define-se a **média aritmética** de x – indicada por $\bar{x}$ – como a divisão da soma de todos esses valores pelo número de valores, isto é:

$$\bar{x} = \frac{\sum_{i=1}^{n} x_i}{n} = \frac{x_1 + x_2 + ... + x_n}{n}$$

Exemplos:

1º) Um aluno, preparando-se para o exame vestibular, fez 12 simulados no cursinho ao longo do ano. Em cada simulado, o número de questões era oitenta. Os valores seguintes correspondem às pontuações obtidas nesses exames:

$$56 - 52 - 61 - 53 - 48 - 68$$
$$49 - 59 - 61 - 62 - 60 - 55$$

Qual é a média aritmética desses valores?

Temos:

$$\bar{x} = \frac{\sum_{i=1}^{12} x_i}{12} = \frac{56 + 52 + ... + 60 + 55}{12} = \frac{684}{12} = 57$$

A nota média obtida por esse aluno é 57 pontos. Qual é o significado desse valor?

Caso o aluno apresentasse a mesma pontuação (desempenho) em todos os simulados, essa pontuação deveria ser 57 pontos a fim de que fosse obtida a pontuação total de 684 pontos, equivalente à soma dos pontos obtidos efetivamente nas 12 provas.

ESTATÍSTICA DESCRITIVA

Observe que em nenhum simulado ocorreu a pontuação média, que é 57 pontos.

Isso sugere que, ao calcularmos a média aritmética de um conjunto de valores, podemos obter um resultado que não coincide com nenhum dos valores que a variável assume.

2º) A média aritmética de um conjunto formado por 10 elementos é igual a 8. Acrescentando-se a esse conjunto o número 41, qual será a nova média?

Sejam $x_1, x_2, ..., x_{10}$ os elementos desse conjunto.

Temos:

$$\bar{x} = 8 \Rightarrow \frac{\sum_{i=1}^{10} x_i}{10} = 8 \Rightarrow \sum_{i=1}^{10} x_i = 80$$

Ao acrescentarmos o número 41 ao conjunto, a soma de todos os seus elementos será $80 + 41 = 121$ e a nova média ($\bar{x}'$) será dada por:

$$\bar{x}' = \frac{\left(\sum_{i=1}^{10} x_i\right) + 41}{10 + 1} = \frac{80 + 41}{11} = 11$$

Propriedades:

Vamos estudar agora duas propriedades da média aritmética.

Sejam $x_1, x_2, ..., x_n$ os valores assumidos por uma variável x e $\bar{x}$ a média aritmética correspondente.

> Se a cada x_i ($i = 1, 2, ..., n$) adicionarmos uma constante real c, a média aritmética fica adicionada de c unidades.

Essa propriedade pode ser facilmente demonstrada.

Consideremos que os novos valores assumidos por essa variável sejam: $x_1 + c, x_2 + c, ..., x_n + c$.

A nova média ($\bar{x}'$) é dada por:

$$\bar{x}' = \frac{\sum_{i=1}^{n}(x_i + c)}{n} = \frac{(x_1 + c) + (x_2 + c) + ... + (x_n + c)}{n} =$$

$$= \frac{(x_1 + x_2 + ... + x_n)}{n} + \frac{\overbrace{(c + c + ... + c)}^{n \text{ vezes}}}{n} + \frac{\sum_{i=1}^{n} x_i}{n} = \frac{n \cdot c}{n}$$

isto é:
$$\bar{x}' = \bar{x} + c$$

> Se multiplicarmos cada x_i ($i = 1, 2, ..., n$) por uma constante real c, a média aritmética fica multiplicada por c.

Para demonstrar essa segunda propriedade, consideremos que os novos valores assumidos por essa variável sejam: $cx_1, cx_2, ..., cx_n$.
A nova média ($\bar{x}'$) é dada por:

$$\bar{x}' = \frac{\sum_{i=1}^{n}(cx_i)}{n} = \frac{cx_1 + cx_2 + ... + cx_n}{n} = \frac{c \cdot (x_1 + x_2 + ... + x_n)}{n} = c \cdot \frac{\sum_{i=1}^{n} x_i}{n}$$

isto é:
$$\bar{x}' = c \cdot \bar{x}$$

XI. Média aritmética ponderada

Seja x uma variável quantitativa que assume os valores $x_1, x_2, ..., x_k$ com **frequências absolutas** respectivamente iguais a $n_1, n_2, ..., n_k$. A **média aritmética ponderada** de x – indicada por $\bar{x}$ – é definida como a divisão da soma de todos os produtos $x_i \cdot n_i$ ($i = 1, 2, ..., k$) pela soma das frequências, isto é:

$$\bar{x} = \frac{\sum_{i=1}^{k} x_i \cdot n_i}{\sum_{i=1}^{k} n_i} = \frac{x_1 \cdot n_1 + x_2 \cdot n_2 + ... + x_k \cdot n_k}{n_1 + n_2 + ... + n_k}$$

Lembrando que a frequência relativa (f_i) é definida por $\dfrac{n_i}{\sum_{i=1}^{k} n_i}$, é possível também expressar a média por:

$$\bar{x} = \sum_{i=1}^{k} x_i \cdot f_i = x_1 \cdot f_1 + x_2 \cdot f_2 + ... + x_k \cdot f_k$$

Exemplos:

1º) Um feirante possuía 50 kg de maçã para vender em uma manhã. Começou a vender as frutas por R$ 2,50 o quilo e, com o passar das horas, reduziu o preço em duas ocasiões para não haver sobras. A tabela seguinte informa a quantidade de maçãs vendidas em cada período, bem como os diferentes preços cobrados pelo feirante.

ESTATÍSTICA DESCRITIVA

Período	Preço por quilo (em reais)	Número de quilos de maçã vendidos
Até às 10 h	2,50	32
Das 10 h às 11 h	2,00	13
Das 11 h às 12 h	1,40	5

Naquela manhã, por quanto foi vendido, em média, o quilo da maçã? Sendo $\bar{p}$ o preço médio do quilo da maçã, temos:

$$\bar{p} = \frac{\overbrace{2,50 + 2,50 + ... + 2,50}^{32 \text{ vezes}} + \overbrace{2,0 + ... + 2,0}^{13 \text{ vezes}} + \overbrace{1,40 + 1,40 + ... + 1,40}^{5 \text{ vezes}}}{32 + 13 + 5}$$

isto é:

$$\bar{p} = \frac{2,50 \cdot 32 + 2,00 \cdot 13 + 1,40 \cdot 5}{50} = \frac{113}{50} \cong 2,26 \text{ reais}$$

Ou seja, 2,26 reais é o preço médio do quilo de maçãs vendido.

Dizemos que se trata de uma média aritmética ponderada dos preços, em que o "fator de ponderação" (que também pode ser chamado de "peso") corresponde à quantidade de maçãs vendidas (frequência absoluta) em cada período.

2º) A fim de arrecadar recursos para a festa de formatura, cada formando recebeu uma rifa com 20 números para vendê-los a seus conhecidos. Encerrado o prazo combinado, foi feito o levantamento de quantos números cada um vendeu e constatou-se que 10% dos formandos venderam 10 números, 30% venderam 15 números e os demais conseguiram vender todos os números. Qual foi a média de números da rifa que cada formando vendeu?

A variável (x) em questão é a quantidade de números vendidos. Os valores assumidos por x são 10, 15 e 20, com frequências relativas iguais a 0,10, 0,30 e 0,60, respectivamente.

Segue que a média ($\bar{x}$) é:

$$\bar{x} = \sum_{i=1}^{3} x_i f_i = 10 \cdot 0,10 + 15 \cdot 0,30 + 20 \cdot 0,60 = 17,5$$

Isso significa que, em média, os formandos venderam 17,5 números da rifa.

EXERCÍCIOS

297. Calcule, em cada caso, a média aritmética dos valores:
   a) 18 – 21 – 25 – 19 – 20 – 23 – 21
   b) 35 – 36 – 37 – 38 – 39 – 40
   c) 7 – 7 – 7 – 8 – 8 – 8 – 9 – 9 – 10 – 10 – 10 – 10
   d) 0,5 – 0,5 – 0,5 – 0,5 – 0,25 – 0,25
   e) a – a – a – a – a – b – b – b – c – c
   f) 43 – 49 – 52 – 41 – 47 – 50 – 53 – 44

298. Um ônibus de excursão partiu com 40 turistas a bordo, dos quais 8 reservaram a viagem com antecedência e pagaram, cada um, R$ 300,00. Os demais pagaram, cada um, R$ 340,00 pela viagem. Qual foi o preço médio que cada turista pagou nessa excursão?

299. Sejam A = {x, 6, 3, 4, 5} e B = {9, 1, 4, 8, x, 6, 11, 3}.
   a) Determine x para que as médias aritméticas dos dois conjuntos sejam iguais.
   b) Determine os possíveis valores inteiros de x de modo que $\overline{x}_A$ não ultrapasse 4 e $\overline{x}_B$ seja, no mínimo, igual a 5.

300. Para que valores de a as médias aritméticas de $\{-3, a, 10, 9\}$ e $\{-2, 3, a^2, -5\}$ coincidem?

301. x é uma variável que assume os valores:

$$11 - 8 - 7 - a - 16 - 10$$

Determine a de modo que:
   a) $\overline{x} = 11$
   b) $12 \leq \overline{x} < 13$
   c) $\overline{x} < 0$

302. Os dados na tabela abaixo referem-se ao número de unidades de um livro didático vendidas, mês a mês, nos dois primeiros anos após seu lançamento.

Mês	1º ano	2º ano
Janeiro	2 460	3 152
Fevereiro	2 388	2 963
Março	2 126	2 049
Abril	1 437	1 614
Maio	931	1 024
Junho	605	898
Julho	619	910
Agosto	421	648
Setembro	742	937
Outubro	687	702
Novembro	1 043	1 051
Dezembro	1 769	2 016

a) Do 1º para o 2º ano de vendas, a média mensal de livros vendidos aumentou em x unidades. Qual é o valor de x?

b) Do 1º para o 2º ano de vendas, a média mensal de livros vendidos aumentou em y%. Qual é o valor de y?

303. Os dados seguintes referem-se às quantidades mensais de CDs do cantor X vendidos durante um ano.

$$3\,000 - 4\,000 - 3\,500 - 5\,200 - 6\,700 - 5\,000$$
$$8\,500 - 7\,600 - 6\,500 - 6\,400 - 7\,000 - 5\,400$$

Em quantos meses as vendas mensais superaram a média de CDs vendidos?

304. A média aritmética de 80 números é igual a 40,5. Adicionando-se a esse conjunto de valores o número 243, qual será a nova média aritmética?

305. A média aritmética de uma lista formada por 55 números é igual a 28. Adicionando-se dois números a essa relação, a média aumenta em 2 unidades. Determine-os, sabendo que um deles é o triplo do outro.

306. A média aritmética de 45 números é igual a 6. Ao acrescentarmos o número x a esses valores, a média aumenta em 50%.

a) Qual é o valor de x?

b) Qual é a média aritmética dos números $\frac{x}{2}, \frac{x}{4}, \frac{x}{6}, \frac{x}{8}, \frac{x}{12}$?

307. Uma prova de Conhecimentos Gerais foi aplicada em duas turmas, A e B, com n e m alunos, respectivamente. A média das notas da turma A foi 6,8 e a da turma B foi 5,2. Juntando as notas das duas turmas, a média geral foi 5,8.

a) Intuitivamente, responda: O que é maior: n ou m?

b) Determine n e m, sabendo que a diferença entre eles é igual a 14.

308. A média de "pesos" de 25 clientes hospedadas em um spa era de 84 kg. A elas juntou-se um grupo de n amigas. Curiosamente, cada amiga desse grupo "pesava" 90 kg. Determine o valor de n, sabendo que a média de "pesos" de todas as clientes hospedadas no spa aumentou 1 quilograma.

309. A média aritmética de 15 números é 26. Retirando-se um deles, a média dos demais passa a ser 25. Qual foi o número retirado?

310. A média aritmética de n números é 29. Retirando-se o número 24, a média aumenta para 30. Qual é o valor de n?

311. Determine n a fim de que a média aritmética dos números 2^n, 2^{n+1}, 2^{n+2} e 2^{n+3} seja igual a 60.

312. A média aritmética de 7 números inteiros é 4. Determine-os, sabendo que eles formam uma P. A. crescente de razão 6.

313. Calcule a média aritmética entre os números reais log 2, log 3, log 4 e log 5, sabendo que log 1,2 ≅ 0,08.

314. A média aritmética de 10 números, $x_1, x_2, ..., x_{10}$, é 4. Qual será a nova média se:
a) x_1 for aumentado de 4 unidades e x_2 aumentado de 8 unidades?
b) x_1 for subtraído de 10 unidades e x_2 aumentado de 6 unidades?

315. A tabela ao lado mostra o salário médio dos trabalhadores de três cidades, A, B e C, que compõem uma região metropolitana.

Determine o salário médio na região metropolitana se:

Cidade	Salário médio (em reais)
A	530,00
B	600,00
C	700,00

a) A, B e C têm o mesmo número de trabalhadores;
b) A tem 200 000 trabalhadores, B tem 300 000 e C tem 500 000;
c) A tem o dobro de trabalhadores de B, que tem o triplo de trabalhadores de C.

316. Na situação do exercício anterior, suponha que A concentre 70% dos trabalhadores da região metropolitana. Determine o percentual de trabalhadores que vivem em B e C, respectivamente, a fim de que o salário médio dos trabalhadores da região seja R$ 560,00.

317. O gráfico seguinte informa a distribuição do tempo de serviço (em anos) dos funcionários de uma pequena empresa.

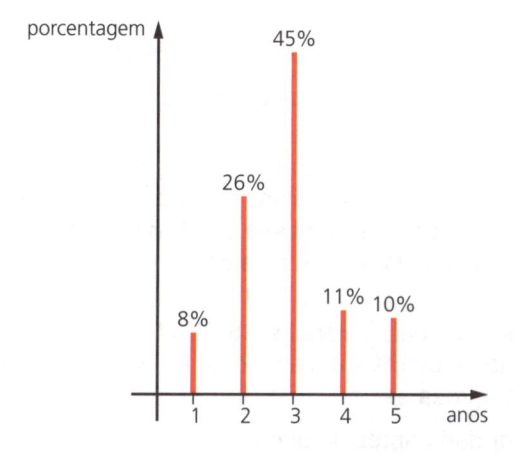

Qual é o tempo médio de trabalho dos funcionários dessa empresa?

ESTATÍSTICA DESCRITIVA

318. Sejam $x_1, x_2, ..., x_n$ os n valores assumidos por uma variável quantitativa e $\bar{x}$ a média aritmética correspondente a tais valores. Estabeleça uma relação entre a nova média ($\bar{x}'$) e $\bar{x}$ em cada caso a seguir:

a) Cada x_i (i = 1, 2, ..., n) é aumentado de duas unidades.

b) Cada x_i (i = 1, 2, ..., n) é multiplicado por três.

c) Cada x_i (i = 1, 2, ..., n) é diminuído de cinco unidades.

d) Cada x_i (i = 1, 2, ..., n) é multiplicado por –2 e ao resultado são acrescentadas três unidades.

e) Cada x_i (i = 1, 2, ..., n) é subtraído de $\bar{x}$ unidades.

319. A tabela ao lado mostra o número de gols por partida registrado nas duas primeiras rodadas de um campeonato brasileiro.

Nº de gols	Frequência absoluta
0	5 jogos
1	6 jogos
2	8 jogos
3	4 jogos
4	5 jogos
5	3 jogos
6	1 jogo

a) Qual foi a média de gols por partida registrada nas duas primeiras rodadas?

b) A rodada seguinte previa a realização de n jogos no sábado e a dos demais no domingo. Em cada um dos jogos de sábado foram marcados 3 gols. Com isso, a média de gols do campeonato (computadas as duas primeiras rodadas e os jogos de sábado) elevou-se para 2,5 gols por partida. Qual é o valor de n?

320. A média dos salários dos funcionários de uma loja é de R$ 806,00. Qual será a nova média salarial se:

a) cada funcionário receber um aumento de R$ 120,00?

b) cada funcionário receber um aumento de 20%?

321. Uma prova foi aplicada em duas turmas, A e B, e as médias obtidas foram 7,2 e 6,3, respectivamente. Se cada aluno da turma A tivesse obtido n pontos a menos e cada aluno da turma B tivesse obtido n pontos a mais, as médias das duas turmas seriam iguais. Qual é o valor de n?

322. Em uma empresa, a média salarial é R$ 930,00. Pretende-se dar a cada funcionário um aumento de 5% e um abono de R$ 80,00. Qual será a nova média de salários na empresa se:

a) o aumento for dado antes do abono?

b) o aumento for dado após a incorporação do abono ao salário?

323. É comum encontrarmos produtos com conteúdo líquido menor que o declarado nas embalagens. Em uma pequena cidade, doces de leite são vendidos em copos de vidro em cujos rótulos consta a informação relativa ao "peso" de 200 g. Dois fabricantes, A e B, fornecem doces com conteúdo real médio de 190 g e 195 g, respectivamente. Um supermercado comprou um total de n copos (somadas as duas marcas) de doce de leite, e verificou-se que o conteúdo médio líquido do lote era 193,5 g.

Determine o número de copos comprados de cada fabricante, sabendo que um deles vendeu 40 copos a mais que o outro.

324. (UFF-RJ) Cada um dos 60 alunos da turma A obteve, na avaliação de um trabalho, nota 5 ou nota 10. A média aritmética dessas notas foi 6. Determine quantos alunos obtiveram nota 5 e quantos obtiveram nota 10.

325. (Unicamp-SP) O gráfico a seguir, em forma de pizza, representa as notas obtidas em uma questão pelos 32 000 candidatos presentes à primeira fase de uma prova de vestibular. Ele mostra, por exemplo, que 32% desses candidatos tiveram nota 2 nessa questão.

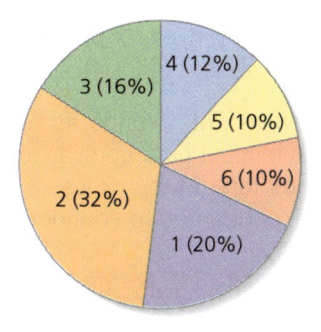

Pergunta-se:
a) Quantos candidatos tiveram nota 3?
b) É possível afirmar que a nota média, nessa questão, foi menor ou igual a 2? Justifique sua resposta.

326. Em uma fábrica, a média salarial de determinado setor, que emprega 20 funcionários, é 832 reais. Um deles, que ganhava 950 reais, foi afastado, e foram contratados 2 novos funcionários, um com salário de 780 reais e o outro com salário de 920 reais. Qual é o número inteiro mais próximo da nova média de salários nesse setor?

327. Em uma classe de educação infantil, a média de idade das 25 crianças é 4 anos e 3 meses. Qual é o número de crianças com 4 anos e 9 meses que devem ingressar nessa classe a fim de elevar essa média para 4 anos e 4 meses?

ESTATÍSTICA DESCRITIVA

328. Um programa beneficente veiculado em um canal de TV tinha como objetivo arrecadar fundos para crianças carentes. O telespectador poderia escolher entre 10, 20 ou 50 reais e ligar para o número correspondente ao valor escolhido a fim de fazer a doação. Na primeira hora, 50 000 pessoas fizeram doações, das quais 48% contribuíram com o valor mínimo, 37% com o valor intermediário e cada uma das demais com o valor maior.

a) Qual foi a média de doações da primeira hora?

b) Na hora seguinte, 30 000 pessoas contribuíram para a campanha, das quais $\frac{1}{3}$ colaborou com o valor mínimo. Determine o valor doado pelas demais pessoas, sabendo que a doação média das duas primeiras horas foi R$ 22,80.

329. Um grupo de 20 nadadores, cuja média de altura é 1,88 m, está treinando para uma competição. Se um grupo de 7 atletas cuja média de altura é 1,92 m se juntar ao primeiro grupo, qual será a média de altura dos 27 atletas?

330. A média aritmética dos números $a_1, a_2, a_3, ..., a_{14}, a_{15}$ é 24. Qual é a média aritmética dos números $a_1 + 1, a_2 + 2, ..., a_{14} + 14, a_{15} + 15$?

331. (Fuvest-SP) Numa classe com vinte alunos as notas do exame final podiam variar de 0 a 100 e a nota mínima para aprovação era 70. Realizado o exame, verificou-se que oito alunos foram reprovados. A média aritmética das notas desses oito alunos foi 65, enquanto a média dos aprovados foi 77.

Após a divulgação dos resultados, o professor verificou que uma questão havia sido mal formulada e decidiu atribuir 5 pontos a mais para todos os alunos. Com essa decisão, a média dos aprovados passou a ser 80 e a dos reprovados 68,8.

a) Calcule a média aritmética das notas da classe toda antes da atribuição dos 5 pontos extras.

b) Com a atribuição dos 5 pontos extras, quantos alunos, inicialmente reprovados, atingiram nota para aprovação?

332. A média aritmética dos números $x_1, x_2, ..., x_n$ é p. Determine a média aritmética dos números $x_1 - 1, x_2 - 1, x_3 - 1, x_4 - 1, ..., x_n + (-1)^n$, considerando que:

a) n é par;   b) n é ímpar.

333. (UF-GO) Em um time de futebol, o jogador mais velho entre os onze titulares foi substituído por um jogador de 16 anos. Isso fez com que a média de idade dos 11 jogadores diminuísse 2 anos.

Calcule a idade do jogador mais velho que foi substituído.

334.

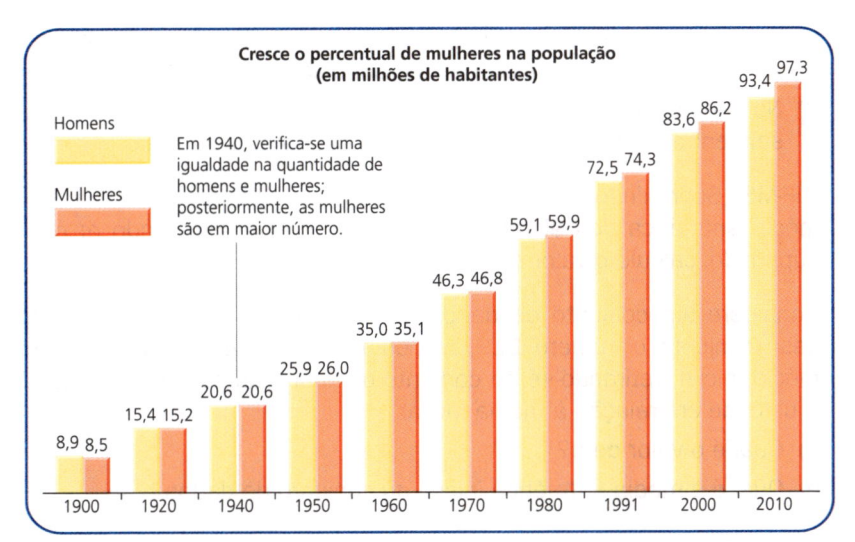

Cresce o percentual de mulheres na população
(em milhões de habitantes)

Homens
Mulheres

Em 1940, verifica-se uma igualdade na quantidade de homens e mulheres; posteriormente, as mulheres são em maior número.

Ano	Homens	Mulheres
1900	8,9	8,5
1920	15,4	15,2
1940	20,6	20,6
1950	25,9	26,0
1960	35,0	35,1
1970	46,3	46,8
1980	59,1	59,9
1991	72,5	74,3
2000	83,6	86,2
2010	93,4	97,3

Fonte: *Almanaque Abril/2012*.

Calcule o percentual da população feminina e da população masculina relativo a cada ano constante no gráfico. Em seguida, utilizando apenas uma casa após a vírgula, determine, relativamente a cada sexo:

a) a média desses percentuais no período considerado;

b) a média desses percentuais de 1940 a 2010.

335. (UF-GO) O gráfico abaixo representa as temperaturas médias mensais nas cidades de Goiânia e Aragarças (considerada a cidade mais quente do Estado de Goiás), no período de janeiro a agosto de 2001.

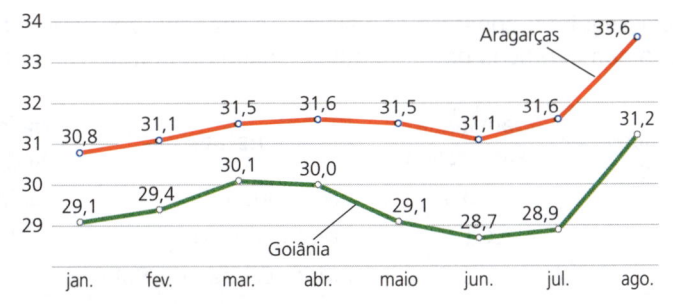

Mês	Aragarças	Goiânia
jan.	30,8	29,1
fev.	31,1	29,4
mar.	31,5	30,1
abr.	31,6	30,0
maio	31,5	29,1
jun.	31,1	28,7
jul.	31,6	28,9
ago.	33,6	31,2

Fonte: *O Popular*, 11 set. 2001.

Com base nesse gráfico, julgue como verdadeira (V) ou falsa (F) cada uma das afirmações a seguir:

a) Em Goiânia, a temperatura média no mês de agosto é 4% superior à temperatura média no mês de abril.

b) Em Goiânia, a média das temperaturas médias mensais no período de janeiro a agosto é igual à temperatura média do mês de junho.

c) No período de janeiro a agosto, a amplitude (diferença entre o maior e o menor valor) da temperatura média mensal, em Goiânia, é maior do que em Aragarças.

d) No período de janeiro a agosto, a diferença das temperaturas médias mensais entre Aragarças e Goiânia é máxima no mês de maio.

336. (UF-MS) Suprimindo-se um dos elementos do conjunto {1, 2, 3, ..., 201}, a média aritmética dos elementos restantes é 101,45. Sendo m o elemento suprimido, calcule o valor de m + 201.

337. Considere um conjunto de dados formado por n valores. Adicionando-se a esse conjunto o número 119, a média aumenta 4 unidades em relação à média inicial; retirando-se do conjunto original o número 54, a média diminui 1 unidade em relação à média inicial.

a) Qual é o valor de n?

b) Qual é a média aritmética inicial do conjunto de dados?

XII. Mediana

Em 2002, a população brasileira era constituída por aproximadamente 175 milhões de habitantes.

A área da superfície do território brasileiro é 8 514 204,8 km².

Assim, a densidade demográfica nesse ano era:

$$\frac{175 \text{ milhões de habitantes}}{8{,}514 \text{ milhões de km}^2} \cong 20{,}6 \text{ habitantes/km}^2$$

Na tabela seguinte, constam os valores (expressos em habitantes por km²) das densidades demográficas dos 26 estados, além do Distrito Federal.

Estado	Densidade demográfica	Estado	Densidade demográfica
Acre	3,7	Maranhão	17,0
Alagoas	101,3	Mato Grosso	2,8
Amapá	3,3	Mato Grosso do Sul	5,8
Amazonas	1,8	Minas Gerais	30,5
Bahia	23,2	Pará	5,0
Ceará	50,9	Paraíba	61,1
Distrito Federal	352,2	Paraná	48,0
Espírito Santo	67,2	Pernambuco	80,3
Goiás	14,7	Piauí	11,3

ESTATÍSTICA DESCRITIVA

Estado	Densidade demográfica
Rio de Janeiro	328,0
Rio Grande do Norte	52,2
Rio Grande do Sul	36,1
Rondônia	5,8
Roraima	1,5
Santa Catarina	56,1
São Paulo	149,0
Sergipe	81,1
Tocantins	4,2

Fonte: *Almanaque Abril*, 2002.

Calculando a média das densidades relacionadas anteriormente, encontramos:

$$\bar{x} = \frac{\sum_{i=1}^{27} x_i}{27} = \frac{1\,594,1}{27} \cong 59,04 \text{ habitantes/km}^2$$

Observe que esse valor é quase o triplo do valor encontrado para a densidade demográfica da população brasileira.

O cálculo da média aritmética ficou muito afetado por lugares com altíssima concentração populacional, como o Distrito Federal e o Estado do Rio de Janeiro, cujos valores – 352,2 e 328,0, respectivamente – destoam fortemente dos valores dos demais estados.

Calculemos a nova média, eliminando esses dois valores:

$$\bar{x}' = \frac{1\,594,1 - 352,2 - 328,0}{25} = \frac{913,9}{25} \cong 36,6 \text{ habitantes/km}^2$$

Observe que esse valor já está mais próximo ao correspondente à densidade demográfica brasileira.

Se eliminarmos o estado de São Paulo, que também tem uma alta densidade demográfica (149 habitantes/km²), a nova média será:

$$\bar{x}'' = \frac{913,9 - 149}{24} = \frac{764,9}{24} \cong 31,9 \text{ habitantes/km}^2$$

Conforme podemos notar, esse novo valor está ainda mais próximo da real densidade demográfica brasileira.

ESTATÍSTICA DESCRITIVA

Como vimos, a média aritmética pode ser muito afetada quando encontramos valores discrepantes em um conjunto de dados, podendo se tornar uma medida de centralidade pouco representativa do resumo dos dados.

Para contornar questões dessa natureza, definiremos, a seguir, uma medida de centralidade mais resistente aos valores discrepantes (em inglês, chamados *outliers*) denominada **mediana**.

Sejam $x_1 \leq x_2 \leq ... \leq x_n$ os *n* valores ordenados de uma variável *x*.

A **mediana** desse conjunto de valores – indicada por Me – é definida por:

$$Me = \begin{cases} x_{\left(\frac{n+1}{2}\right)}, \text{ se } n \text{ é ímpar} \\ \dfrac{x_{\left(\frac{n}{2}\right)} + x_{\left(\frac{n}{2}+1\right)}}{2}, \text{ se } n \text{ é par} \end{cases}$$

Essa definição garante que a mediana seja um valor que divide o conjunto de dados em duas partes nas quais o número de elementos é o mesmo e de modo que o número de valores menores ou iguais à mediana seja igual ao número de valores maiores ou iguais a ela.

Exemplos:

1º) Vejamos como encontrar a mediana dos dados referentes à introdução sobre densidade demográfica.

É preciso inicialmente ordenar os valores (usaremos as siglas dos estados e a ordem crescente):

RR – AM – MT – AP – AC – TO – PA – RO – MS –
PI – GO – MA – BA – MG – RS – PR – CE – RN –
SC – PB – ES – PE – SE – AL – SP – RJ – DF

Como *n* é ímpar (n = 27), segue que:

$$Me = x_{\left(\frac{27+1}{2}\right)} = x_{14}$$

ou seja, a mediana é a densidade demográfica do 14º estado na sequência acima, que é Minas Gerais; portanto, Me = 30,5 habitantes/km². Note que essa medida de centralidade é mais representativa que a média (59,04 habitantes/km²).

O cálculo da média só fica próximo ao da mediana quando eliminamos os estados com alta densidade demográfica (DF, RJ e SP).

2º) Os números seguintes indicam a quantidade de faltas de um aluno durante o ano letivo nas dez disciplinas do seu curso:

$$3 - 4 - 9 - 6 - 3 - 8 - 2 - 4 - 5 - 6$$

Para encontrar o número mediano de faltas do aluno, ordenamos esses valores:

$$2 - 3 - 3 - 4 - \boxed{4 - 5} - 6 - 6 - 8 - 9$$

Como n é par ($n = 10$), temos:

$$Me = \frac{x_5 + x_6}{2} = \frac{4 + 5}{2} = 4{,}5 \text{ faltas}$$

XIII. Moda

Seja x uma variável quantitativa que assume os valores $x_1, x_2, ..., x_k$, com frequências absolutas iguais a $n_1, n_2, ..., n_k$, respectivamente. Se o máximo entre $n_1, n_2, ..., n_k$ é igual a n_j, $j \in \{1, 2, ..., k\}$, dizemos que a moda – indicada por Mo – é igual ao valor x_j.

Ou seja:

> A moda de um conjunto de valores corresponde ao valor que ocorre mais vezes.

Exemplos:

Vamos determinar a moda dos seguintes conjuntos de valores.

1º) $6 - 9 - 12 - 9 - 4 - 5 - 9$

A moda é Mo = 9, pois há três valores iguais a 9.

2º) $12 - 13 - 19 - 13 - 14 - 12 - 16$

Há duas modas, 12 e 13, pois cada um desses valores ocorre com maior frequência (duas vezes). Dizemos que se trata de uma distribuição **bimodal**.

3º) $4 - 29 - 15 - 13 - 18 - 20 - 21 - 26 - 9$

Nesse caso, todos os valores "aparecem" com a mesma frequência unitária. Assim, não há moda nessa distribuição.

EXERCÍCIOS

338. Calcule a moda e a mediana de cada um dos seguintes conjuntos de valores:
a) 9 – 8 – 8 – 7 – 10 – 12 – 11 – 8 – 8 – 7 – 6 – 14 – 10
b) 0 – 0 – 0 – 1 – 1 – 1 – 1 – 2 – 2 – 2 – 2 – 2 – 3 – 3 – 3 – 3 – 3 – 3
c) 40 – 44 – 42 – 23 – 36 – 40
d) 0,6 – 0,7 – 0,7 – 0,5 – 0,8 – 0,6 – 0,4 – 0,9

339. Determine as medidas de centralidade (média, mediana e moda) correspondentes aos percentuais relacionados na tabela a seguir:

\multicolumn{2}{c}{Os 20 municípios com menor taxa de analfabetismo no Brasil (%)}	
	Município	**Taxa de analfabetismo**
1º	São João do Oeste (SC)	0,9
2º	Morro Reuter (RS)	1,6
3º	Harmonia (RS)	1,8
4º	Pomerode (SC)	1,9
5º	Bom Princípio (RS)	1,9
6º	São Vendelino (RS)	1,9
7º	Feliz (RS)	1,9
8º	Lagoa dos Três Cantos (RS)	2,0
9º	Salvador das Missões (RS)	2,2
10º	Ivoti (RS)	2,3
11º	Quatro Pontes (PR)	2,4
12º	Vale Real (RS)	2,5
13º	Timbó (SC)	2,6
14º	Dois Irmãos (RS)	2,6
15º	Jaraguá do Sul (SC)	2,6
16º	São José do Hortêncio (RS)	2,7
17º	Teutônia (RS)	2,7
18º	Blumenau (SC)	2,8
19º	Linha Nova (RS)	2,8
20º	Nova Petrópolis (RS)	2,8

Fonte: *O Estado de S. Paulo*, 5 jun. 2003.

340. A tabela seguinte relaciona os países com maior consumo anual de peixe.

Os maiores consumidores		
	País	Quantidade de peixe consumido (milhões de toneladas)
1º	China	30
2º	Japão	8
3º	Estados Unidos	6
4º	Índia	4
5º	Indonésia	4
6º	Rússia	3
7º	Coreia do Sul	2
8º	Filipinas	2
9º	França	2
10º	Espanha	2

Fonte: *Veja*, 9 jul. 2003.

a) Calcule a média, a mediana e a moda dos dados apresentados. Por que a média é bem maior que as outras duas medidas?

b) Sabendo que a população da China é 1,285 bilhão de habitantes e a da Espanha é 39,9 milhões de habitantes, mostre que o consumo *per capita* anual na Espanha é maior que o dobro do consumo *per capita* na China. (Dados extraídos de: *Almanaque Abril*, 2002.)

341. As tabelas seguintes informam o número de jornais diários em circulação na região metropolitana das capitais brasileiras.

Cidade	Jornais em circulação
Aracaju	3
Belém	3
Belo Horizonte	6
Boa Vista	3
Brasília	2
Campo Grande	2
Cuiabá	3
Curitiba	8
Florianópolis	3

Cidade	Jornais em circulação
Fortaleza	4
Goiânia	2
João Pessoa	3
Macapá	2
Maceió	3
Manaus	4
Natal	3
Palmas	3
Porto Alegre	3

ESTATÍSTICA DESCRITIVA

Cidade	Jornais em circulação
Porto Velho	3
Recife	4
Rio Branco	4
Rio de Janeiro	11
Salvador	4
São Luís	2
São Paulo	16
Teresina	5
Vitória	2

Fonte: *Almanaque Abril*, 2002.

a) Intuitivamente, responda: Qual medida de centralidade – a média ou a mediana – é mais adequada para representar esses valores?
b) Calcule a média, a moda e a mediana.
c) Elimine os dois estados com maior número de jornais e recalcule a média.

342. Um instituto de pesquisa fez um levantamento dos preços por quilo de vários produtos em um sacolão. Os resultados estão na tabela ao lado.

Qual é a média, a moda e a mediana do preço por quilo dos produtos à venda nesse sacolão?

Preço (em reais)	Frequência (%)
2,00	30
3,00	40
4,00	20
6,00	10

343. O gráfico abaixo informa a distribuição do número de filhos de 800 funcionários de uma empresa.

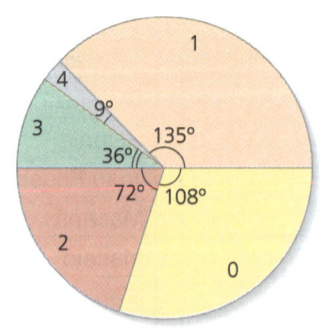

a) Quantos funcionários têm exatamente 2 filhos?
b) Qual é a mediana do número de filhos?
c) Qual é a moda do número de filhos?

344. A tabela ao lado informa o número de defeitos, por peça, encontrados durante uma inspeção feita em um lote de 80 peças que chegou a um porto.

Número de defeitos por peça	Número de peças
0	12
1	20
2	24
3	16
4	8

a) Considerando o número de defeitos por peça, qual é a mediana dos valores encontrados?

b) Qual será a nova mediana se forem acrescentadas a esse lote 18 peças, cada uma com exatamente 1 defeito?

c) Adicionando-se ao lote inicial n peças, cada uma com 3 defeitos, o valor da mediana passa a ser 3. Qual é o menor valor possível de n?

345. Os valores ordenados abaixo referem-se ao número de desistências mensais de reservas solicitadas a uma companhia aérea.

$$48 - 52 - 58 - 63 - 68 - x - 76 - 82 - y - 96 - 98 - 102$$

a) Sabendo que a mediana desses valores é 73 e que a média é 75, quais são os valores de x e de y?

b) Supondo que em cada um dos 5 meses seguintes o número de desistências tenha variado entre 50 e 60, qual será o valor da mediana relativa a esses 17 meses?

346. Considere a sequência decrescente:

$$2^n, 2^{n-1}, ..., 2^{n-5} \text{ (em que } n \text{ é um número natural)}$$

Sabendo que a mediana dos elementos dessa sequência é 6, determine:

a) o valor de n;

b) a média aritmética dos elementos dessa sequência.

347. (UnB-DF) A tabela adiante apresenta o levantamento das quantidades de peças defeituosas para cada lote de 100 unidades fabricadas em uma linha de produção de autopeças durante um período de 30 dias úteis.

Dia	1	2	3	4	5	6	7	8	9	10	11	12	13	14	15
Nº de peças defeituosas	6	4	3	4	2	4	3	5	1	2	1	5	4	1	3

Dia	16	17	18	19	20	21	22	23	24	25	26	27	28	29	30
Nº de peças defeituosas	7	5	6	4	3	2	6	3	5	2	1	3	2	5	7

Considerando S a série numérica de distribuição de frequências de peças defeituosas por lote de 100 unidades, julgue os itens a seguir:

1) A moda da série S é 5.

2) Durante o período de levantamento desses dados, o percentual de peças defeituosas ficou, em média, abaixo de 3,7%.

3) Os dados obtidos nos 10 primeiros dias do levantamento geram uma série numérica de distribuição de frequências com a mesma mediana da série S.

348. Uma pesquisa realizada com 280 pessoas fez o levantamento da frequência anual de visitas ao dentista. Os resultados aparecem na tabela ao lado.

Responda:

a) Qual é o número mediano de visitas?

b) Quantas pessoas dessa amostra que visitam o dentista uma única vez por ano deveriam passar a visitá-lo duas vezes por ano a fim de que a mediana passasse a ser 1,5 visita?

Número de visitas ao dentista por ano	Número de pessoas
0	63
1	105
2	39
3	47
4	16
5 ou mais	10
Total	280

XIV. Variância

Em certo país, o governo financia um programa de assistência às famílias de baixa renda. Cada família recebe, de cinco em cinco semanas, a quantia de 100 UM (unidades monetárias) para comprar produtos de alimentação em estabelecimentos conveniados. O coordenador desse projeto selecionou em uma pequena cidade quatro famílias e acompanhou a distribuição dos gastos semana a semana.

Observe a tabela:

	1ª semana	2ª semana	3ª semana	4ª semana	5ª semana	Total (valor do benefício)
Família I	20 UM	20 UM	20 UM	20 UM	20 UM	100 UM
Família II	20 UM	24 UM	20 UM	16 UM	20 UM	100 UM
Família III	12 UM	28 UM	24 UM	20 UM	16 UM	100 UM
Família IV	36 UM	32 UM	20 UM	8 UM	4 UM	100 UM

Como cada família gasta 100 UM no período de cinco semanas, a média semanal de gastos é $\frac{100}{5} = 20$ UM.

ESTATÍSTICA DESCRITIVA

A leitura dos valores da tabela mostra um comportamento diferente de cada família na utilização do benefício concedido pelo governo: a família I, por exemplo, gasta sempre a mesma quantia por semana para comprar alimentos; já a família IV faz gastos que oscilam entre 4 e 36 UM por semana.

Desse modo, se essa análise for limitada à média semanal de gastos, estarão sendo omitidas informações importantes em relação à homogeneidade ou heterogeneidade dos gastos semanais de cada família. Para revelar o grau de variabilidade de um conjunto de dados há necessidade de uma medida específica, a **variância**, definida a seguir.

Seja x uma variável quantitativa que assume os valores $x_1, x_2, ..., x_n$ e $\bar{x}$ a média aritmética correspondente a esses valores.

A variância desses valores – indicada por Var(x) ou σ^2 – é definida por:

$$\sigma^2 = \frac{\sum_{i=1}^{n}(x_i - \bar{x})^2}{n} = \frac{(x_1 - \bar{x})^2 + (x_2 - \bar{x})^2 + ... + (x_n - \bar{x})^2}{n}$$

Notemos que cada termo do numerador corresponde ao quadrado da diferença entre um valor observado e o valor médio. Essa diferença traduz o quanto um valor observado se distancia do valor médio, sendo, portanto, uma medida do grau de variabilidade dos dados em estudo.

Vamos calcular a variância dos gastos semanais das quatro famílias (lembre que a média semanal, para cada família, é 20 UM).

- Família I:

$$\sigma^2 = \frac{(20-20)^2 + (20-20)^2 + (20-20)^2 + (20-20)^2 + (20-20)^2}{5} = 0$$

- Família II:

$$\sigma^2 = \frac{(20-20)^2 + (24-20)^2 + (20-20)^2 + (16-20)^2 + (20-20)^2}{5} = \frac{16+16}{5} =$$
$$= 6,4 \text{ UM}^2$$

- Família III:

$$\sigma^2 = \frac{(12-20)^2 + (28-20)^2 + (24-20)^2 + (20-20)^2 + (16-20)^2}{5} =$$
$$= \frac{64+64+16+16}{5} = 32 \text{ UM}^2$$

- Família IV:

$$\sigma^2 = \frac{(36-20)^2 + (32-20)^2 + (20-20)^2 + (8-20)^2 + (4-20)^2}{5} =$$

$$= \frac{256 + 144 + 144 + 256}{5} = 160 \text{ UM}^2$$

O aumento no valor da variância nesses cálculos revela uma variabilidade crescente de gastos semanais em relação à média (20 UM).

Nessa situação, a **unidade de variância** é UM² e o **gasto semanal médio** é expresso em UM, o que gera uma incompatibilidade. Para uniformizar as unidades, definiremos mais adiante o desvio padrão σ.

12. Propriedades:

Como a média aritmética, a variância também apresenta duas propriedades importantes.

Seja x uma variável quantitativa que assume os valores $x_1, x_2, ..., x_n$. Considere $\bar{x}$ a média aritmética e σ^2 a variância correspondente.

> Se a cada x_i (i = 1, 2, ..., n) for adicionada uma constante real c, a variância não se altera.

Essa propriedade pode ser demonstrada da seguinte maneira.

Sendo $(\sigma^2)'$ a nova variância, mostremos que $(\sigma^2)' = \sigma^2$.

Consideremos $x'_i = x_i + c$ (i = 1, 2, ..., n) os novos valores assumidos pela variável.

Conforme vimos no item **Média aritmética**, a nova média $\bar{x}'$ é dada por $\bar{x}' = \bar{x} + c$.

Da definição de variância, segue:

$$(\sigma^2)' \frac{\sum_{i=1}^{n}(x'_i - \bar{x}')^2}{n} = \frac{\sum_{i=1}^{n}[(x_i + c) - (\bar{x} + c)]^2}{n} = \frac{\sum_{i=1}^{n}(x_i + c - \bar{x} - c)^2}{n} =$$

$$= \frac{\sum_{i=1}^{n}(x_i - \bar{x})^2}{n} = \sigma^2$$

> Se cada x_i (i = 1, 2, ..., n) for multiplicado por uma constante real c, a variância fica multiplicada por c^2.

Vamos demonstrar essa segunda propriedade.

Sendo $(\sigma^2)'$ a nova variância, os novos valores que a variável x assume são:
$$x'_1 = c \cdot x_i \ (i = 1, 2, ..., n), \text{ a saber: } c \cdot x_1, c \cdot x_2, ..., c \cdot x_n$$

De acordo com o item **Média aritmética**, a nova média $\overline{x}'$ é dada por $\overline{x}' = c \cdot \overline{x}$.
Temos:

$$(\sigma^2)' \ \frac{\sum_{i=1}^{n}(x'_i - \overline{x}')^2}{n} = \frac{\sum_{i=1}^{n}(c \cdot x_i - c \cdot \overline{x})^2}{n} = \frac{\sum_{i=1}^{n} c^2 \cdot (x_i - \overline{x})^2}{n} =$$

$$= c^2 \cdot \frac{\sum_{i=1}^{n}(x_i - \overline{x})^2}{n} = c^2 \cdot \sigma^2$$

XV. Desvio padrão

Sejam $x_1, x_2, ..., x_n$ os valores assumidos por uma variável x. Chamamos **desvio padrão** de x – indicado por DP(x) ou σ – a raiz quadrada da variância de x.

$$\sigma = \sqrt{\frac{\sum_{i=1}^{n}(x_i - \overline{x})^2}{n}} = \sqrt{\frac{(x_1 - \overline{x})^2 + (x_2 - \overline{x})^2 + ... + (x_n - \overline{x})^2}{n}}$$

Exemplo:

Na situação considerada na introdução do estudo da variância (ver p. 126), o desvio padrão dos gastos de cada família é dado por:
- família I: $\sigma^2 = 0 \Rightarrow \sigma = 0$ UM
- família II: $\sigma^2 = 6{,}4$ UM² $\Rightarrow \sigma = \sqrt{6{,}4 \text{ UM}^2} \cong 2{,}53$ UM
- família III: $\sigma^2 = 32$ UM² $\Rightarrow \sigma = \sqrt{32 \text{ UM}^2} \cong 5{,}66$ UM
- família IV: $\sigma^2 = 160$ UM² $\Rightarrow \sigma = \sqrt{160 \text{ UM}^2} \cong 12{,}65$ UM

Observação:

Das duas propriedades descritas para a variância (ver p. 128), decorrem as seguintes consequências imediatas:

1ª) Quando adicionamos uma constante a cada elemento de um conjunto de valores, o desvio padrão não se altera.

2ª) Quando multiplicamos cada elemento de um conjunto de valores por uma constante real c, o desvio padrão fica multiplicado por c.

13. Outra expressão para variância e para desvio padrão

É possível encontrar para variância e desvio padrão outras expressões equivalentes às das definições apresentadas e que poderão ser úteis na resolução de alguns exercícios.

Vejamos:

$$\sigma^2 = \frac{\sum_{i=1}^{n}(x_i - \bar{x})^2}{n}$$

Desenvolvendo o produto notável, temos:

$$\sigma^2 = \frac{\sum_{i=1}^{n}(x_i^2 - 2 \cdot x_i \cdot \bar{x} + \bar{x}^2)}{n} = \frac{\sum_{i=1}^{n} x_i^2 - 2 \cdot \bar{x} \sum_{i=1}^{n} x_i + n \cdot \bar{x}^2}{n}$$

Como $\bar{x} = \dfrac{\sum_{i=1}^{n} x_i}{n}$, podemos escrever:

$$\sigma^2 = \frac{1}{n} \cdot \left[\sum_{i=1}^{n} x_i^2 - 2 \cdot \frac{\sum_{i=1}^{n} x_i}{n} \cdot \sum_{i=1}^{n} x_i + n \cdot \frac{\left(\sum_{i=1}^{n} x_i\right)^2}{n^2} \right] \Rightarrow$$

$$\Rightarrow \sigma^2 = \frac{1}{n} \cdot \left[\sum_{i=1}^{n} x_i^2 - \frac{2}{n} \left(\sum_{i=1}^{n} x_i\right)^2 + \frac{1}{n} \left(\sum_{i=1}^{n} x_i\right)^2 \right]$$

isto é:

$$\sigma^2 = \frac{1}{n} \cdot \left[\sum_{i=1}^{n} x_i^2 - \frac{\left(\sum_{i=1}^{n} x_i\right)^2}{n} \right]$$, que é expressão para a variância.

Como o desvio padrão corresponde à raiz quadrada da variância, temos:

$$\sigma^2 = \sqrt{\frac{1}{n} \cdot \left[\sum_{i=1}^{n} x_i^2 - \frac{\left(\sum_{i=1}^{n} x_i\right)^2}{n} \right]}$$, que é expressão para o desvio padrão.

Exemplo:

Os dados seguintes referem-se aos gastos mensais com ônibus e metrô (expressos em reais) que um estudante universitário tem durante um semestre:

$$42 - 50 - 54 - 48 - 56 - 59$$

Aplicando a expressão anterior para o cálculo do desvio padrão (σ) das despesas, temos:

$$\sum_{i=1}^{6} x_i = 42 + 50 + 54 + 48 + 56 + 59 = 309$$

e

$$\sum_{i=1}^{6} x_i^2 = 42^2 + 50^2 + 54^2 + 48^2 + 56^2 + 59^2 = 16\,101$$

Daí:

$$\sigma^2 = \frac{1}{6} \cdot \left[16\,101 - \frac{309^2}{6}\right] = 31{,}25 \text{ (reais)}^2 \Rightarrow \sigma \cong 5{,}59 \text{ reais}$$

14. Observação geral sobre variância e desvio padrão

As expressões das medidas de dispersão apresentadas no item **Variância** referem-se à **variância** (e **desvio padrão**) **populacional**.

Nos casos em que os dados são coletados a partir de uma amostra da população, obtém-se como medida de dispersão a chamada **variância amostral**, representada por S^2 e dada por:

$$S^2 = \frac{\sum_{i=1}^{n} (x_i - \bar{x})^2}{n-1}$$

, sendo $\bar{x}$ a média amostral.

Observe que as expressões que definem σ^2 e S^2 diferem apenas pelo denominador: σ^2 apresenta como denominador n e S^2 apresenta como denominador $n-1$. O motivo dessa diferença exige conhecimentos mais aprofundados que os fornecidos nesta obra introdutória.

Fica, então, convencionado que, nos exercícios seguintes, salvo observações contrárias, deve-se considerar sempre a **variância populacional** σ^2.

EXERCÍCIOS

349. Calcule o desvio padrão dos seguintes conjuntos de valores:
   a) 2 – 3 – 4 – 5 – 6
   b) 2 – 2 – 3 – 4 – 4
   c) (–2) – (–1) – (–1) – 0 – 1 – 3
   d) $\dfrac{1}{2} - \dfrac{1}{8} - \dfrac{1}{4} - \dfrac{1}{5} - \dfrac{1}{10}$
   e) 70 – 65 – 60 – 60 – 65 – 68 – 72 – 60

350. A tabela seguinte informa a participação percentual dos estados da região Nordeste no produto interno bruto (PIB) nacional.

Alagoas	0,9%	Maranhão	1,0%	Piauí	0,5%
Bahia	4,4%	Paraíba	0,7%	Rio Grande do Norte	0,9%
Ceará	1,8%	Pernambuco	2,3%	Sergipe	0,5%

Fonte: *Almanaque Abril*, 2002.

   a) Calcule a média ($\bar{x}$) e o desvio padrão (σ) dos percentuais acima.
   b) Quantos estados têm participação pertencente ao intervalo $\left[\bar{x} - \dfrac{1}{2}\sigma, \bar{x} + \dfrac{1}{2}\sigma\right]$?

351. O gráfico ao lado mostra os números relativos aos turistas estrangeiros que estiveram no Brasil no período de 1998 a 2002.

Qual é o desvio padrão dos dados apresentados?

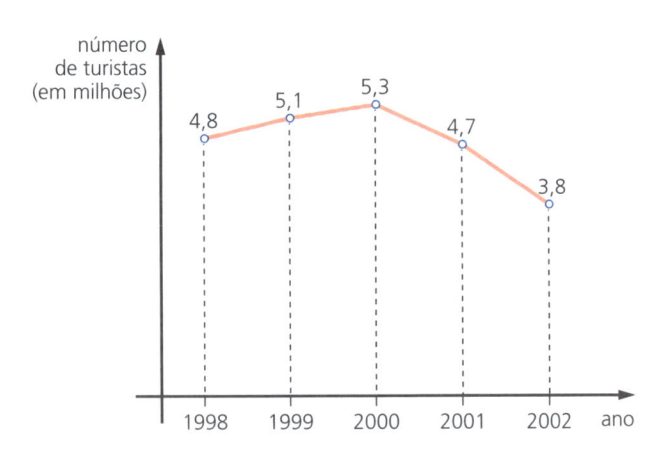

número de turistas (em milhões): 1998: 4,8; 1999: 5,1; 2000: 5,3; 2001: 4,7; 2002: 3,8

Fonte: *Veja*, 16/4/2003.

352. Os dados seguintes referem-se às porcentagens da população de países sul-americanos que vivem em áreas urbanas.

Argentina	90%	Equador	65%
Bolívia	63%	Paraguai	56%
Brasil	81%	Peru	73%
Chile	86%	Uruguai	91%
Colômbia	74%	Venezuela	87%

Fonte: *Almanaque Abril*, 2002.

a) Calcule a média e o desvio padrão dos percentuais acima.

b) Elimine os dois países com menores percentuais. O que ocorrerá com o desvio padrão? Faça os cálculos para confirmar sua resposta.

353. Um conjunto é formado por três elementos: 8, 10 e x. Determine os possíveis valores de x para os quais a variância desses elementos é igual a $\dfrac{26}{3}$.

354. Sejam $x_1, x_2, ..., x_k$ os k valores distintos assumidos por uma variável x, com frequências absolutas iguais a $n_1, n_2, ..., n_k$, respectivamente. Encontre uma expressão para a variância desses valores.

Solução

Os valores estão assim distribuídos:

$$\underbrace{x_1, x_1, ..., x_1}_{n_1 \text{ vezes}}, \underbrace{x_2, x_2, ..., x_2}_{n_2 \text{ vezes}}, ..., \underbrace{x_k, x_k, ..., x_k}_{n_k \text{ vezes}}$$

A média aritmética é dada por:

$$\bar{x} = \frac{x_1 n_1 + x_2 n_2 + ... + x_k n_k}{n_1 + n_2 + ... + n_k}$$

Usando a definição de variância:

$$\sigma^2 = \frac{1}{\sum_{i=1}^{k} n_i} \left\{ \underbrace{(x_1 - \bar{x})^2 + ... + (x_1 - \bar{x})^2}_{n_1 \text{ vezes}} + \underbrace{(x_2 - \bar{x})^2 + ... + (x_2 - \bar{x})^2}_{n_2 \text{ vezes}} + ... + \underbrace{(x_k - \bar{x})^2 + ... + (x_k - \bar{x})^2}_{n_k \text{ vezes}} \right\}$$

$$\sigma^2 = \frac{1}{\sum_{i=1}^{k} n_i} \cdot \left\{ n_1 \cdot (x_1 - \bar{x})^2 + n_2 \cdot (x_2 - \bar{x})^2 + ... + n_k \cdot (x_k - \bar{x})^2 \right\}$$

que é expressão da variância em função da frequência absoluta.

Temos também:

$$\sigma^2 = f_1 \cdot (x_1 - \bar{x})^2 + f_2 \cdot (x_2 - \bar{x})^2 + \ldots + f_k \cdot (x_k - \bar{x})^2$$

em que $f_1, f_2, \ldots, f_k$ são as frequências relativas correspondentes.

355. A tabela ao lado informa a distribuição do número de cartões amarelos recebidos por um time durante os 45 jogos de um torneio:

Calcule o desvio padrão referente ao número de cartões recebidos.

Número de cartões	Número de jogos
0	5
1	19
2	10
3	7
4	4

Solução

Temos:

- $\bar{x} = \dfrac{0 \cdot 5 + 1 \cdot 19 + 2 \cdot 10 + 3 \cdot 7 + 4 \cdot 4}{5 + 19 + 10 + 7 + 4} = \dfrac{76}{45} \cong 1,69$

- $\sigma^2 = \dfrac{1}{45} \cdot [(0 - 1,69)^2 \cdot 5 + (1 - 1,69)^2 \cdot 19 + (2 - 1,69)^2 \cdot 10 + (3 - 1,69)^2 \cdot 7 +$
$+ (4 - 1,69)^2 \cdot 4]$

$\sigma^2 = \dfrac{1}{45} \cdot [14,28 + 9,05 + 0,96 + 12,01 + 21,34] \Rightarrow \sigma^2 = \dfrac{57,64}{45} = 1,28$

$\Rightarrow \sigma \cong 1,13$ cartão

356. Um professor aplicou um exercício em sua turma de 60 alunos e as notas possíveis eram zero, 0,5 ponto ou 1 ponto. Sabendo que 40% dos alunos não obtiveram pontuação, 35% conseguiram 0,5 ponto e o restante atingiu a pontuação máxima, determine:

a) a mediana dos pontos obtidos pelos alunos nessa atividade;

b) a variância correspondente aos pontos obtidos pelos alunos.

357. A Secretaria de Saúde de uma cidade está interessada em saber com que frequência semanal seus habitantes praticam atividades físicas. Para isso, uma equipe entrevistou n pessoas e os resultados encontram-se no gráfico a seguir:

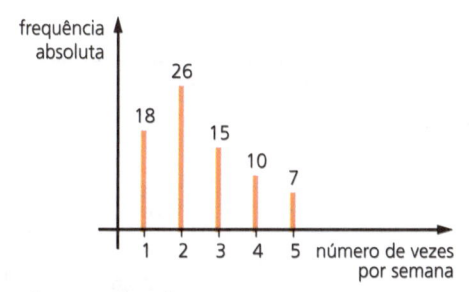

a) Determine o valor de n.
b) Qual é a média das frequências de atividades físicas?
c) Qual é a moda e a mediana dos dados obtidos?
d) Qual é o desvio padrão dos dados obtidos?

358. Um conjunto de dados possui n valores (n > 3), dos quais três são iguais a 2 e os demais iguais a 5.
a) Determine, em função de n, a média aritmética desses elementos.
b) Determine o maior **valor inteiro** de n para o qual a variância desse conjunto de valores seja maior que 2.

359. (Unicamp-SP) Para um conjunto $X = \{x_1, x_2, x_3, x_4\}$, a média aritmética de X é definida por $\bar{x} = \dfrac{x_1 + x_2 + x_3 + x_4}{4}$ e a variância de X é definida por $v = \dfrac{1}{4}[(x_1 - \bar{x})^2 + \ldots + (x_4 - \bar{x})^2]$.

Dado o conjunto $X = \{2, 5, 8, 9\}$, pede-se:
a) Calcular a média aritmética de X.
b) Calcular a variância de X.
c) Quais elementos de X pertencem ao intervalo $[\bar{x} - \sqrt{v}, \bar{x} + \sqrt{v}]$?

360. (FGV-SP) Dados n valores $x_1, x_2, x_3, \ldots, x_n$, seja M sua média aritmética. Chama-se variância desses valores ao número σ^2 dado por:

$$\sigma^2 = \dfrac{\sum_{i=1}^{n}(x_i - M)^2}{n}$$

A raiz quadrada não negativa da variância chama-se desvio padrão.
a) Se em cada um de 10 meses consecutivos um fundo de investimentos render 1% ao mês, qual o desvio padrão dessas taxas de rendimento?
b) Se em cada um de 6 meses consecutivos o fundo render 1% ao mês e render 3% ao mês em cada um dos quatro meses seguintes, qual o desvio padrão dessas taxas de rendimento?

361. Observe os dados apresentados pelo gráfico:

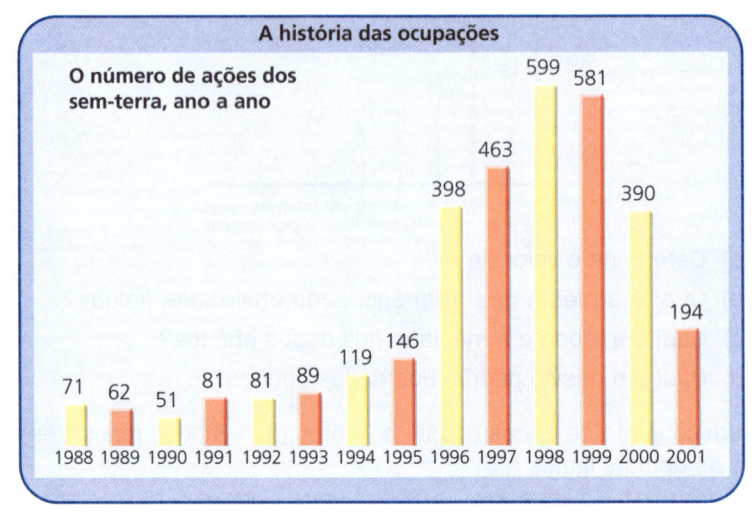

A história das ocupações

O número de ações dos sem-terra, ano a ano

Ano	Valor
1988	71
1989	62
1990	51
1991	81
1992	81
1993	89
1994	119
1995	146
1996	398
1997	463
1998	599
1999	581
2000	390
2001	194

Fonte: *O Estado de S. Paulo*, 6/3/2003.

a) Encontre o desvio padrão correspondente ao número anual de ações registradas no período de 1988 a 2001.

b) Considere os períodos de 1988 a 1993 e de 1996 a 2000. Calcule o desvio padrão correspondente a cada período. Por que se observa uma queda em relação ao desvio encontrado no item *a*?

362. O Departamento de Aviação Civil registrou durante cinco dias o percentual diário de voos de duas companhias aéreas, A e B, que decolaram sem atraso. Os dados estão relacionados a seguir:

Companhia A:
$$90\% - 92\% - 95\% - 88\% - 91\%$$

Companhia B:
$$97\% - 88\% - 98\% - 86\% - 90\%$$

a) Qual companhia apresentou percentual médio mais alto?

b) Qual companhia apresentou desempenho mais regular?

363. Seja o conjunto de valores 4, 1, 8, 7 e *n*. Qual é o valor de *n* que minimiza a variância desses valores? Qual é, nesse caso, o valor da variância?

364. Considere os seguintes conjuntos de valores:

$$A = \{3, 3, 3, 3, 4, 4\} \quad \text{e} \quad B = \{2, 2, 3, 3, 4, 4\}$$

Compare σ_A^2 com σ_B^2.

365. A tabela de frequências ao lado informa o número de filhos dos 80 funcionários de uma escola.

Número de filhos	Frequência absoluta
0	20
1	36
2	14
3	8
4	2

a) Qual é o desvio padrão correspondente ao número de filhos?

b) Suponha que cada funcionário dessa escola tenha um novo filho. Qual será o novo desvio padrão?

366. Sejam $x_1, x_2, ..., x_n$ os valores assumidos por uma variável x, e σ^2 a variância correspondente a tais valores. Determine a relação existente entre a nova variância $(\sigma^2)'$ e a variância original (σ^2) quando:

a) cada x_i ($i = 1, 2, ..., n$) é multiplicado por 2;

b) a cada x_i ($i = 1, 2, ..., n$) são adicionadas 3 unidades;

c) cada x_i ($i = 1, 2, ..., n$) é dividido por 5;

d) cada x_i é multiplicado por 4 e ao valor obtido são adicionadas 4 unidades;

e) de cada x_i subtraem-se 10 unidades.

367. Os saldos (x_i) em cadernetas de poupança de 1 000 clientes de um banco em uma pequena cidade são tais que:

$\sum_i x_i = 322\,000$ e $\sum_i x_i^2 = 119\,309\,000$, para $i \in \{1, 2, ..., 1\,000\}$

a) Determine o saldo médio das cadernetas.

b) Qual é o desvio padrão correspondente aos saldos das cadernetas?

368. Uma pastelaria situada no centro de uma grande cidade funciona os sete dias da semana. Em certa semana, a receita média diária era R$ 1 200,00 e a soma dos quadrados das receitas diárias totalizava R$ 10 086 300,00. Qual foi o desvio padrão da receita diária registrada nessa semana?

369. Que número deve ser acrescentado ao conjunto de valores 2, 6, 5 e 7 a fim de que a variância aumente de 3,3 unidades?

370. Sejam $x_1, x_2, ..., x_n$ valores assumidos por uma variável, $\bar{x}$ a média aritmética e σ o desvio padrão. Suponha que de cada x_i ($i = 1, 2, ..., n$) subtraímos a média e dividimos a diferença obtida pelo desvio padrão. Qual será a nova média e o novo desvio padrão desse conjunto?

371. (UF-GO) Dados os números $a_1, a_2, ..., a_n$ e considerando a média aritmética $M(x)$ dos n números $(a_1 - x)^2, (a_2 - x)^2, ..., (a_n - x)^2$, em que x é um número real qualquer:

a) determine x de modo que a média $M(x)$ seja mínima;

b) determine o valor mínimo da média $M(x)$, que é chamado de variância de $a_1, a_2, ..., a_n$.

ESTATÍSTICA DESCRITIVA

372. Os dados seguintes referem-se à mortalidade infantil dos estados da região Nordeste e indicam o número de crianças que morrem no primeiro ano de vida entre 1 000 crianças nascidas vivas.

Alagoas	64,4
Bahia	44,7
Ceará	51,6

Maranhão	52,8
Paraíba	59,4
Pernambuco	57,5

Piauí	44,4
Rio Grande do Norte	47,9
Sergipe	44,5

Fonte: *Almanaque Abril*, 2002.

a) Encontre a variância dos dados apresentados.

b) Admitindo-se que um programa do governo consiga reduzir 15% das taxas de mortalidade apresentadas, qual será o novo valor da variância?

373. (UnB-DF) Um novo *boom* desponta nas estatísticas dos últimos vestibulares. Desde o surgimento de Dolly, a polêmica ovelha clonada a partir da célula de um animal adulto, a carreira de ciências biológicas recebe cada vez mais candidatos e essa área firma-se como a ciência do próximo milênio.

O gráfico a seguir ilustra o número de inscritos nos últimos quatro vestibulares que disputaram as vagas oferecidas pela Universidade de São Paulo (USP) e pelas universidades federais do Rio de Janeiro (UF-RJ), de Minas Gerais (UF-MG) e do Rio Grande do Sul (UF-RS).

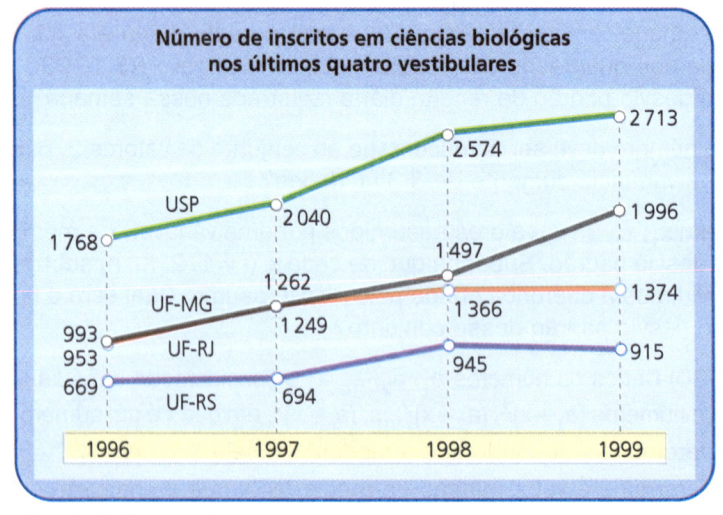

Número de inscritos em ciências biológicas nos últimos quatro vestibulares

Universidade	1996	1997	1998	1999
USP	1 768	2 040	2 574	2 713
UF-MG	993	1 262	1 497	1 996
UF-RJ	953	1 249	1 366	1 374
UF-RS	669	694	945	915

Adaptado de: *Época*, 26 abr. 1999.

Com base nessas informações, julgue os itens seguintes em V ou F, justificando:

1) De 1997 a 1998, o crescimento percentual do número de inscritos na USP foi maior que o da UF-RS.
2) Todos os segmentos de reta apresentados no gráfico têm inclinação positiva.
3) Durante todo o período analisado, a UF-MG foi a universidade que apresentou o maior crescimento percentual, mas não o maior crescimento absoluto.
4) Os crescimentos percentuais anuais na UF-RJ diminuíram a cada ano.
5) Considerando, para cada universidade representada no gráfico, a série numérica formada pelos números de inscritos em ciências biológicas nos últimos quatro vestibulares, a série da USP é a que apresenta a maior mediana, tendo desvio padrão maior que o da UF-RJ.

374. Sejam $x_1, x_2, ..., x_n$ os n valores assumidos por uma variável quantitativa.

Uma medida de dispersão usual é o desvio médio, que é indicado por DM(x) e definido pela relação:

$$DM(x) = \frac{\sum_{i=1}^{n}|x_i - \bar{x}|}{n} = \frac{|x_1 - \bar{x}| + |x_2 - \bar{x}| + ... + |x_n - \bar{x}|}{n}$$

Dado o conjunto de valores 2, 3, 5, 4 e 6, obtenha o desvio médio correspondente.

Solução

Temos:

- $\bar{x} = \dfrac{2+3+5+4+6}{5} = 4$

- $DM(x) = \dfrac{|2-4| + |3-4| + |5-4| + |4-4| + |6-4|}{5} = \dfrac{2+1+1+0+2}{5} = 1,2$

375. Calcule o desvio médio dos seguintes conjuntos de valores:

a) 9 – 10 – 10 – 10 – 10 – 12 – 12 – 15
b) 4 – 7 – 8 – 8 – 9 – 9 – 10 – 17
c) 3 – 3 – 3 – 4 – 4 – 5 – 6
d) 60 – 61 – 62 – 63 – 64

376. A expressão seguinte representa o numerador da expressão que define o desvio médio de uma variável:

$2 \cdot |8 - 10| + 3 \cdot |9 - 10| + n \cdot |10 - 10| + 2 \cdot |12 - 10| + m \cdot |13 - 10|$

a) Qual é a média dos valores dessa variável?
b) Se o desvio médio encontrado é 1,4, quais são os valores de n e m?

377. Os dados abaixo referem-se aos percentuais de matrículas feitas no ensino médio em escolas públicas nas regiões Sul e Sudeste.

Espírito Santo	85,3%
Minas Gerais	89,4%
Paraná	89,4%
Rio de Janeiro	79,6%

Rio Grande do Sul	86,0%
Santa Catarina	85,1%
Sergipe	86,6%

Fonte: *Almanaque Abril*, 2002.

a) Calcule o desvio médio desses percentuais.

b) Qual região, a Sul ou a Sudeste, apresenta dados mais homogêneos, considerando-se o desvio médio como medida de dispersão?

378. Responda:

a) O que aconteceria com o desvio médio se fossem retirados os módulos da definição?

b) Sejam x_1, x_2, ..., x_n um conjunto de valores assumidos por uma variável. Mostre que a expressão do desvio médio e da variância coincidem quando todos os valores são iguais ou se $|x_i - \bar{x}| = 1$, $\forall i \in \{1, 2, \ldots, n\}$.

XVI. Medidas de centralidade e dispersão para dados agrupados

Em uma academia de ginástica deseja-se implantar um programa de racionamento de energia elétrica, que inclui, entre outras medidas, uma campanha de incentivo à redução do tempo de banho nos vestiários. Durante uma semana, registrou-se o tempo de duração dos banhos dos usuários.

Os dados coletados estão organizados na tabela:

Tempo de duração (em minutos)	Frequência absoluta
1 ⊢ 4	18
4 ⊢ 7	108
7 ⊢ 10	270
10 ⊢ 13	150
13 ⊢ 16	54
Total	600

ESTATÍSTICA DESCRITIVA

Como encontramos as medidas de centralidade (média, mediana e moda) e variabilidade (desvio padrão e variância) relativas a esses dados?

Quando as informações referentes a uma variável estão agrupadas em classes de valores (intervalos), não é possível saber como os valores estão distribuídos em cada faixa. Como recurso para associar medidas a esses dados, costuma-se fazer a suposição de que, em cada intervalo, os valores estão distribuídos homogeneamente, isto é, admite-se uma distribuição aproximadamente simétrica ao redor do ponto médio do intervalo. Assim, se um determinado intervalo contém n valores, há uma "compensação" entre valores equidistantes do ponto médio (x_i) da classe i, de modo que a média entre eles coincide com x_i.

Essas considerações nos levam a supor que as n observações do intervalo equivalem ao seu ponto médio.

15. Cálculo da média

Seja x_i o ponto médio de um determinado intervalo.

Retomando o exemplo da academia de ginástica que pretende implantar um programa de racionamento de energia elétrica, temos esta tabela:

Tempo de duração (em minutos)	Ponto médio (x_i)	Frequência absoluta (n_i)	Frequência relativa (f_i)
1 ⊢ 4	$x_1 = 2,5$	$n_1 = 18$	$\frac{18}{600} = 0,03$
4 ⊢ 7	$x_2 = 5,5$	$n_2 = 108$	$\frac{108}{600} = 0,18$
7 ⊢ 10	$x_3 = 8,5$	$n_3 = 270$	$\frac{270}{600} = 0,45$
10 ⊢ 13	$x_4 = 11,5$	$n_4 = 150$	$\frac{150}{600} = 0,25$
13 ⊢ 16	$x_5 = 14,5$	$n_5 = 54$	$\frac{54}{600} = 0,09$

O tempo médio de banho é dado por:

$$\bar{x} = \frac{18 \cdot 2,5 + 108 \cdot 5,5 + 270 \cdot 8,5 + 150 \cdot 11,5 + 54 \cdot 14,5}{600} = 9,07 \text{ minutos}$$

(ou aproximadamente 9 minutos e 4 segundos)

Em geral, a média para dados agrupados é dada por:

$$\bar{x} = \frac{\sum_{i=1}^{k} x_i \cdot n_i}{\sum_{i=1}^{k} n_i}$$, sendo $\begin{cases} k \text{ o número de intervalos} \\ x_i \text{ o ponto médio da classe } i \\ n_i \text{ a frequência absoluta referente à classe } i \end{cases}$

ou

$$\bar{x} = \sum_{i=1}^{k} x_i \cdot f_i$$, sendo f_i a frequência relativa referente à classe i

16. Cálculo da mediana

Em variáveis contínuas que apresentam seus valores distribuídos em intervalos, admite-se que 50% dos dados encontram-se abaixo da mediana e 50% acima dela.

Nesses casos, para determinar a mediana, é importante, num primeiro momento, construir um histograma, usando a frequência relativa (ou porcentagem) de cada intervalo. Em relação ao exemplo da academia de ginástica, temos:

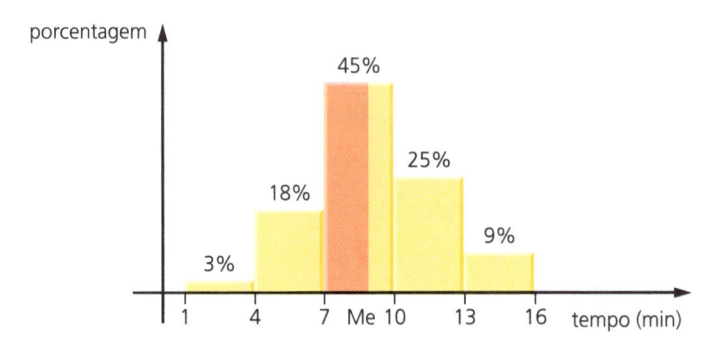

A mediana desse conjunto de dados é um valor pertencente ao intervalo 7 ⊢ 10, uma vez que a frequência acumulada das duas primeiras classes é 3% + 18% = 21% e das três primeiras classes é 3% + 18% + 45% = 66%.

Observe que, no terceiro intervalo, o retângulo sombreado e o retângulo "inteiro" (que define o intervalo) têm a mesma altura. Assim, a área de cada um desses retângulos (expressa como porcentagem da área total sob o histograma) é proporcional à medida de sua base.

Temos:

- retângulo sombreado $\begin{cases} \text{base: Me} - 7 \\ \text{área: 50\% } - 21\% \end{cases}$

- retângulo "inteiro" $\begin{cases} \text{base: } 10 - 7 \\ \text{área: } 45\% \end{cases}$

Segue, daí, a seguinte proporção:

$$\frac{Me - 7}{50\% - 21\%} = \frac{3}{45\%} \Rightarrow Me \cong 8{,}93 \text{ minutos (aproximadamente 8 minutos e 56 segundos)}$$

17. Cálculo da classe modal

Suponha que os dados de uma variável contínua estejam distribuídos em classes de mesma amplitude.

A **classe modal** é dada pela classe que reúne a maior frequência (absoluta ou relativa).

No exemplo, a classe de maior frequência é a de 7 a 10 minutos, e ela concentra 270 valores (ou 45% dos dados da amostra).

Dizemos que a classe modal é o intervalo $7 \vdash 10$ (minutos).

18. Cálculo da variância e do desvio padrão

O cálculo da variância e do desvio padrão de uma variável que apresenta seus valores distribuídos em intervalos utiliza a mesma hipótese usada no cálculo da média: dentro de cada intervalo, os valores estão homogeneamente distribuídos.

Consideremos a situação de distribuição de salários de uma empresa com 200 funcionários, representada na tabela:

Faixa salarial (em salários mínimos)	Ponto médio (x_i)	Número de funcionários (frequência absoluta: n_i)
$2 \vdash 6$	4	45
$6 \vdash 10$	8	63
$10 \vdash 14$	12	36
$14 \vdash 18$	16	31
$18 \vdash 22$	20	17
$22 \vdash 26$	24	8

ESTATÍSTICA DESCRITIVA

Temos:

- $\bar{x} = \dfrac{\sum_{i=1}^{6} x_i n_i}{\sum_{i=1}^{6} n_i} = \dfrac{4 \cdot 45 + 8 \cdot 63 + 12 \cdot 36 + 16 \cdot 31 + 20 \cdot 17 + 24 \cdot 8}{200} =$

$= \dfrac{180 + 504 + 432 + 496 + 340 + 192}{200} = \dfrac{2144}{200} = 10{,}72$ SM

- Para cada intervalo, avaliamos o desvio quadrático do ponto médio correspondente em relação à média encontrada:

Intervalo	Ponto médio	Desvio quadrático
2 ⊢ 6	4	$(4 - 10{,}72)^2 = 45{,}16$
6 ⊢ 10	8	$(8 - 10{,}72)^2 = 7{,}39$
10 ⊢ 14	12	$(12 - 10{,}72)^2 = 1{,}64$
14 ⊢ 18	16	$(16 - 10{,}72)^2 = 27{,}88$
18 ⊢ 22	20	$(20 - 10{,}72)^2 = 86{,}11$
22 ⊢ 26	24	$(24 - 10{,}72)^2 = 176{,}36$

- Fazemos a média desses desvios, ponderando-os pelas frequências absolutas correspondentes, isto é:

$\sigma^2 = \dfrac{45 \cdot 45{,}16 + 63 \cdot 7{,}39 + 36 \cdot 1{,}64 + 31 \cdot 27{,}88 + 17 \cdot 86{,}11 + 8 \cdot 176{,}36}{200}$

$\sigma^2 = \dfrac{2032{,}2 + 465{,}57 + 59{,}04 + 864{,}28 + 1463{,}87 + 1410{,}88}{200}$

$\sigma^2 = \dfrac{6295{,}84}{200} \cong 31{,}48$ SM^2

Logo, o desvio padrão é $\sigma = \sqrt{31{,}48} \Rightarrow \sigma \cong 5{,}61$ SM.

Em geral, quando uma variável apresenta seus valores distribuídos em k intervalos, a variância é dada por:

$\sigma^2 = \dfrac{\sum_{i=1}^{k}(x_i - \bar{x})^2 \cdot n_i}{\sum_{i=1}^{k} n_i}$, sendo

x_i o ponto médio do intervalo i;
$\bar{x}$ a média aritmética;
n_i a frequência absoluta referente ao intervalo i.

Usando a frequência relativa $\left(f_i = \dfrac{n_i}{\sum_{i=1}^{k} n_i}\right)$, podemos escrever:

$$\sigma^2 = \sum_{i=1}^{k}(x_i - \bar{x})^2 \cdot f_i$$

EXERCÍCIOS

379. As alturas de um grupo de atletas de um clube estão relacionadas na tabela seguinte:

Altura (em metros)	Número de atletas
1,64 ⊢ 1,70	8
1,70 ⊢ 1,76	88
1,76 ⊢ 1,82	104
1,82 ⊢ 1,88	136
1,88 ⊢ 1,94	40
1,94 ⊢ 2,00	24
Total	400

a) Determine a média, a classe modal e a mediana dos dados apresentados.

b) Encontre a variância e o desvio padrão desses dados.

380. Os 200 funcionários de uma empresa foram submetidos a exames clínicos para avaliação de saúde. Na tabela seguinte, aparece o resultado do exame de dosagem de colesterol.

Colesterol (em mg/dℓ de sangue)	Número de funcionários
140 ⊢ 180	21
180 ⊢ 220	45
220 ⊢ 260	73
260 ⊢ 300	34
300 ⊢ 340	27

a) Qual é a taxa mediana de colesterol, em mg, por dℓ de sangue?

b) O teste sugere que, se a taxa média de colesterol exceder 235 mg/dℓ de sangue, deve-se iniciar uma campanha de prevenção com os funcionários. Com base nesse exame, verifique se será necessário iniciar a campanha preventiva.

381. A seguir, são dados os percentuais da população dos estados brasileiros que vive em áreas urbanas.

Acre	66,4%	Maranhão	59,5%	Rio de Janeiro	96,0%
Alagoas	68,0%	Mato Grosso	79,4%	Rio Grande do Norte	73,3%
Amapá	89,0%	Mato Grosso do Sul	84,1%		
Amazonas	74,8%			Rio Grande do Sul	81,7%
Bahia	67,1%	Minas Gerais	82,0%	Rondônia	64,1%
Ceará	71,5%	Pará	66,5%	Roraima	76,1%
Distrito Federal	95,7%	Paraíba	71,1%	Santa Catarina	78,7%
		Paraná	81,4%	São Paulo	93,4%
Espírito Santo	79,5%	Pernambuco	76,5%	Sergipe	71,4%
Goiás	87,9%	Piauí	62,9%	Tocantins	74,3%

Fonte: *Almanaque Abril*, 2002.

a) Agrupe essas informações em quatro intervalos, cada um com amplitude igual a 10, a partir do valor 59, e faça uma tabela de frequência.

b) Utilizando os dados agrupados, calcule a média e o desvio padrão. Quantos valores não pertencem ao intervalo $[\bar{x} - \sigma, \bar{x} + \sigma]$?

382. Em um determinado Estado foi realizado nas suas duas maiores cidades, A e B, um levantamento sobre o grau de satisfação da população em relação à administração do governador. Um dos objetivos do levantamento era verificar se havia diferenças significativas quanto à opinião dos moradores das duas cidades. Cada entrevistado atribuiu uma nota de 0 a 100 para expressar sua satisfação.

Adotou-se o seguinte critério de avaliação: caso a diferença entre as notas médias obtidas nas duas cidades não excedesse 5 (em módulo), a conclusão seria de que não havia diferenças significativas.

Com base nos dados apresentados a seguir, conclua se há divergência entre a opinião dos moradores de uma cidade e outra.

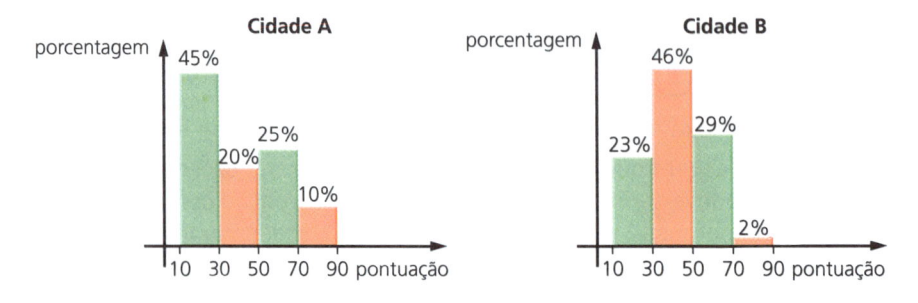

383. A figura mostra os três primeiros intervalos de um histograma que representa a distribuição de uma variável X, acompanhados das respectivas frequências. Se a mediana desses dados é 6,2, determine o valor de t.

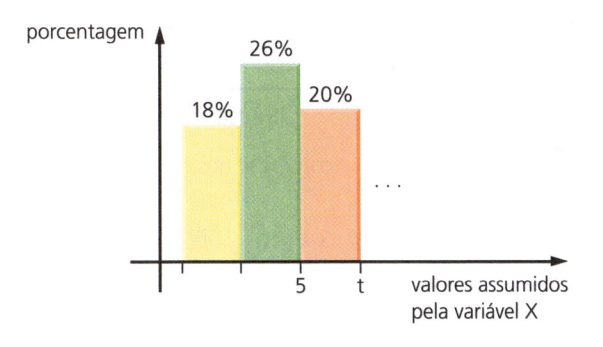

384. O histograma abaixo mostra a distribuição de gastos com guloseimas registrados em uma barraca instalada na saída de uma estação de metrô.

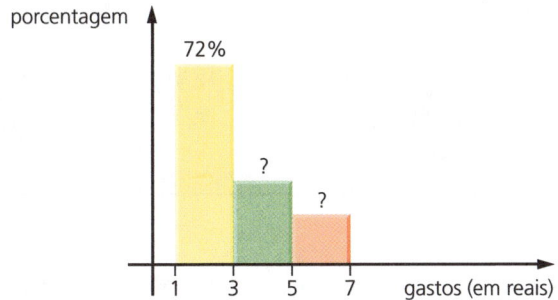

Por falha de impressão, não aparecem no histograma as frequências relativas aos intervalos de 3 a 5 reais e de 5 a 7 reais. Sabe-se, entretanto, que a média de gastos é R$ 2,80.

a) Determine os valores relativos às frequências que não aparecem no gráfico.

b) Qual é a variância correspondente?

385. A administradora de um condomínio residencial relacionou o atraso no pagamento das cotas condominiais relativas a certo mês, conforme mostra a tabela seguinte:

Dias de atraso	Número de apartamentos
0	48
1 a 9	30
10 a 18	24
19 a 27	18

Sabe-se que o valor do condomínio é R$ 200,00 e que há multa de 0,5% por dia de atraso. Faça uma estimativa das arrecadações mínima e máxima possíveis nesse mês. Que suposições estão envolvidas nesses cálculos?

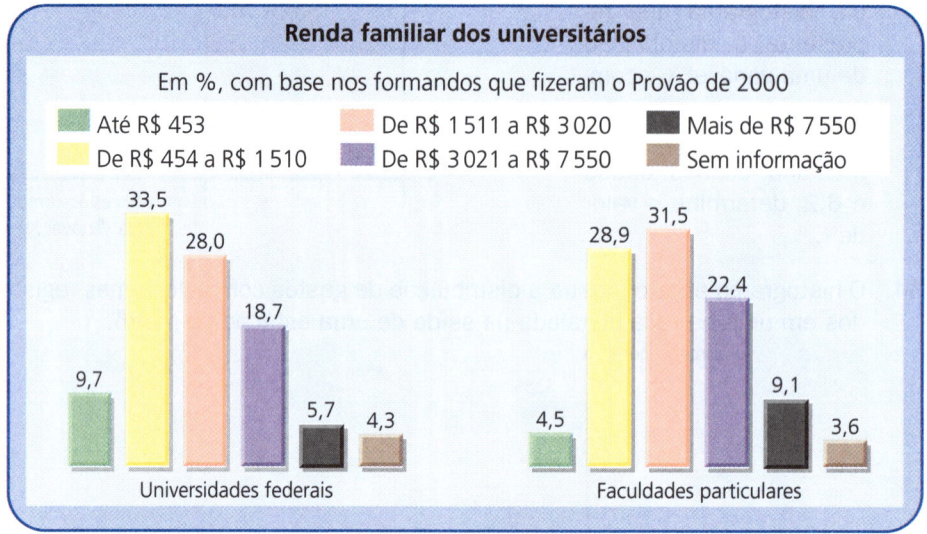

386. Deseja-se comparar a renda familiar média dos universitários nas duas situações retratadas pelos gráficos.

Renda familiar dos universitários

Em %, com base nos formandos que fizeram o Provão de 2000

- Até R$ 453
- De R$ 454 a R$ 1 510
- De R$ 1 511 a R$ 3 020
- De R$ 3 021 a R$ 7 550
- Mais de R$ 7 550
- Sem informação

Universidades federais: 9,7 — 33,5 — 28,0 — 18,7 — 5,7 — 4,3
Faculdades particulares: 4,5 — 28,9 — 31,5 — 22,4 — 9,1 — 3,6

Fonte: *Folha de S. Paulo*, 28 out. 2001.

a) Quais as dificuldades que você encontra para fazer esse cálculo?
b) Calcule a média em cada caso, admitindo que, no primeiro intervalo, a renda varia de R$ 200,00 a R$ 453,00 e, no último intervalo, de R$ 7 550,00 a R$ 10 000,00. Despreze o último intervalo (sem informação), isto é, faça os cálculos sobre 95,7% e 96,4%, respectivamente.

387. Um radar fotográfico, instalado em uma rodovia na qual o limite de velocidade é 100 km/h, registrou em uma semana x multas por excesso de velocidade, conforme a tabela:

Velocidade (em km/h)	Número de ocorrências
101 ⊢ 108	34
108 ⊢ 115	41
115 ⊢ 122	35
122 ⊢ 129	22
129 ⊢ 136	18

a) Determine o valor de x.
b) Calcule a média, a classe modal, a mediana e o desvio padrão da velocidade em que estavam os veículos quando foram multados.
c) Se o valor das multas varia de acordo com a faixa de velocidade ultrapassada, começando por R$ 180,00 e aumentando sempre 20% em relação à faixa anterior, determine o valor médio das multas aplicadas.

388. O gráfico seguinte mostra a distribuição dos espectadores de cinema, segundo faixas etárias, na Grande São Paulo.

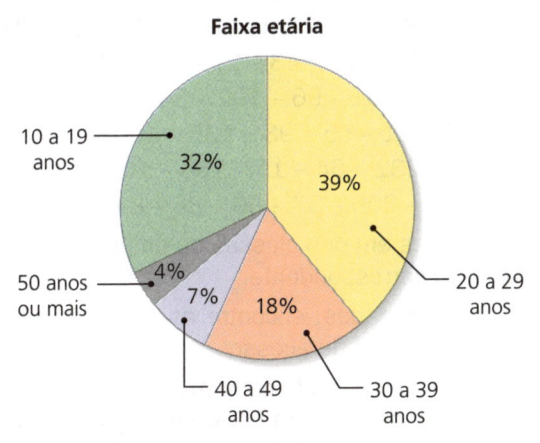

Faixa etária

- 10 a 19 anos — 32%
- 20 a 29 anos — 39%
- 30 a 39 anos — 18%
- 40 a 49 anos — 7%
- 50 anos ou mais — 4%

Fonte: *Veja São Paulo*, 14 maio 2003.

a) Admitindo que a classe de menor frequência tenha seus valores na faixa de 50 a 59 anos, determine a idade média dos espectadores.

b) Faça o cálculo da média supondo que os valores da classe de menor frequência pertençam ao intervalo [50, 65].

389. Um professor aplicou um teste de raciocínio lógico nas suas duas turmas do 3º ano do ensino médio. As notas obtidas pelos alunos são dadas a seguir:

Turma A

4,0	4,8	6,2	7,7	3,0	5,5	6,2	1,5	7,5	4,0	9,5	8,1	5,0	7,4	6,7	6,4	5,8	7,0	8,7	8,5
4,7	5,1	6,1	8,7	6,3	7,5	8,3	3,5	2,8	4,5	6,5	7,5	6,4	4,8	8,0	8,7	7,6	2,0	1,9	5,6

Turma B

9,0	0,3	8,7	7,6	6,0	5,7	8,8	3,7	2,0	2,2	8,4	3,1	7,8	4,2	9,8	6,5	1,2	2,4	4,0	3,1
7,5	8,7	1,8	2,4	6,0	3,2	5,2	5,5	5,9	6,9	8,2	7,9	8,5	8,8	7,0	6,3	9,3	7,5	8,6	9,8

a) Em cada turma, divida os alunos em cinco categorias de aproveitamento – péssimo, fraco, regular, bom e ótimo –, estabelecendo os limites de cada uma. A seguir, faça uma tabela de frequências.

b) Utilizando apenas os dados agrupados, responda:
- Qual turma apresentou melhor aproveitamento?
- Qual turma apresentou desempenho mais regular?

ESTATÍSTICA DESCRITIVA

390. Um provedor da Internet desejava saber o tempo (em minutos) de acesso diário de seus assinantes à rede. Para isso, encomendou uma pesquisa com 80 pessoas, cujas informações sobre o tempo de acesso diário estão relacionadas a seguir:

39 – 52 – 99 – 125 – 81 – 87 – 175 – 71 – 77 – 41 – 20 – 63 – 89 – 72
61 – 91 – 140 – 18 – 72 – 15 – 43 – 27 – 92 – 35 – 55 – 50 – 17 – 130
62 – 115 – 32 – 24 – 161 – 96 – 192 – 80 – 54 – 50 – 20 – 86 – 51
129 – 96 – 19 – 163 – 21 – 55 – 98 – 135 – 100 – 123 – 23 – 170 – 143
128 – 84 – 71 – 37 – 232 – 64 – 15 – 158 – 105 – 103 – 76 – 42 – 110
112 – 86 – 65 – 47 – 200 – 57 – 80 – 34 – 84 – 38 – 67 – 78 – 114

a) Agrupe as informações em oito classes de amplitude igual a 30 minutos e faça um histograma correspondente.

b) Usando os dados agrupados, encontre as três medidas de centralidade correspondentes ao tempo de acesso.

c) A partir do histograma construído no item a, construa um novo histograma, agrupando os tempos de hora em hora. Em seguida, encontre as três medidas de centralidade.

391. A tabela seguinte mostra a evolução do índice de desenvolvimento humano (IDH) em uma década no Brasil.

Ranking dos estados	IDH	
	1991	2000
Acre	0,624	0,697
Alagoas	0,548	0,649
Amapá	0,691	0,753
Amazonas	0,664	0,713
Bahia	0,590	0,688
Ceará	0,593	0,700
Distrito Federal	0,799	0,844
Espírito Santo	0,690	0,765
Goiás	0,700	0,776
Maranhão	0,543	0,636
Mato Grosso	0,685	0,773
Mato Grosso do Sul	0,716	0,778
Minas Gerais	0,697	0,773
Pará	0,650	0,723

Ranking dos estados	IDH	
	1991	2000
Paraíba	0,561	0,661
Paraná	0,711	0,787
Pernambuco	0,620	0,705
Piauí	0,566	0,656
Rio de Janeiro	0,753	0,807
Rio Grande do Norte	0,604	0,705
Rio Grande do Sul	0,753	0,814
Rondônia	0,660	0,735
Roraima	0,692	0,746
Santa Catarina	0,748	0,822
São Paulo	0,778	0,820
Sergipe	0,597	0,682
Tocantins	0,611	0,710

Fonte: *O Estado de S. Paulo*, 3 out. 2003.

a) Em relação às duas datas mencionadas, agrupe os estados em classes de amplitude igual a 0,1 e faça uma tabela de frequências correspondente.
b) Utilizando os dados agrupados, compare as médias de IDH dos dois períodos.
c) Qual foi o aumento percentual registrado na média calculada no item anterior?
d) Utilizando os dados agrupados, encontre o desvio padrão do IDH em 2000.

392. Os dados seguintes referem-se às taxas de ocupação de um teatro durante os cinquenta dias em que uma peça ficou em cartaz.

30% – 43% – 66% – 57% – 72% – 78% – 38% – 61% – 59% – 53%
62% – 49% – 82% – 68% – 59% – 45% – 60% – 65% – 73% – 76%
70% – 64% – 68% – 75% – 80% – 62% – 54% – 71% – 82% – 49%
55% – 60% – 66% – 72% – 70% – 60% – 58% – 64% – 50% – 83%
82% – 56% – 79% – 80% – 71% – 88% – 84% – 80% – 70% – 55%

a) Organize os dados em cinco intervalos de amplitude igual a 10, a partir do menor valor encontrado, e faça uma tabela de frequências correspondente.
b) Utilizando os dados agrupados, encontre a média dos percentuais relacionados acima.
c) Suponha que a peça tenha ficado em cartaz por mais n dias, numa longa temporada de preços populares. Nessa temporada, verificou-se que a ocupação da sala, em cada dia, nunca foi inferior a 80%, mas não chegou a 90%. Qual deve ser o menor valor de n para que a média de ocupação de **todo o período** seja no mínimo de 80%?

393. A tabela ao lado informa a quantidade diária de reclamações recebidas por um órgão de defesa do consumidor durante um ano.

Determine o percentual de dias em que foram registradas menos de 110 reclamações.

Número de queixas	Número de dias
0 ⊢ 40	30
40 ⊢ 80	75
80 ⊢ 120	120
120 ⊢ 160	95
160 ⊢ 200	40
Total	360

Solução

Os dois primeiros intervalos reúnem 30 + 75 = 105 dias, em que foram registradas até 80 queixas. Por outro lado, não sabemos de que modo as 120 ocorrências estão distribuídas no intervalo de 80 a 120 queixas.

Admitindo novamente uma distribuição uniforme dentro do intervalo, podemos separar o terceiro intervalo em subintervalos de amplitude 10:

80 ⊢ 90	30 dias
90 ⊢ 100	30 dias
100 ⊢ 110	30 dias
110 ⊢ 120	30 dias

Assim, em 30 + 30 + 30 = 90 dias foram registradas de 80 a 110 queixas.
Por fim, o percentual de dias procurado é:

$$\frac{105 + 90}{360} = \frac{195}{360} \cong 54,2\%$$

394. A tabela ao lado mostra um levantamento sobre o público pagante nas duas primeiras rodadas (40 jogos) do Campeonato Brasileiro de Futebol.

a) Qual é o número estimado de jogos que apresentaram público pagante inferior a 15 000 pessoas?

b) Qual é o número estimado de jogos que apresentaram público pagante de pelo menos 20 000 pessoas?

Público pagante	Número de jogos
1 000 ⊢ 7 000	3
7 000 ⊢ 13 000	4
13 000 ⊢ 19 000	9
19 000 ⊢ 25 000	12
25 000 ⊢ 31 000	6
31 000 ⊢ 37 000	4
37 000 ⊢ 43 000	2
Total	40

395. A pontuação dos 100 000 alunos que fizeram a primeira fase de um exame vestibular está mostrada na tabela seguinte.
Observação: Só são possíveis pontos inteiros.

Número de pontos	Número de alunos
0 ⊢ 10	1 400
10 ⊢ 20	6 900
20 ⊢ 30	13 000
30 ⊢ 40	14 500
40 ⊢ 50	19 300
50 ⊢ 60	16 800
60 ⊢ 70	11 400
70 ⊢ 80	10 700
80 ⊢ 90	5 100
90 ⊢ 100	900
Total	100 000

Estime a proporção de alunos que obtiveram:
a) pelo menos 55 pontos;   b) menos de 37 pontos;   c) 88 pontos ou mais.

396. Os dados seguintes, coletados durante uma semana em um hospital veterinário, referem-se aos "pesos" de 160 cachorros recém-nascidos.

"Peso" (em kg)	Número de cachorros recém-nascidos
0 ⊢ 0,5	6
0,5 ⊢ 1,0	9
1,0 ⊢ 1,5	21
1,5 ⊢ 2,0	30
2,0 ⊢ 2,5	42
2,5 ⊢ 3,0	27
3,0 ⊢ 3,5	20
3,5 ⊢ 4,0	4
4,0 ⊢ 4,5	1
Total	160

Estime a proporção de cachorros recém-nascidos com "pesos" pertencentes ao intervalo [1,7; 3,3[.

XVII. Outras medidas de separação de dados

Vimos no item XII que a mediana é um valor que divide um conjunto de dados em duas partes. Vamos agora ver outras medidas de separação de dados (ou separatrizes):

19. Quartis

Seja x uma variável quantitativa cujos valores estão agrupados em classes (intervalos).

- O **primeiro quartil**, indicado por $x(0,25)$, é o valor que divide o conjunto de dados em duas partes, tais que:
  - 25% dos valores assumidos por x são menores ou iguais a $x(0,25)$;
  - 75% dos valores assumidos por x são maiores ou iguais a $x(0,25)$.
- O **segundo quartil**, indicado por $x(0,50)$, é o valor correspondente à mediana.
- O **terceiro quartil**, indicado por $x(0,75)$, é o valor que divide o conjunto de dados em duas partes, tais que:
  - 75% dos valores assumidos por x são menores ou iguais a $x(0,75)$;
  - 25% dos valores assumidos por x são maiores ou iguais a $x(0,75)$.

ESTATÍSTICA DESCRITIVA

Exemplo:

Os salários dos funcionários de um supermercado estão mostrados no histograma seguinte:

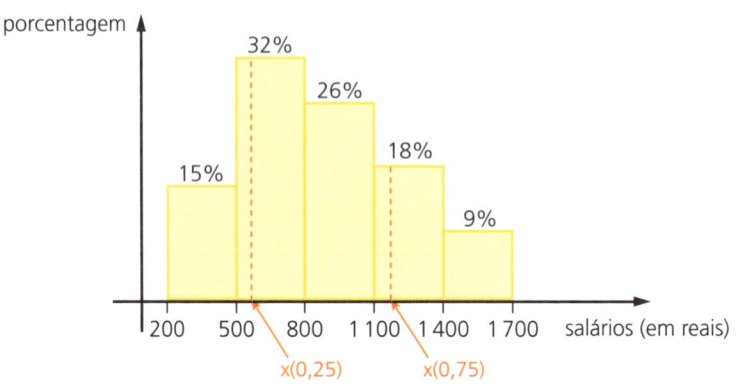

[Histograma: porcentagem vs salários (em reais); barras: 200-500: 15%, 500-800: 32%, 800-1100: 26%, 1100-1400: 18%, 1400-1700: 9%; marcações x(0,25) no intervalo 500-800 e x(0,75) no intervalo 1100-1400]

Vejamos como determinar x(0,25) e x(0,75).

- Cálculo de x(0,25):

As duas primeiras classes reunidas concentram 15% + 32% = 47% dos salários dos funcionários.

Assim, o primeiro quartil, x(0,25), pertence ao segundo intervalo.

Analogamente ao cálculo da mediana, podemos escrever:

$$\frac{x(0,25) - 500}{25\% - 15\%} = \frac{800 - 500}{32\%} \Rightarrow x(0,25) = 593,75$$

Isso significa que, no conjunto dos salários de todos os funcionários do supermercado, 25% são menores que R$ 593,75 e 75% são maiores que esse valor.

- Cálculo de x(0,75):

As três primeiras faixas salariais concentram 15% + 32% + 26% + 73% dos salários.

Desse modo, o terceiro quartil é um valor que pertence ao intervalo 1 100 ⊢ 1 400, pois os quatro primeiros intervalos contêm 91% dos salários.

Temos:

$$\frac{x(0,75) - 1100}{75\% - 73\%} = \frac{1400 - 1100}{18\%} \Rightarrow x(0,75) \cong 1133,33$$

Isso significa que, no conjunto dos salários de todos os funcionários do supermercado, os 25% mais altos estão na faixa de R$ 1 133,33 a R$ 1 700,00.

20. Decis

Com base na mesma ideia de quartis, é possível dividir um conjunto de dados agrupados em duas partes usando os **decis**.

Em geral, o **n-ésimo decil** (n = 1, 2, ..., 9) é um valor que divide o conjunto de dados em duas partes, tais que (10 · n)% dos valores da distribuição são menores ou iguais a ele e (100 − 10 · n)% são maiores ou iguais a ele.

Exemplo:

Considerando o histograma apresentado no exemplo do item anterior, vejamos como determinar o **quarto decil** em relação à distribuição dos salários dos funcionários do supermercado.

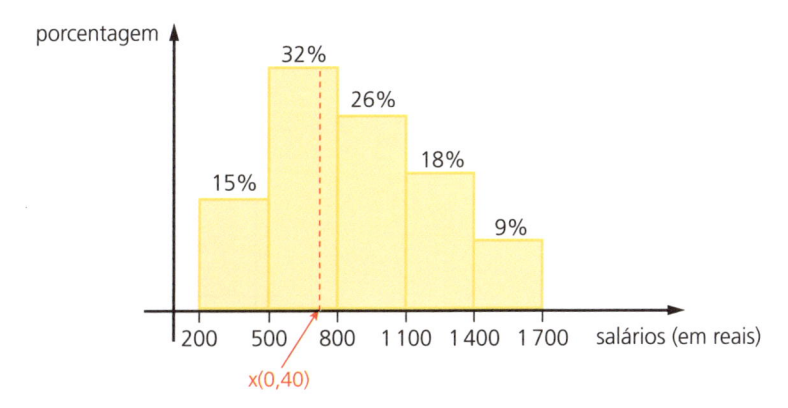

O quarto decil, x(0,4), é um valor pertencente à faixa 500 ⊢ 800.
Temos:

$$\frac{x(0,4) - 500}{40\% - 15\%} = \frac{800 - 500}{32\%} \Rightarrow x(0,4) \cong 734{,}38$$

O valor 734,38 divide o conjunto de salários em duas partes, tais que uma delas contém os 40% dos salários mais baixos – de 200 a 734,38 reais – e a outra parte – de 734,38 a 1 700 reais – reúne os 60% dos salários mais altos.

21. Percentis

Com base na mesma ideia de quartis e decis, é possível dividir um conjunto de dados agrupados em duas partes usando os **percentis**.

O **n-ésimo percentil** (n = 1, 2, ..., 99) é um valor que divide o conjunto de dados em duas partes, tais que n% dos valores da distribuição são menores ou iguais a ele e (100 − n)% são maiores ou iguais a ele.

ESTATÍSTICA DESCRITIVA

Exemplos:

1º) O **décimo quarto percentil** é indicado por x(0,14); 14% dos dados são menores que x(0,14) e 86% são maiores que x(0,14).

2º) O **sexagésimo percentil** (ou sexto decil) é indicado por x(0,60); 60% dos dados são menores que x(0,60) e 40% são maiores que x(0,60).

O cálculo de percentis segue exatamente as proporções apresentadas nos cálculos relativos a quartis e decis.

EXERCÍCIOS

397. Observe o gráfico ao lado, que representa a distribuição de valores de uma variável quantitativa.
Determine:
a) o primeiro quartil;
b) o terceiro decil;
c) o segundo quartil;
d) o oitavo decil.

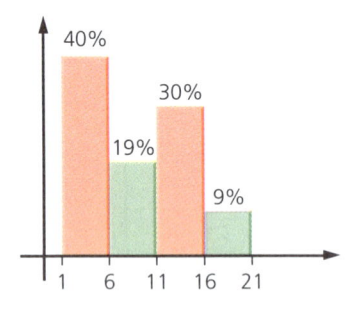

398. Os dados seguintes, coletados em uma manhã de nevoeiro em um aeroporto, referem-se ao tempo de atraso na decolagem dos voos.

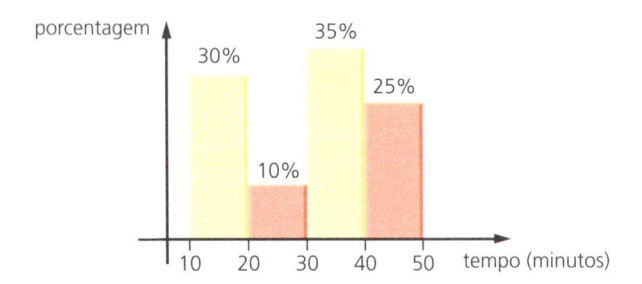

Determine:
a) o tempo médio de atraso em cada voo naquela manhã;
b) o intervalo interquartil, isto é, o intervalo [x(0,25); x(0,75)];
c) o sexto decil;
d) o valor de n, considerando que n seja o tempo de atraso em minutos em noventa por cento dos voos.

399. A tabela ao lado informa a distribuição das notas obtidas por uma turma em uma prova de Estatística.

Do conjunto de todas as notas, as 25% maiores **não** são inferiores a x. Qual é o valor de x?

Nota	Porcentagem (%)
0 ⊢ 2	7,50
2 ⊢ 4	33,75
4 ⊢ 6	30,00
6 ⊢ 8	20,00
8 ⊢ 10	8,75

400. Levantamentos realizados com alunos e funcionários de uma faculdade revelaram que a média de tempo diário gasto com a leitura de jornais não excedia 15 minutos. Para incentivar o hábito da leitura, cada departamento disponibilizou alguns exemplares de jornais em suas bibliotecas. Uma nova pesquisa foi realizada semanas após o início da experiência, a fim de verificar se alguma mudança havia ocorrido. Os resultados são mostrados na tabela.

Tempo de leitura	Porcentagem (%)
0 ⊢ 5	7,0
5 ⊢ 10	19,5
10 ⊢ 15	33,5
15 ⊢ 20	28,5
20 ⊢ 25	10,5
25 ⊢ 30	1,0
Total	100

a) A medida tomada com o propósito de incentivar a leitura surtiu efeito, isto é, elevou a média histórica de tempo diário de leitura?

b) Para verificar a conveniência de repetir essa estratégia em outro momento, adotou-se o seguinte critério: 75% dos leitores deveriam dedicar, no mínimo, 8 minutos diários à leitura. Com base nos resultados obtidos, verifique se o procedimento adotado possibilitou atingir a meta estabelecida.

401. Peixes de uma determinada espécie são vendidos a um restaurante. A tabela ao lado informa a distribuição, em porcentagem, do "peso" de certo número de peixes dessa espécie vendidos ao restaurante em determinado dia.

Peixes de "peso" reduzido entram no preparo de pratos com acompanhamentos. Por essa razão, o gerente do restaurante propôs a separação dos peixes em três categorias, de forma que:

"Peso" (em gramas)	Porcentagem (%)
50 ⊢ 100	2,5
100 ⊢ 150	30,0
150 ⊢ 200	27,5
200 ⊢ 250	35,0
250 ⊢ 300	5,0

• os 20% mais leves pertençam à classe A;

• os 50% de "peso" intermediário pertençam à classe B;

• os 30% mais pesados pertençam à classe C.

Determine os limites aproximados de "peso" que definem cada uma dessas classes.

ESTATÍSTICA DESCRITIVA

402. No gráfico seguinte estão representados os valores das despesas mensais com combustível relacionadas por 300 proprietários de veículos.

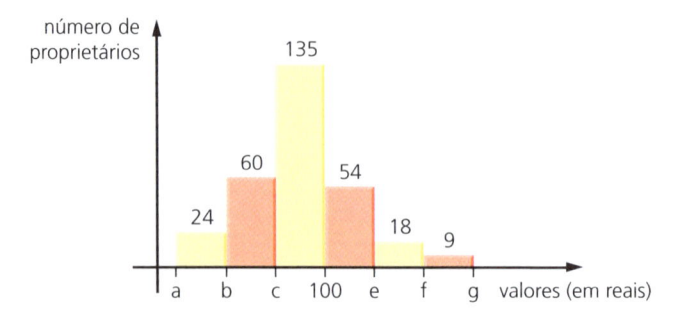

número de proprietários: a=24, b=60, c=135, 100, e=54, f=18, g=9 — valores (em reais)

Sabendo que 20% dos proprietários gastam até 58 reais e 30% deles gastam no mínimo 98 reais, determine os valores de b e c. Que suposição deve ser feita a fim de que seja possível encontrar os valores de a, e, f e g?

403. O gráfico a seguir mostra a renda média mensal das famílias brasileiras e a sua desigual distribuição entre a população do país.

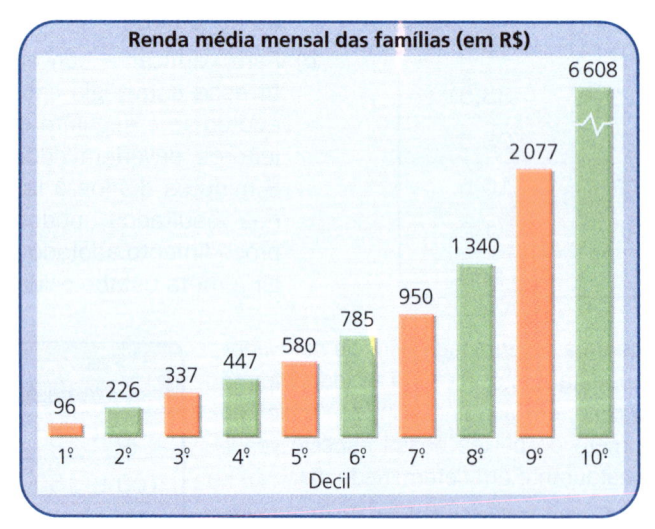

Renda média mensal das famílias (em R$)

Decil	1º	2º	3º	4º	5º	6º	7º	8º	9º	10º
R$	96	226	337	447	580	785	950	1 340	2 077	6 608

Fonte: *O Estado de S. Paulo*, 12 maio 2003.

a) Qual é a renda familiar média mensal dos 10% mais pobres?

b) Entre as famílias brasileiras, as 20% mais ricas têm renda média mensal superior a x reais. Qual é o valor de x?

c) O intervalo (a, b) contém os valores da renda mensal cuja média é superior à média dos 20% mais pobres e inferior à média dos 30% mais ricos. Determine a e b.

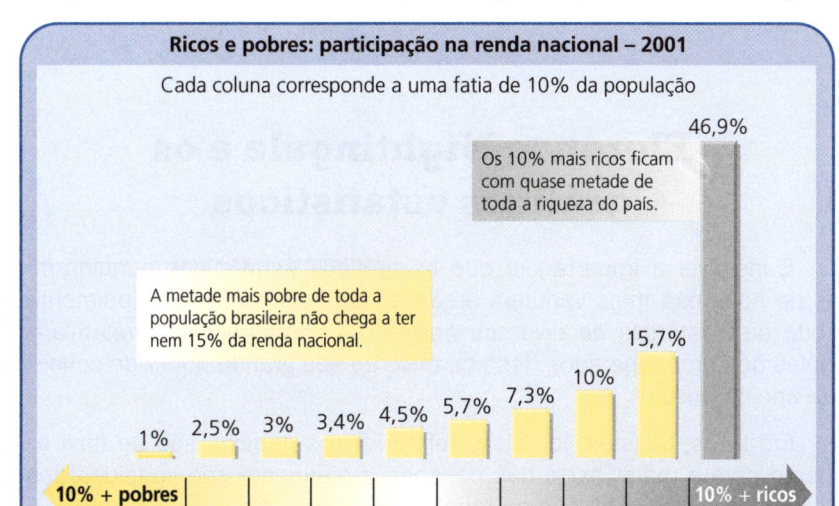

404. Complete corretamente as afirmações seguintes, de acordo com o gráfico.

Ricos e pobres: participação na renda nacional – 2001
Cada coluna corresponde a uma fatia de 10% da população

Fonte: *Almanaque Abril* – atualidades de vestibular, 2004.

a) A metade mais pobre de toda a população brasileira detém ▲% de toda a renda do país.
b) Os 20% mais ricos de toda a população concentram ▲% de toda a renda do país.
c) O intervalo compreendido entre o 3º e o 8º decil reúne ▲% da renda nacional.

405. (EEM-SP) O histograma abaixo refere-se às áreas dos imóveis de um pequeno município.

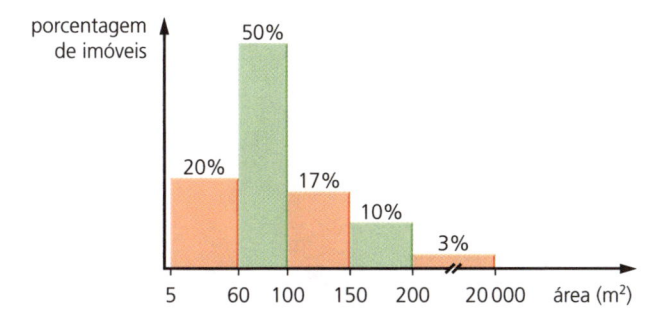

O prefeito pretende isentar do pagamento do imposto predial e territorial urbano (IPTU) os proprietários dos imóveis de menor área, até o limite de 30% dos imóveis do município. Determine a área máxima de um imóvel para que seu proprietário fique isento do pagamento do IPTU.

LEITURA

Florence Nightingale e os gráficos estatísticos

É inegável a importância que os gráficos estatísticos adquiriram nos dias de hoje, nas mais variadas áreas do conhecimento, principalmente em virtude da existência de diversos aplicativos computacionais relativamente simples de serem operados. Isso se deve ao seu grande poder de concisão e forte apelo visual.

Em livros, revistas, jornais e relatórios, os gráficos são de fácil entendimento para a maior parte das pessoas. Geralmente são considerados até mais compreensíveis do que as tabelas.

Além de serem utilizados como meio rápido e fácil de comunicação, os gráficos estatísticos também são úteis na busca de padrões de comportamento e relações entre variáveis, na descoberta de novos fenômenos, na aceitação ou rejeição de hipóteses, etc.

Florence Nightingale foi uma das pioneiras na utilização dos gráficos estatísticos. Nasceu em Villa Colombia, próximo de Florença, na Itália, em maio de 1820. Seus pais eram de origem britânica e estavam viajando pela Europa quando ela nasceu.

Apresentou, desde cedo, uma forte inclinação para o estudo de Matemática. Gostava de indicar por números tudo que pudesse ser registrado, tal como distâncias, tempos de viagem, orçamentos, etc. No entanto, Nightingale sofreu forte oposição dos pais, que, por fim, cederam aos anseios da filha. Assim, ela conseguiu realizar seus sonhos de estudo e ainda preparou-se para exercer a Enfermagem.

Florence Nightingale (1820-1910).

É frequentemente lembrada como uma das fundadoras da profissão de enfermeira e reformadora dos sistemas de saúde. Atuou como enfermeira-chefe do Exército britânico de 1854 a 1856, durante a Guerra da Crimeia (Inglaterra, França e Turquia se uniram contra a Rússia por problemas territoriais), na qual constatou que a falta de higiene e as doenças hospitalares matavam grande número de soldados internados.

Conseguiu, com suas reformas, reduzir significativamente a taxa de mortalidade no hospital onde atuou. Famosa pelo seu talento profissional, passou a trabalhar ativamente pela reforma dos sistemas de saúde e pelo desenvolvimento da Enfermagem. Em 1860, publicou seu livro mais importante, *Notas sobre Enfermagem*, no qual enfatizou os modernos princípios da Enfermagem.

Florence Nightingale utilizou-se dos dados estatísticos, quer em forma de tabelas, quer em forma de gráficos, como ferramenta para suas atividades de reforma na área de saúde. A base para a utilização do ferramental estatístico ela já possuía, em virtude do conhecimento prévio de Matemática e da habilidade para trabalhar com números, além do conhecimento dos aspectos médicos ligados à sua atividade.

Ela utilizou os gráficos estatísticos (gráficos de frequência, frequências acumuladas, histogramas e outros) com a finalidade de expressar suas ideias para membros do Exército e do governo. Seus gráficos foram tão criativos que se constituíram num marco do desenvolvimento da Estatística. Seu trabalho foi tão importante que, em 1858, ela foi a primeira mulher eleita membro da Associação Inglesa de Estatística.

Durante a Guerra Civil Americana, Nightingale foi conselheira de saúde nos Estados Unidos, na área militar. Também trabalhou como conselheira de saúde do governo britânico no Canadá.

Em 1883, recebeu uma condecoração (Cruz Vermelha Real) da rainha Vitória por seus relevantes serviços prestados à saúde.

Em 1907, foi a primeira mulher a receber das mãos do rei Eduardo VII a Ordem do Mérito. Faleceu em Londres, em agosto de 1910, aos 90 anos.

LEITURA

Jerzy Neyman e os intervalos de confiança

Quando estamos às vésperas de uma eleição é comum ouvirmos notícias do tipo: a porcentagem de votos de fulano é 32% com uma margem de erro de 3 pontos percentuais para mais ou menos (ou seja, a porcentagem está dentro do intervalo: 32 ± 3%). Esses intervalos, chamados de intervalos de confiança, são obtidos por pesquisas de opinião feitas por amostragem, selecionando-se alguns milhares de pessoas, mesmo que o conjunto de todos os eleitores seja da ordem de milhões.

Existem intervalos de confiança para diversos parâmetros populacionais, tais como porcentagem, média, variância, diferença de médias, etc. Por exemplo: a fórmula que oferece (sob determinadas condições) o intervalo de confiança de uma média populacional é $\overline{X} \pm 2 \frac{S}{\sqrt{n}}$, em que $\overline{X}$ é a média da amostra, S o desvio padrão e n o número de elementos selecionados para a amostra.

Um dos pioneiros no estudo dos intervalos de confiança foi Jerzy Neyman, ao lado de estatísticos renomados como Karl Pearson, Sir Ronald A. Fisher e Egon Pearson.

Jerzy Neyman nasceu em abril de 1894 na cidade de Bendery, na atual Moldávia (ex-Rússia). Seus pais eram de origem polonesa e, na época de seu nascimento, a Polônia não existia como país independente (era dividida entre Alemanha, Áustria e Rússia).

Estudou em Kharkov, na Ucrânia, onde começou a se interessar por Matemática e Estatística. Obteve seu doutorado em 1924, na Universidade de Varsóvia, e sua tese versava sobre problemas probabilísticos aplicados a experimentos agrícolas.

Jerzy Neyman (1894-1981).

Trabalhou até 1938 na Polônia, antes de emigrar para os Estados Unidos, e fez viagens com objetivos acadêmicos para a França e a Inglaterra. Entre 1928 e 1933 desenvolveu, junto com Egon Pearson (filho de Karl Pearson), os fundamentos da teoria dos testes de hipóteses.

Em 1934, Neyman desenvolveu a **teoria de inspeção por amostragem**, que forneceu as bases teóricas para a moderna teoria do controle da qualidade.

Em 1938, ingressou na Universidade da Califórnia, em Berkeley, onde fundou o Laboratório de Estatística de Berkeley. Permaneceu como chefe do laboratório, mesmo após se aposentar em 1961.

Apesar de sua aposentadoria, Neyman não diminuiu seu ritmo de trabalho. Permaneceu em atividade até o fim de sua longa vida, e um grande número de seus trabalhos foi publicado.

Em 1966, recebeu no Reino Unido a Medalha de Ouro da Sociedade Real de Estatística e, em 1969, recebeu do presidente Johnson a Medalha de Ciência dos Estados Unidos.

Neyman faleceu em agosto de 1981, em Berkeley, aos 87 anos.

APÊNDICE I

Média geométrica

Dados n ($n \geq 2$) números reais não negativos, $x_1, x_2, ..., x_n$, define-se a **média geométrica** (G) desses valores pela relação:

$$G = \sqrt[n]{x_1 \cdot x_2 \cdot x_3 \cdot ... \cdot x_n}$$

isto é, a média geométrica corresponde à raiz n-ésima do produto desses n números.

Exemplo:

Vejamos como, a partir da definição, podemos encontrar a média geométrica entre:

a) 2 e 18   b) 2, 4 e 8   c) $\frac{1}{3}, \frac{1}{6}, 3$ e 6

Calculando, temos:

a) $G = \sqrt{2 \cdot 18} = \sqrt{36} = 6$

b) $G = \sqrt[3]{2 \cdot 4 \cdot 8} = \sqrt[3]{64} = 4$

c) $G = \sqrt[4]{\frac{1}{3} \cdot \frac{1}{6} \cdot 3 \cdot 6} = \sqrt[4]{1} = 1$

EXERCÍCIOS

406. Determine a média geométrica entre:

a) 1 e 4

b) 1, 2 e 4

c) 2, 3 e 9

d) 4 e 5

e) $2^4, 2^9, 2^{11}$

f) 0, 1, 2 e 3

g) 1, 1, 1, 1 e 32

h) 2, 3 e $\dfrac{4}{3}$

i) 6, 6, 6 e 6

407. A média geométrica entre 10, 2 e n é 5. Determine o valor de n.

408. A média aritmética entre n e 4 excede em 0,5 a média geométrica entre esses mesmos valores. Quais os possíveis valores de n?

409. Seja x um número real positivo e considere as potências $x, x^2, x^3, ..., x^{10}$. Expresse, em função de x, a média geométrica entre essas potências.

410. A média aritmética dos números x, y e 12 é $7,\bar{6}$ e a média geométrica desses números é 6. Determine os valores desconhecidos.

411. Sejam a e b números reais positivos. Mostre que a média aritmética de a e b é sempre maior ou igual à média geométrica. Em que caso ocorre a igualdade?

Sugestão: Desenvolva $(\sqrt{a} - \sqrt{b})^2 \geq 0$

412. (Unicap-PE) Sejam a e b números reais positivos, com $a \leq b$. Classifique como V ou F, justificando:

0) A média aritmética de a e b é sempre maior que a.

1) A média geométrica de a e b é sempre menor que b.

2) Se $a < b$, existe um número real c tal que $b = a \cdot c$.

3) Seja $a < b$; representando por MA e MG, respectivamente, as médias aritmética e geométrica de a e b, tem-se $a < MA < MG < b$.

4) Se $b > 1$ e $a = \dfrac{1}{b}$, então $\dfrac{a+b}{2} > 1$.

APÊNDICE II

Média harmônica

Dado um conjunto de valores não nulos, $x_1, x_2, ..., x_n$, define-se a **média harmônica** (H) desses valores pela relação:

$$H = \left[\frac{\frac{1}{x_1} + \frac{1}{x_2} + ... + \frac{1}{x_n}}{n} \right]^{-1}$$

isto é, a média harmônica é o inverso da média aritmética dos inversos de $x_1, x_2, ..., x_n$.

Exemplo:

Vejamos como calcular a média harmônica entre:

a) 3 e 4
b) 1, 2 e 3
c) $\frac{1}{4}, \frac{1}{3}$ e $\frac{1}{2}$

Calculando, temos:

a) A média aritmética entre seus inversos é $\dfrac{\frac{1}{3} + \frac{1}{4}}{2} = \dfrac{7}{24}$.

Assim, a média harmônica é $\left(\dfrac{7}{24}\right)^{-1} = \dfrac{24}{7} \cong 3{,}43$.

b) A média aritmética dos inversos de 1, 2 e 3 é $\dfrac{1 + \frac{1}{2} + \frac{1}{3}}{3} = \dfrac{11}{18}$.

Logo, $H = \dfrac{18}{11} \cong 1{,}64$.

c) Temos $H = \left(\dfrac{4+3+2}{3}\right)^{-1} = 3^{-1} = \dfrac{1}{3}$

EXERCÍCIOS

413. Determine a média harmônica entre:

a) 2 e 5

b) 1 e 2

c) 8, 5 e $\dfrac{40}{11}$

d) $1, \dfrac{1}{2}, \dfrac{1}{3}, \dfrac{1}{4}$ e $\dfrac{1}{5}$

e) $-1, -2$ e $\dfrac{1}{3}$

f) 3, 3, 3 e 3

414. Dados a e b números reais não nulos, mostre que a média harmônica (H) entre eles é dada por $H = \dfrac{2ab}{a+b}$.

415. A média harmônica entre 5, 6 e x é igual a 4,5. Qual é o valor de x?

416. A média harmônica entre os números a e 6 é igual a 4,8. Determine a média aritmética e a média geométrica entre eles.

417. Sejam a e b números reais não nulos e A e H as médias aritmética e harmônica, respectivamente entre eles. Mostre que, quando A = H, então a = b. Vale a recíproca?

418. (UF-GO) Dados os números reais positivos a e b, sua média harmônica h é definida como o inverso da média aritmética dos inversos de a e de b.

Considerando essa definição, julgue os itens a seguir.

1) Se a = 7 e b = 5, então $h > \sqrt{35}$.

2) Se b é o dobro de a, então a média harmônica entre a e b é $\dfrac{4a}{3}$.

3) Se os números positivos a, b e c, nessa ordem, formam uma progressão aritmética, então $\dfrac{1}{b}$ é a média harmônica entre $\dfrac{1}{a}$ e $\dfrac{1}{c}$.

4) A média harmônica entre dois números positivos e distintos é menor do que a média aritmética desses números.

Respostas dos exercícios

Capítulo I

1. a) $\dfrac{8}{3}$ d) $\dfrac{5}{24}$

b) $\dfrac{3}{20}$ e) $\dfrac{8}{225}$

c) 50

2. a) 3 b) 2

3. a) $\dfrac{1}{2}$ b) $-\dfrac{1}{2}$

4. 20 km/L

5. 342 km

6. a) 15 b) $\dfrac{48}{5}$ c) $\dfrac{8}{15}$

7. $\dfrac{13}{15}$

8. $\dfrac{9}{52}$

9. 27

10. A: R$ 200 000,00; B: R$ 150 000,00

11. R$ 32 000,00 e R$ 48 000,00

12. 140 rapazes

13. R$ 50 000,00

14. a) 125 b) 150 c) 100

15. R$ 3 600,00

16. a) R$ 240,00
b) A: R$ 48,00 e B: R$ 40,00

17. 72 litros

18. Educação: 78 milhões
Segurança pública: 39 milhões
Saúde: 52 milhões

19. $m = 14$ e $p = \dfrac{7}{2}$

20. $s = \dfrac{5}{2}$ e $p = \dfrac{5}{4}$

21. $a =$ R$ 60,00
$b = 18$ meses
$c =$ R$ 120,00

22. R$ 1 950,00

23. 25,68 litros

24. Augusto: R$ 3 333,33
César: R$ 4 166,67

25. R$ 4 000,00, R$ 8 000,00 e R$ 10 000,00

26. A: R$ 99 310,34
B: R$ 111 724,14
C: R$ 148 965,52

RESPOSTAS DOS EXERCÍCIOS

27. A: R$ 150 000,00
B: R$ 100 000,00
C: R$ 250 000,00

28. 48 horas

29. 6 dias

30. Diminuirá em $\frac{1}{6}$ de seu valor.

31. $\frac{18}{5}$

32. 2

33. $\frac{125}{8}$

34. $\frac{256}{5}$

35. V, V, V, F (a área é proporcional ao quadrado do lado)

36. a) 60%
b) 87,5%
c) 166,67%
d) 4 680%
e) 25%
f) 160%
g) 10%

37. a) 36
b) 144
c) 99
d) 48
e) 85
f) 63

38. a) 38% b) 120

39. 72

40. 10 vezes

41. 80 caixas

42. 400 famílias

43. R$ 7 650,00

44. a) R$ 1 050,00   b) US$ 6 250,00

45. a) R$ 327,00
b) S = 160 + 0,02x (x é a venda mensal)

46. R$ 168,00

47. 30%

48. redução de 10%

49. R$ 212,50

50. R$ 3,15

51. R$ 496,80

52. R$ 90,00

53. a) R$ 742,00
b) R$ 719,74
c) R$ 1 540,00

54. a) R$ 2 400,00; R$ 2 640,00 e R$ 2 904,00
b) R$ 12 944,00

55. a) no supermercado X
b) no supermercado Y

56. F, V, V, F, V

57. a) 80   b) 480   c) 300

58. a) R$ 3 120,00   b) R$ 4 200,00

59. R$ 400,00

60. R$ 60,00

61. a) R$ 15,75   b) 480 m²

62. a) R$ 123,75   b) R$ 154,69

63. 84,3%

64. a) 641 472   b) 22 023 872

65. a) R$ 10,00   b) 11 kg e 550 pães

66. 1) F; 2) F; 3) F

67. 1) V; 2) V

68. a) 6% do valor
b) 5% do valor
c) 480% do valor

69. 0,2035x

70. 5 376 candidatos

RESPOSTAS DOS EXERCÍCIOS

71. 6%

72. a) 1%   c) 2%
b) 4%   d) 420%

73. a) $p = \dfrac{10c}{9}$ b) 42,86%

74. a) 21,95%   b) 58,33%

75. a) R$ 0,29   b) R$ 685,00

76. a) F (o crescimento foi de 8,33%)
b) V

77. 1) F (o preço é R$ 0,60)
2) V   3) V   4) V

78. R$ 165,60

79. vendas: R$ 180,00; lucro: R$ 36,00

80. R$ 56,80

81. x = 120 unidades; y = 140 unidades

82. a) R$ 1,60
b) Antes das 10 h: 50 melões;
entre 10 h e 11 h: 120 melões;
após as 11 h: 130 melões.

83. a) R$ 75,00
b) R$ 3 000,00

84. 1) V   2) F   3) V

85. a) isento
b) R$ 21,69
c) R$ 584,42
d) O imposto é de 7,5% da parte do salário acima de R$ 1 710,98 e abaixo de R$ 2 563,91, sendo que 7,5% de R$ 1 710,18 (isento) é exatamente R$ 128,31 que é a parcela a deduzir.

86. 9 100 homens e 9 400 mulheres

87. 4%

88. 8,4%

89.

Mês	Variação percentual (%)
Julho	–
Agosto	10,40
Setembro	–13,98
Outubro	12,72
Novembro	–5,33

90. a) 192,02%, 117,20% e 55,81%
b) 121,68%
c) 4 666 364 barris/dia

91. 61 538 habitantes

92. 3,2211 bilhões de dólares

93. a) 33%
b) 15,67%
c) 995,98%
d) entre 1900 e 1920
e) 219,31 milhões
f) 209,77 milhões
g) 226,55 milhões

94. 20%

95. 40%

96. R$ 26,00

97. a) 45,73%   b) 11,86%

98. R$ 39,71

99. R$ 29,88

100. 5,10%

101. 48,02%

102. 11,47%

103. outubro

104. a) 5,96
b) após 4 meses

RESPOSTAS DOS EXERCÍCIOS

105. 14,29%

106. a) 21,43%   b) 11,76%   c) 35,71%

107. 8,8%

108. 1) F (o valor foi de 1,12 vez)
2) F (diminuindo-se 8% o valor total das exportações de 1997, obteríamos o valor das exportações de 1996)
3) F (o valor foi de 20,96%)
4) V

109. a) 9,64%   d) 77,18 anos
b) 4,73%   e) 80,26 anos
c) entre 1970 e 1980

110. 18%

111. a) 3,59%   b) 0,39%

112. a) fevereiro: 2,5%;   março: 1,63%;
junho: 1,93%;   julho: 2,27%
b) 253,75
c) 256,44

113. a) A: 0%;   B: 16,67%;   C: 5%
b) 7,05%

114. a) 3,34%   b) 0,64%

115. 2,94%

116. a) 2,49%   b) 1,96%

117. 19,56%

118. 18,22%

119. $(1,04)^{12} - 1 = 60,10\%$

120. deflação de 5,85%

121. 1,55%

122. 1,88%

123. 455%

124. 32,16%

125. 28,57%

126. 50%

127. 84,62%

Capítulo II

128. R$ 120,00 e R$ 4120,00

129. R$ 16500,00

130. R$ 27250,00

131. 10,42%

132. R$ 100200,00

133. 41,67%

134. 2,40%

135. 100%

136. a) R$ 927,00
b) Pagar à vista, pois, aplicando o dinheiro, ainda faltaria R$ 1,00 para o pagamento.

137. a) 8,17% a.a.   b) R$ 1,1589

138. 13,07%

139. 6,2%

140. 8,4%

141. a) 17,08%   b) R$ 4000,00

142. 13%

143. a) R$ 4160,00   c) R$ 4480,00
b) R$ 4240,00

144. R$ 22800,00

145. a) R$ 4161,60   c) R$ 4329,73
b) R$ 4244,83

RESPOSTAS DOS EXERCÍCIOS

146. R$ 12 243,04

147. a) R$ 2 160,00   b) prejuízo de 28%

148. A opção de pagamento pode ser justificada pela tabela abaixo:

Data da compra	Saldo: 500
Um mês após a compra	Montante: 500 + (0,02)500 = 510 Saque: 185 Saldo: 510 − 185 = 325
Dois meses após a compra	Montante: 325 + (0,02)325 = 331,50 Saque: 185 Saldo: 331,50 − 185 = 146,50
Três meses após a compra	Montante: 146,50 + (0,02)146,50 = 149,43 Saque: 185 Saldo: 149,43 − 185 = −35,57

Paulo teve que desembolsar R$ 35,57 a mais para pagar a última prestação. Portanto, essa opção não foi boa.

149. verdadeira

150. a) R$ 1 000,00   c) R$ 2 142,00
b) R$ 960,00

151. R$ 29 600,00

152. R$ 5 172,41

153. R$ 10 000,00

154. R$ 4 242,42

155. a) R$ 80 000,00   b) R$ 160 000,00

156. a) R$ 11 111,11   b) a prazo

157. banco A: R$ 14 347,83
banco B: R$ 15 652,17

158. 3,57% a.m.

159. 4,76% a.m.

160. falsa

161. a) 6,25% a.m.   b) 5 meses

162. 96% a.a.

163. 3,30% a.m.

164. 1,75% a.m.

165. 4% a.m.

166. 10 meses

167. 25 anos

168. a) R$ 8 768,00   c) R$ 10 048,00
b) R$ 9 152,00

169. R$ 200 166,67

170. R$ 200 266,67

171. 33,6% a.a.

172. 5,28% a.m.

173. 23,53% a.a.

174. 1 000% a.a.

175. a) R$ 1 132,08
b) É melhor pagar à vista.

176. a) R$ 980,00   c) 3,76% a.m.
b) R$ 13 020,00

177. a) R$ 1 382,40   c) 3,47% a.m.
b) R$ 16 617,60

178. 2,5 meses

179. 38 dias, aproximadamente

180. R$ 20 000,00

181. 3,69% a.m.

182. A linha de crédito a juros simples de 4,2% a.m.

183. 4,04% a.m.

184. R$ 32 967,03

RESPOSTAS DOS EXERCÍCIOS

185. R$ 16 216,22

186. R$ 7 014,00

187. R$ 24 716,67

188. R$ 3 447,47

189. R$ 97 240,50

190. a) R$ 5 154,03   b) 1,79% a.m.

191. R$ 1 591,81

192. Sim, é preferível aplicar o dinheiro a juros compostos.

193. $1,0337 \cdot 10^{14}$ dólares

194. 10 vezes

195. a) R$ 13 789,89   b) R$ 190,39

196. A 2ª aplicação (de 6% a.a.) renderá mais. (Na 1ª ela receberia R$ 1 080,00 e na 2ª, R$ 1 123,60.)

197. R$ 22 038,52

198. 22,69%

199. R$ 5 201,98 (Lembre-se de que o resultado pode ser ligeiramente diferente dependendo do número de casas decimais utilizadas para arredondamento.)

200. R$ 9 421,01

201. R$ 81 984,55

202. 1,84%

203. 4% a.m.

204. 4,56% a.m.

205. 2,60% a.m.

206. 18,92% a.t.

207. 1,13% a.m.

208. a) R$ 4 229,49   d) R$ 4 190,34
b) R$ 4 075,08   e) R$ 4 389,74
c) R$ 4 308,87

209. a) 11,55% a.m.   b) 271,29% a.a.

210. 17,88 meses (aproximadamente 536 dias)

211. 55,48 meses (aproximadamente 1 664 dias)

212. 28,41 trimestres

213. 36,39 meses

214. 73,8 meses

215. n = 6

216. 10,80 meses (aproximadamente 324 dias)

217. a) R$ 364 800,00

b) $12 \cdot \dfrac{\log 3}{\log 1,08} \simeq 171,3$ meses

218. 3,45 anos

219. $0 < n < 1$ (Sugestão: faça os gráficos dos montantes a juros simples e a juros compostos.)

220. a) R$ 7 825,92   b) 4,35% a.b.

221. R$ 12 697,03

222. R$ 13 412,67

223. R$ 11 538,95

224. a) 4,55% a.b.   b) 1,87% a.m.

225. −5,87%

226. a) R$ 16 512,88   d) R$ 16 875,82
b) R$ 16 632,29   e) R$ 17 000,00
c) R$ 16 753,26

227. R$ 11 568,70

228. a) a prazo   b) à vista

229. Pagamento a prazo. (O valor atual é R$ 17 906,04, portanto inferior ao valor para pagamento à vista.)

230. Pagamento em 3 prestações mensais de R$ 1 024,00 cada, com valor atual de R$ 3 011,57. Na outra alternativa o valor presente dá R$ 3 035,73, que é superior ao valor presente da 1ª alternativa.

231. a) R$ 239,40

b) R$ 84,00

c) À vista, pois o valor presente da alternativa a prazo é R$ 242,43.

232. R$ 500,00

233. a) R$ 583,22   b) R$ 574,87

234. R$ 353,53

235. R$ 5 677,63

236. R$ 6 726,83

237. R$ 2 825,14

238. a) R$ 88,80 b) R$ 63,79 c) R$ 51,44

239. R$ 1 323,03

240. R$ 1 025,77

241. R$ 86 951,46

242. R$ 85 827,02

243. R$ 250 938,43

244. R$ 34 925,46

245. a) R$ 5 100,00   b) $n = \dfrac{\log\left(\dfrac{R}{R - Pi}\right)}{\log(1 + i)}$

246. 139 meses. Se ele sacasse R$ 2 000,00 por mês, o prazo seria de 57 meses, aproximadamente.

247. a) R$ 20 522,65   b) R$ 21 333,49

248. R$ 588,75

249. R$ 524,64

250. R$ 3 904,46

251. a) R$ 3 143,17   b) R$ 64 401,59

252. a) R$ 606,00   b) 20 depósitos

253. R$ 1 190,55

254. a) R$ 232 654,97   b) R$ 1 842,95

Capítulo III

255. variáveis qualitativas: 1, 5, 6 e 8
variáveis quantitativas: 2, 3, 4 e 7

256. a) cinco

b) ensino fundamental completo, ensino médio completo e ensino superior completo

257. variáveis qualitativas: 1, 2, 4 e 6
variáveis quantitativas: 3, 5 e 7

258.

Sexo	Frequência absoluta	Frequência relativa	Porcentagem (%)
Masculino	12	0,60	60
Feminino	8	0,40	40
Total	20	1,00	100

259.

Número de dias	Frequência absoluta	Frequência relativa	Porcentagem (%)
1	3	0,15	15
2	4	0,20	20
3	6	0,30	30
4	3	0,15	15
5	2	0,10	10
6	1	0,05	5
7	1	0,05	5
Total	20	1,00	100

RESPOSTAS DOS EXERCÍCIOS

260.

Idade (em anos)	Frequência absoluta (n_i)	Frequência relativa (f_i)	Porcentagem (%)
19 ⊢ 29	7	0,35	35
29 ⊢ 39	5	0,25	25
39 ⊢ 49	4	0,20	20
49 ⊢ 59	4	0,20	20
Total	20	1,00	100

261. a)

Nº de aparelhos	Frequência absoluta	Frequência relativa	Porcentagem (%)
0	20	0,025	2,5
1	210	0,2625	26,25
2	480	0,6	60,0
3	60	0,075	7,5
4	30	0,0375	3,75

b) 178 500 lares

262.

Tempo (em minutos)	n_i	f_i	Porcentagem (%)
7 ⊢ 12	4	$0,1\overline{3}$	$13,\overline{3}$
12 ⊢ 17	10	$0,\overline{3}$	$33,\overline{3}$
17 ⊢ 22	7	$0,2\overline{3}$	$23,\overline{3}$
22 ⊢ 27	4	$0,1\overline{3}$	$13,\overline{3}$
27 ⊢ 32	2	$0,0\overline{6}$	$6,\overline{6}$
32 ⊢ 37	3	0,1	10,0
Total	30	1,00	100

263. a = 0,6
b = 20
c = 0,25
d = 10
e = 0,125
f = 2
g = 0,025

264. a)

Altura (em metros)	n_i	f_i	Porcentagem (%)
1,65 ⊢ 1,70	2	0,08	8
1,70 ⊢ 1,75	7	0,28	28
1,75 ⊢ 1,80	9	0,36	36
1,80 ⊢ 1,85	6	0,24	24
1,85 ⊢ 1,90	1	0,04	4

b) No mínimo dez jovens.

265. a = 16   e = 0,35
b = 0,10   f = 8
c = 0,375   g = 20
d = 56   h = 0,125

266. 1) V; é aproximadamente 7,3% do total
2) V; até 1 salário mínimo a razão é 1,5 e para rendimentos superiores a 1 salário mínimo é menor que 1
3) V; 66% são mulheres
4) V; essa porcentagem é da ordem de 58%

267. a) 23 bilhões de reais   b) 121%

268. descansar em casa 30%; passear na cidade 20%; viajar 45%; trabalhar 5%

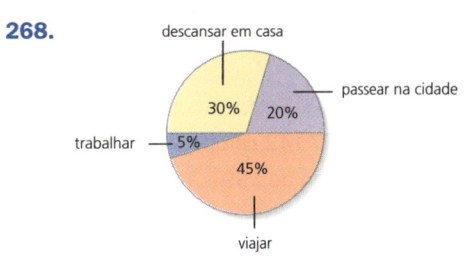

269. a) 330   b) 5

270. a) 30   b) 99°

271. a) B (136,8°); H (88,2°); E (135°)

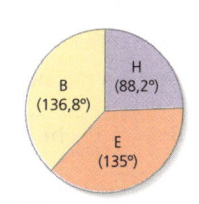

b) 50 alunos

RESPOSTAS DOS EXERCÍCIOS

272. a) 1 200 c) 29,25%
b) 780 d) 1 716

273. a) 1) 23 — 58
2) 18,4 (18 446 000)
3) 12,43 (12 431 000) — 111,6° — 230,62

b) 1) V; o giro é de R$ 106 440 000 000,00
2) F; os gastos são de 28,384 bilhões de reais anuais
3) F; os gastos estimados são de R$ 408,00 anuais

274.
Pagante 62,5%
Convidado 20%
Menor 17,5%

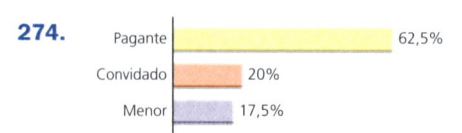

275. a) F; a participação decresceu em 2002 e 2003
b) F; foram comercializados 741 600 veículos
c) V

276. a) 31,25% b) R$ 940,00

277. a) Inglaterra
b) França: U$ 10,44; Argentina: U$ 16,10
c) 417 minutos

278. a) 230 000 km²
b) 32 857 142 campos de futebol
c) de julho de 1997 a julho de 2001
d) 4,7%, aproximadamente

279. a) V; cresceu 0,4 milhões por ano
b) V; foi de 6,06%
c) F; de 2000 a 2001: 3,03%, de 2001 a 2002: 2,94%
d) V; foi de 3,03%
e) V; foi de 13,4 milhões de sacas

280. a) 20 e 8 b) $\dfrac{3}{5}$

281. a) Sudeste (153°), Sul (114°), Nordeste (65°), Centro-Oeste (26°), Norte (2°)
b) 2 300
c) São Paulo: 56,8%; Santa Catarina: 42,7%

282. a) V b) V
c) F; correspondem aproximadamente, a 20% do total
d) F; é 133,$\overline{3}$%
e) F; é necessário contratar no mínimo 13 funcionárias

283. a) V b) V c) F d) V

284. a) x = 1,21; y = 8,12
b) (gráfico: nº de municípios — Paraná 2, Rio de Janeiro 1, Rio Grande do Sul 7, São Paulo 9, Santa Catarina 9, Espírito Santo 1, Pernambuco 1)

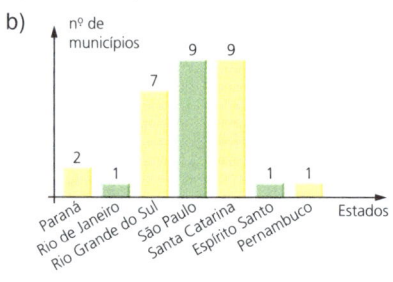

285. R$ 14 793,00

286. (gráfico: porcentagem — 7,4%; 11,1%; 33,3%; 29,6%; 18,5% — participação da indústria (%))

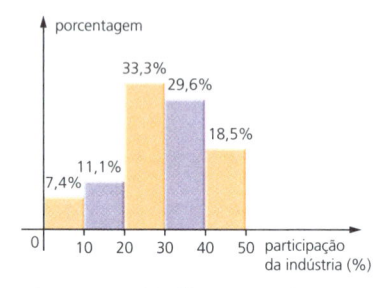

287. a) 45% b) 38,$\overline{3}$% c) R$ 2 005,00

288. a) (gráfico: porcentagem — 16,7%; 26,7%; 16,7%; 23,3%; 10%; 6,7% — tempo na empresa (meses))

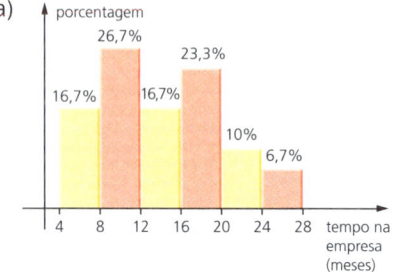

b) [gráfico de barras: porcentagem × salário (em reais)]
- 400: 10%
- 600: 23,3%
- 800: 36,7%
- 1000: 6,7%
- 1200: 10%
- 1400: 6,7%
- 1600: 3,3%
- 1800: —
- 2000: 3,3%
- 2200: 3,3%

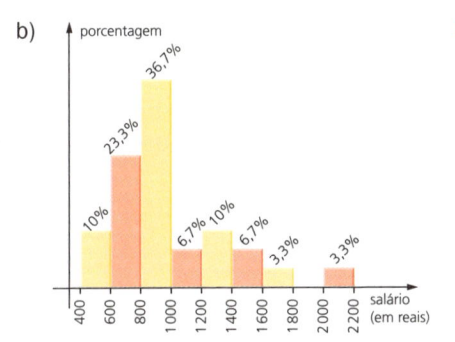

c) [gráfico de barras: porcentagem × salário (em reais)]
- 400: 7,9%
- 600: 39,5%
- 800: 28,9%
- 1000: 7,9%
- 1200: 5,3%
- 1400: 5,3%
- 1600: 2,6%
- 1800: —
- 2000: 2,6%
- 2200: —

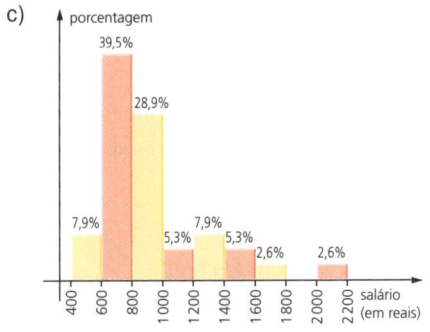

289. a) 62 dias   c) 103,65 litros
b) 48 dias

290. a) desemprego: crescente de 1995 a 1999 e de 2001 a 2003; decrescente de 1999 a 2000; constante no período de 2000 a 2001
rendimento: decrescente de 1997 a 2003; praticamente constante de 1995 a 1997
b) 29,65%
c) aproximadamente R$ 167,00

291. a) 1992   b) 85 000
c) de 1997 a 2002; de 1990 a 1993

292. 0) V
1) V
2) F; a cotação chegaria a U$ 38,80

293. a) V   c) F   e) V
b) F   d) F

294. a) 2º, 3º e 5º meses
b) R$ 358 000,00
c) [gráfico: lucro (em mil reais) × mês de funcionamento: 30, −18, −28, 15, −15, 27, 29, 58]
lucro total: R$ 98 000,00

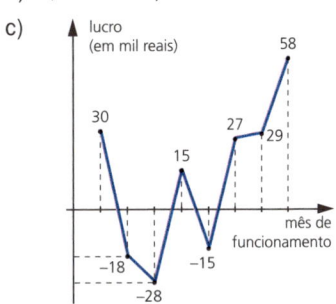

295. a) V
b) V
c) F; aumentou 460%
d) V; operações com cheques: −7,81%; operações com cartões: +8,85% (ambas giram em torno de 8%)

296. a) novos óbitos: crescente de 1982 a 1995 e decrescente de 1995 a 2002
novos doentes: crescente de 1982 a 1998 e decrescente de 1998 a 2002
b) 24 500
c) 1995
d) 1998

297. a) 21   d) $0,41\bar{6}$
b) 37,5   e) $0,5a + 0,3b + 0,2c$
c) $8,58\bar{3}$ f) 47,375

298. R$ 332,00

299. a) 22   b) −2, −1, 0, 1, 2

300. −4 ou 5

301. a) a = 14   c) a < −52
b) 20 ⩽ a < 26

302. a) 228   b) 17,96

303. 6 meses

RESPOSTAS DOS EXERCÍCIOS

304. 43

305. 42,5 e 127,5

306. a) 144   b) 32,4

307. a) m b) m = 35; n = 21

308. 5

309. 40

310. 6

311. 4

312. –14, –8, –2, 4, 10, 16, 22

313. $\cong$ 0,52

314. a) 5,2   b) 3,6

315. a) R$ 610,00   c) R$ 568,00
b) R$ 636,00

316. B: 21%; C: 9%

317. 2,89 anos

318. a) $\overline{x}' = \overline{x} + 2$
b) $\overline{x}' = 3 \cdot \overline{x}$
c) $\overline{x}' = \overline{x} - 5$
d) $\overline{x}' = -2 \cdot \overline{x} + 3$
e) $\overline{x}' = 0$

319. a) 2,34 gols   b) 10

320. a) R$ 926,00   b) R$ 967,20

321. 0,45

322. a) R$ 1 056,50   b) R$ 1 060,50

323. do fabricante A: 30 copos;
do fabricante B: 70 copos

324. nota 5: 48 alunos; nota 10: 12 alunos

325. a) 5 120 candidatos   b) sim; foi 2,9

326. 828

327. 5

328. a) R$ 19,70
b) 8 700 pessoas: R$ 20,00; 11 300 pessoas: R$ 50,00

329. 1,89 m

330. 32

331. a) 72,2   b) 3

332. a) p b) $p + \dfrac{1}{n}$

333. 38 anos

334. a) homens: 49,8%; mulheres: 50,2%
b) homens: 49,6%; mulheres: 50,4%

335. a) V
b) F; a média no período é 29,6 °C, aproximadamente
c) F; em Goiânia é 2,5 °C e em Aragarças é 2,8 °C
d) F; a diferença é máxima no mês de julho

336. 212

337. a) 20   b) 35

338. a) Mo = 8; Me = 8
b) Mo = 3; Me = 2
c) Mo = 40; Me = 40
d) Mo = 0,6 e 0,7; Me = 0,65

339. média: 2,245; mediana: 2,35; moda: 1,9

340. a) média: 6,3; mediana: 3,5; moda: 2 (a média foi influenciada por um valor discrepante, referente ao consumo na China)
b) consumo *per capita* na China: 23,3 kg; na Espanha: 50,1 kg

341. a) a mediana
b) $\overline{x}$ = 4,1; Mo = 3; Me = 3
c) 3,36

342. média: 3,20; mediana: 3,00; moda: 3,00

343. a) 160 funcionários
b) 1 filho
c) 1 filho

344. a) 2   b) 1   c) 33

345. a) x = 70; y = 87   b) 63

346. a) 5   b) 10,5

347. 1) falso; a moda é 3
2) verdadeiro; a média dos dados é 3,63 peças defeituosas em cada lote de 100 unidades (3,63%)
3) verdadeiro; em ambos os casos a mediana é 3,5 peças defeituosas

348. a) 1   b) 28 pessoas

349. a) $\sigma \cong 1{,}414$ d) $\sigma \cong 0{,}142$
b) $\sigma \cong 0{,}894$ e) $\sigma \cong 4{,}45$
c) $\sigma \cong 1{,}633$

350. a) $\bar{x} \cong 1{,}44$; $\sigma \cong 1{,}19$
b) 4

351. 516 140 turistas, aproximadamente

352. a) $\bar{x} = 76{,}6$; $\sigma \cong 11{,}7$
b) diminui, pois os valores restantes formam um grupo mais homogêneo; $\sigma \cong 8{,}7$

353. x = 15 ou x = 3

356. a) 0,5
b) $\approx 0{,}157$

357. a) 76
b) 2,5 vezes por semana
c) Mo = 2; Me = 2
d) 1,24

358. a) $5 - \dfrac{9}{n}$ b) 8

359. a) 6   b) 7,5   c) 5 e 8

360. a) 0
b) 0,98%, aproximadamente

361. a) $\sigma \cong 195{,}9$
b) 1998 a 1993: $\sigma \cong 12{,}86$; 1996 a 2000: $\sigma \cong 88{,}6$
A queda é explicada pelo fato de os dados estarem agrupados em blocos mais homogêneos (especialmente no primeiro período).

362. a) companhia B: ($\bar{x}_A = 91{,}2\%$; $\bar{x}_B = 91{,}8\%$)
b) companhia A: ($\sigma_A \cong 2{,}31\%$; $\sigma_B \cong 4{,}83\%$)

363. n = 5; $\sigma^2 = 6$

364. $\sigma_A^2 \cong 0{,}22 < \sigma_B^2 \cong 0{,}66$

365. a) aproximadamente igual a 1
b) o mesmo do item a

366. a) $(\sigma^2)' = 4 \cdot \sigma^2$ d) $(\sigma^2)' = 16 \cdot \sigma^2$
b) $(\sigma^2)' = \sigma^2$ e) $(\sigma^2)' = \sigma^2$
c) $(\sigma^2)' = \dfrac{\sigma^2}{25}$

367. a) R$ 322,00   b) R$ 125,00

368. R$ 30,00

369. zero ou 10

370. média: zero; desvio padrão: 1

371. a) $\dfrac{\sum_{i=1}^{n} a_i}{n}$
b) $\dfrac{\sum_{i=1}^{n} (a_i - \bar{a})^2}{n}$

372. a) 47, aproximadamente
b) 34, aproximadamente

373. 1) F; na USP foi 26% e na UF-RS, 36%
2) F; não é o que ocorre na UF-RS de 1998 a 1999

RESPOSTAS DOS EXERCÍCIOS

3) F;

	Crescimento percentual (%)	Crescimento absoluto
USP	53,4	945
UF-MG	101,0	1003
UF-RJ	44,1	421
UF-RS	36,7	246

4) V; de 1996 a 1997 foi 31%, de 1997 a 1998 foi 9,4% e de 1998 a 1999 foi 0,6%

5) V; não é preciso fazer cálculos; a série numérica da USP é a que contém os maiores valores, o que implica maior valor para a mediana; o desvio padrão da USP é maior que o da UF-RJ, pois a série da USP é mais heterogênea.

375. a) 1,5   c) 0,857
b) 2,25   d) 1,2

376. a) 10   b) n = 2; m = 1

377. a) 2,21
b) Sul: desvio médio $\cong$ 1,7 (no Sudeste, desvio médio $\cong$ 2,8)

378. a) O desvio médio seria igual a zero.
b) Demonstração.

379. a) $\bar{x} \cong$ 1,82 m; classe modal = [1,82; 1,88[; Me = 1,82 m
b) $\sigma^2 \cong$ 0,005 m^2; $\sigma \cong$ 0,07 m

380. a) 238,63
b) sim; a taxa média de colesterol é 240,2 mg/dL de sangue

381. a)

Percentuais	Número de estados	Porcentagem aproximada (%)
59 ⊢ 69	7	26
69 ⊢ 79	9	33
79 ⊢ 89	7	26
89 ⊢ 99	4	15

b) $\bar{x} \cong$ 77%; $\sigma \cong$ 10,1%; não pertencem ao intervalo dez Estados

382. não; pois $\bar{x}_A$ = 40 e $\bar{x}_B$ = 42; $|\bar{x}_A - \bar{x}_B|$ = 2 < 5

383. t = 9

384. a) 3 ⊢ 5: 16%; 5 ⊢ 7: 12%
b) 1,92 (real)^2, aproximadamente

385. arrecadação mínima: R$ 24 612,00; arrecadação máxima: R$ 25 188,00

386. a) A 1ª classe de valores não tem um limitante inferior; a última classe de valores não tem um limitante superior; além disso, há um pequeno número de universitários cujas rendas são desconhecidas.
b) R$ 2 595,13 e R$ 3 106,43

387. a) x = 150
b) $\bar{x} \cong$ 116,1 km/h; classe modal = [108, 115[; Me = 115 km/h; $\sigma \cong$ 9,1 km/h
c) R$ 250,73

388. a) 25,7 anos   b) 25,82 anos

389. a)

	Turma A		
Categoria	Frequência absoluta	Frequência relativa	Porcentagem (%)
péssimo 0 ⊢ 2	2	0,05	5
fraco 2 ⊢ 4	4	0,10	10
regular 4 ⊢ 6	11	0,275	27,5
bom 6 ⊢ 8	15	0,375	37,5
ótimo 8 ⊢ 10	8	0,20	20
Total	40	1,00	100

RESPOSTAS DOS EXERCÍCIOS

Turma B			
Categoria	Frequência absoluta	Frequência relativa	Porcentagem (%)
péssimo 0 ⊢ 2	3	0,075	7,5
fraco 2 ⊢ 4	8	0,2	20
regular 4 ⊢ 6	6	0,15	15
bom 6 ⊢ 8	11	0,275	27,5
ótimo 8 ⊢ 10	12	0,3	30
Total	40	1,00	100

b) I) turma A ($\overline{x}_A = 6{,}15$ e $\overline{x}_B = 6{,}05$)

II) turma A ($\sigma_A \cong 2{,}14$ e $\sigma_B \cong 2{,}6$)

390. a)

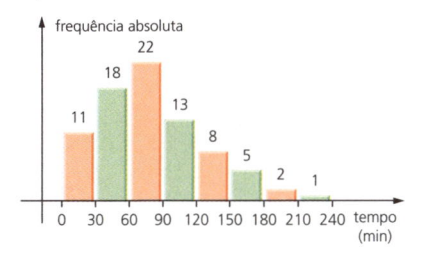

frequência absoluta

22, 18, 13, 11, 8, 5, 2, 1

0 30 60 90 120 150 180 210 240 tempo (min)

b) $\overline{x} = 81{,}375$ min; Me = 75 min; classe modal = 60 a 90 minutos

c)

frequência absoluta

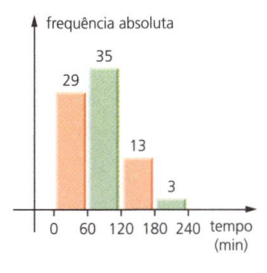

35, 29, 13, 3

0 60 120 180 240 tempo (min)

$\overline{x} = 82{,}5$ min; Me = 96 min; classe modal = 60 a 120 minutos

391. a)

Ano de 1991		
IDH	Frequência absoluta	Porcentagem (%)
0,5 ⊢ 0,6	7	25,9
0,6 ⊢ 0,7	12	44,4
0,7 ⊢ 0,8	8	29,6

Ano de 2000		
IDH	Frequência absoluta	Porcentagem (%)
0,6 ⊢ 0,7	7	25,9
0,7 ⊢ 0,8	15	55,6
0,8 ⊢ 0,9	5	18,5

b) 1991: 0,653; 2000: 0,743

c) $\cong 13{,}8\%$

d) $\cong 0{,}066$

392. a)

Taxa de ocupação	Número de dias	Porcentagem (%)
30 ⊢ 40	2	4
40 ⊢ 50	4	8
50 ⊢ 60	10	20
60 ⊢ 70	13	26
70 ⊢ 80	12	24
80 ⊢ 90	9	18
Total	50	100

b) 66,2%

c) 138 dias

394. a) 10 jogos   b) 22 jogos

395. a) 36,5%   c) 1,92%

b) 31,45%

396. 61,875%

397. a) 4,125   c) 8,63

b) 4,75   d) 14,5

398. a) 30,5 minutos
b) [18,$\bar{3}$; 40]
c) 35,7 minutos
d) 46

399. x = 6,375

400. a) Não, pois a média obtida (13,45 min) não ultrapassou 15 minutos.
b) Sim, pois x(0,25) = 9,61 minutos.

401. A: de 50 g a 129 g; B: de 129 g a 214 g; C: de 214 g a 300 g

402. b = 40; c = 70. Para encontrarmos os valores a, e, f e g, supomos que todas as classes têm a mesma amplitude.

403. a) R$ 96,00 c) a = 226; b = 950
b) R$ 1 340,00

404. a) 14,4 c) 30,9
b) 62,6

405. 68 m²

Apêndice I

406. a) 2 f) 0
b) 2 g) 2
c) $3\sqrt[3]{2}$ h) 2
d) $2\sqrt{5} \cong 4,47$ i) 6
e) 2^8

407. $\dfrac{25}{4}$

408. 1 ou 9

409. $x^5\sqrt{x}$

410. 2 e 9

412. 0) F; se a = b, a média aritmética é igual a a
1) V
2) V
3) F; vale a desigualdade: a < MG < MA < b
4) V

Apêndice II

413. a) $\dfrac{20}{7}$ d) $\dfrac{1}{3}$
b) $\dfrac{4}{3}$ e) 2
c) 5 f) 3

415. $\dfrac{10}{3}$

416. A = 5 e G = $2\sqrt{6}$

417. sim

418. 1) F; h = 5,8$\bar{3}$ < $\sqrt{35}$
2) V
3) V; h = $\left(\dfrac{a+c}{2}\right)^{-1} = \dfrac{2}{a+c} = \dfrac{1}{\dfrac{a+c}{2}} = \dfrac{1}{b}$
4) V

Questões de vestibulares

Matemática comercial

1. (UF-PE) Júnior visitou três lojas e, em cada uma delas, gastou um terço da quantia que tinha ao chegar à loja. Se o valor total gasto nas três lojas foi de R$ 190,00, quanto Júnior gastou na segunda loja que visitou?
a) R$ 45,00
b) R$ 50,00
c) R$ 55,00
d) R$ 60,00
e) R$ 70,00

2. (PUC-RJ) Luciana saiu de casa com algum dinheiro na carteira. Primeiro ela gastou metade do que tinha no supermercado, depois gastou R$ 40,00 na farmácia e finalmente gastou mais $\frac{1}{3}$ do que restava no jornaleiro voltando para casa com $\frac{1}{7}$ do dinheiro inicial. Quanto dinheiro Luciana tinha ao sair de casa?

3. (PUC-RS) A razão entre as arestas de dois cubos é $\frac{1}{3}$. A razão entre o volume do maior e do menor é:
a) $\frac{1}{9}$
b) $\frac{1}{3}$
c) 3
d) 9
e) 27

4. (UF-PB) O natal é uma época de comemorações para o mundo cristão que se prepara decorando vários locais com os populares pisca-piscas, ocasionando um aumento substancial no consumo de energia elétrica. Em uma residência, um pisca-pisca com 300 microlâmpadas, ligado 12 horas diárias, gera, em 30 dias, um gasto de R$ 24,00 na conta de energia, relativo a esse consumo.

QUESTÕES DE VESTIBULARES

Se esse pisca-pisca for substituído por outro com 100 microlâmpadas, do mesmo tipo que as do anterior, ligado somente 6 horas diárias, conclui-se que, em 30 dias, haverá uma economia de:

a) R$ 12,00
b) R$ 14,00
c) R$ 16,00
d) R$ 18,00
e) R$ 20,00

5. (Unifor-CE) Um caminhão-tanque com capacidade para transportar T litros faz a distribuição de um combustível em três postos: A, B e C. Partindo com o tanque cheio, deixou $\frac{3}{20}$ do total em A. Se em B deixou $\frac{5}{17}$ do que restou e em C os últimos 10 500 litros, então T é tal que:

a) $16\,000 < T < 19\,000$
b) $\sqrt{T} < 130$
c) $T < 15\,000$
d) $14\,000 < T < 17\,000$
e) $T > 20\,000$

6. (UF-MG) Um mapa está desenhado em uma escala em que 2 cm correspondem a 5 km. Uma região assinalada nesse mapa tem a forma de um quadrado de 3 cm de lado.

A área real dessa região é de:

a) 37,50 km²
b) 56,25 km²
c) 67,50 km²
d) 22,50 km²

7. (UF-RN) Marcos, Kátia, Sérgio e Ana foram jantar em uma pizzaria e pediram duas pizzas gigantes, que, cortadas, resultaram em 16 fatias. Marcos e Sérgio comeram quatro fatias cada, enquanto Kátia e Ana comeram três cada uma. Se o preço de cada pizza era de R$ 21,00 e a conta do jantar foi dividida proporcionalmente à quantidade de fatias que cada um consumiu, o valor pago por cada homem e cada mulher foi, respectivamente:

a) R$ 6,00 e R$ 4,50
b) R$ 12,00 e R$ 9,00
c) R$ 10,50 e R$ 7,90
d) R$ 24,00 e R$ 18,00

8. (UE-CE) Em 2 de junho de 2008, um investidor comprou ações negociadas na Bolsa de Valores de São Paulo. Neste dia o IBOVESPA, índice que mede o valor das ações, estava em 71 897. No dia 18 de agosto, com a crise do mercado americano, o investidor vendeu suas ações por R$ 120 000,00, quando o IBOVESPA atingiu o valor de 53 327. Supondo que o valor das ações acompanhou o IBOVESPA, o investidor na operação teve, aproximadamente:

a) prejuízo de R$ 30 994,00.
b) prejuízo de 34,82% sobre o valor de compra.
c) ganho de 18 570 pontos.
d) prejuízo de 25,83% sobre o valor de venda.
e) prejuízo de R$ 41 787,00.

QUESTÕES DE VESTIBULARES

9. (Mackenzie-SP) As x pessoas de um grupo deveriam contribuir com quantias iguais a fim de arrecadar R$ 15 000,00, entretanto 10 delas deixariam de fazê-lo, ocasionando, para as demais, um acréscimo de R$ 50,00 nas respectivas contribuições. Então x vale:
a) 60
b) 80
c) 95
d) 115
e) 120

10. (PUC-RJ) Duas torneiras jogam água em um reservatório, uma na razão de 1 m³ por hora e a outra na razão de 1 m³ a cada 5 horas. Se o reservatório tem 12 m³, em quantas horas ele estará cheio?
a) 8
b) 10
c) 12
d) 14
e) 16

11. (U. F. Juiz de Fora-MG) Em um certo restaurante, as pizzas são feitas em fôrmas de base circular. Os preços das pizzas do mesmo tipo variam proporcionalmente em relação à área da base da fôrma. Se uma pizza feita numa forma cuja base tem 20 cm de diâmetro custa R$ 3,60, então uma outra pizza, do mesmo tipo, feita numa fôrma cuja base tem 30 cm de diâmetro, deve custar:
a) R$ 5,40
b) R$ 7,90
c) R$ 8,10
d) R$ 8,50
e) R$ 8,90

12. (UE-GO) Uma pequena empresa foi aberta em sociedade por duas pessoas. O capital inicial aplicado por elas foi de 30 mil reais. Os sócios combinaram que os lucros ou prejuízos que eventualmente viessem a ocorrer seriam divididos em partes proporcionais aos capitais por eles empregados. No momento da apuração dos resultados, verificaram que a empresa apresentou lucro de 5 mil reais. A partir dessa constatação, um dos sócios retirou 14 mil reais, que correspondia à parte do lucro devida a ele e ainda o total do capital por ele empregado na abertura da empresa. Determine o capital que cada sócio empregou na abertura da empresa.

13. (Faap-SP) Dois sócios lucraram R$ 5 000,00. O primeiro entrou para a sociedade com o capital de R$ 18 000,00 e o segundo com R$ 23 000,00. Se os lucros de cada sócio são proporcionais aos capitais, a diferença entre os lucros foi de aproximadamente:
a) R$ 509,00
b) R$ 609,00
c) R$ 709,00
d) R$ 809,00
e) R$ 1 009,00

14. (UE-CE) Quatro amigos fundaram uma empresa com capital inicial K. Um deles participou com a terça parte, outro com a sexta parte, o terceiro com 20% e o último com R$ 1 029 000,00. O valor de K situa-se entre:
a) R$ 3 000 000,00 e R$ 3 150 000,00
b) R$ 3 100 000,00 e R$ 3 250 000,00
c) R$ 3 200 000,00 e R$ 3 350 000,00
d) R$ 3 300 000,00 e R$ 3 450 000,00

QUESTÕES DE VESTIBULARES

15. (ESPM-SP) Quando um automóvel é freado, a distância que ele ainda percorre até parar é diretamente proporcional ao quadrado da sua velocidade. Se um automóvel a 40 km/h é freado e para depois de percorrer mais 8 metros, se estivesse a 60 km/h, pararia após percorrer mais:

a) 12 metros
b) 14 metros
c) 16 metros
d) 18 metros
e) 20 metros

16. (Mackenzie-SP) Na tabela ao lado, de valores positivos, F é diretamente proporcional ao produto de L pelo quadrado de H.

Então x vale:

a) 5
b) 6
c) 7
d) 8
e) 9

F	L	H
2 000	3	4
3 000	2	x

17. (UF-PI) O volume de um paralelepípedo reto retângulo é 162 m³ e suas dimensões são proporcionais a 1, 2 e 3. A diagonal desse paralelepípedo mede:

a) $\sqrt{19}$ m
b) $3\sqrt{14}$ m
c) $\sqrt{31}$ m
d) $5\sqrt{35}$ m
e) $2\sqrt{37}$ m

18. (FEI-SP) Se um em cada quatro candidatos a um concurso pediu isenção da taxa de inscrição e se $\frac{2}{5}$ dos pedidos foram atendidos, então a porcentagem de candidatos isentos da taxa foi de:

a) 12%
b) 10%
c) 15%
d) 40%
e) 25%

19. (UF-RJ) Sabe-se que vale a pena abastecer com álcool um certo automóvel bicombustível (flex) quando o preço de 1 L de álcool for, no máximo, 60% do preço de 1 L de gasolina. Suponha que 1 L de gasolina custe R$ 2,70.

Determine o preço máximo de 1 L de álcool para que seja vantajoso usar esse combustível.

20. (FGV-SP) Uma empresa comprou para seu escritório 10 mesas idênticas e 15 cadeiras também idênticas. O preço de cada mesa é o triplo do preço de cada cadeira. A despesa com cadeiras foi que porcentagem (aproximada) da despesa total?

a) 29,33%
b) 30,33%
c) 31,33%
d) 32,33%
e) 33,33%

21. (Faap-SP) Uma pessoa colocou à venda uma residência avaliada em R$ 500 000,00. Um corretor conseguiu vendê-la por 85% desse valor, cobrando do proprietário 8% de comissão de corretagem. O proprietário recebeu pela venda:

a) R$ 391 000,00
b) R$ 375 000,00
c) R$ 425 000,00
d) R$ 382 500,00
e) R$ 467 500,00

22. (UF-GO) Segundo estudo do BNDES, publicado na *Folha de S. Paulo*, em 26/09/2006, o setor siderúrgico pretende investir 46,4 bilhões de reais no período de 2007 a 2011. Esse valor equivale a um aumento de 140% em relação aos valores aplicados no período de 2001 a 2005. De acordo com esses dados, calcule o total investido no setor siderúrgico no período de 2001 a 2005.

23. (UF-MG) Um fabricante de papel higiênico reduziu o comprimento do rolos de 40 m para 30 m. No entanto, o preço dos rolos de papel higiênico, para o consumidor, manteve-se constante. Nesse caso, é correto afirmar que, para o consumidor, o preço do metro de papel higiênico teve um aumento:

a) inferior a 25%.

b) superior ou igual a 30%.

c) igual a 25%.

d) superior a 25% e inferior a 30%.

24. (UF-PE) Nos anos de 2008, 2009 e 2010, um trabalhador recebeu um total de rendimentos de R$ 66 200,00. Se a renda do trabalhador, em 2010, foi 10% superior à renda de 2009, e a renda em 2009 foi 10% superior à renda de 2008, calcule o total de rendimentos do trabalhador em 2010 e indique a soma de seus dígitos.

25. (UE-RJ) Uma máquina que, trabalhando sem interrupção, fazia 90 fotocópias por minuto foi substituída por outra 50% mais veloz. Suponha que a nova máquina tenha que fazer o mesmo número de cópias que a antiga, em uma hora de trabalho ininterrupto, fazia. Para isso, a nova máquina vai gastar um tempo mínimo, em minutos, de:

a) 25   b) 30   c) 35   d) 40

26. (UF-GO) Segundo uma reportagem publicada na *Folha on-line* (31/08/2009), a chamada camada pré-sal é uma faixa que se estende, abaixo do leito do mar, ao longo dos estados do Espírito Santo e de Santa Catarina e engloba três bacias sedimentares. O petróleo encontrado nessa área está a profundidades que superam 7 000 m, abaixo de uma extensa camada de sal, e sua extração colocaria o Brasil entre os dez maiores produtores do mundo.
Para extrair petróleo da camada pré-sal, a Petrobras já perfurou poços de petróleo a uma profundidade de 7 000 m, o que representa um aumento de 582% em relação à profundidade máxima dos poços perfurados em 1994.
De acordo com essas informações, calcule a profundidade máxima de um poço de petróleo perfurado pela Petrobras, no ano de 1994.

27. (PUC-RJ) Fiz em 50 minutos o percurso de casa até a escola. Quanto tempo gastaria se utilizasse uma velocidade 20% menor?
Indique a opção que apresenta a resposta correta.

a) 65 minutos.

b) 41 minutos e 40 segundos.

c) 60 minutos.

d) 62 minutos e 30 segundos.

e) 50 minutos e 20 segundos.

28. (FEI-SP) O salário bruto de uma pessoa é de R$ 6 200,00. Sabendo que são descontados 12% entre impostos e contribuições assistenciais, o seu salário líquido será de:

a) R$ 5 456,00
b) R$ 5 250,00
c) R$ 5 825,00
d) R$ 5 712,00
e) R$ 6 188,00

29. (Unesp-SP) Um produto A apresenta, para uma porção de 40 gramas, a seguinte tabela nutricional:

Valor energético	96 kcal	4% do VD
Carboidratos	15 g	5% do VD
Proteínas	4,0 g	5% do VD
Gorduras totais	1,0 g	2% do VD
Fibras alimentares	17 g	68% do VD

Outro produto similar, B, tem, em uma porção de 30 g, 10 g de carboidratos. Quantos gramas deve-se comer do produto B para se obter 5% do VD (valor diário de referência) em carboidratos?

a) 37
b) 40
c) 45
d) 52,5
e) 55

30. (UF-PE) Júnior construiu uma casa gastando R$ 39 000,00. Ele pretende vendê-la com um lucro de 35% sobre o preço de venda. Qual o preço de venda da casa?

a) R$ 60 000,00
b) R$ 61 000,00
c) R$ 62 000,00
d) R$ 63 000,00
e) R$ 64 000,00

31. (Cefet-MG) A soma do preço de duas mercadorias é de R$ 50,00. A mais cara terá um desconto de 10% e a mais barata sofrerá aumento de 15%, mantendo a soma dos preços no mesmo valor. A diferença entre os dois preços diminuirá em:

a) 25%
b) 30%
c) 40%
d) 50%
e) 60%

32. (PUC-PR) Durante determinado ano foram matriculados 100 novos alunos em um colégio. No mesmo ano, 15 alunos antigos trancaram matrícula. Sabendo-se que, no final do ano, o número de alunos matriculados, em relação ao ano anterior, havia aumentado em 10%, o número de alunos ao final do ano era de:

a) 850
b) 730
c) 950
d) 935
e) 750

QUESTÕES DE VESTIBULARES

33. (Uneb-BA) Uma empresa produz e comercializa um determinado equipamento K. Desejando-se aumentar em 40% seu faturamento com as vendas de K, a produção desse equipamento deve aumentar em 30% e o preço do produto também deve sofrer um reajuste.
Para que a meta seja atingida, estima-se um reajuste mínimo aproximado de:

a) 5,6%   c) 7,7%   e) 9,8%
b) 6,3%   d) 8,6%

34. (UE-GO) A fazenda do João da Rosa produz, em média, 80 litros de leite por dia. Desse leite, 65% são utilizados na fabricação de queijos que são vendidos a R$ 7,50 o quilo, e o restante é vendido no laticínio da cidade a R$ 0,75 o litro. Se, a cada 8 litros de leite, João fabrica 1 quilo de queijo, a arrecadação mensal de João da Rosa com a venda dos queijos e do leite será:

a) menor que 1 946 reais.

b) maior que 2 200 e menor que 2 275 reais.

c) maior que 1 987 e menor que 2 000 reais.

d) maior que 1 950 e menor que 2 170 reais.

35. (U. F. Santa Maria-RS) Numa melancia de 10 kg, 95% dela é constituída de água. Após desidratar a fruta, de modo que se elimine 90% da água, pode-se afirmar que a massa restante da melancia será, em kg, igual a:

a) 1,45   c) 5   e) 9,5
b) 1,80   d) 9

36. (UF-RS) A quantidade de água que deve ser evaporada de 300 g de uma solução salina (água e sal) a 2% (sal) para se obter uma solução salina a 3% (sal) é:

a) 90 g   c) 97 g   e) 100 g
b) 94 g   d) 98 g

37. (Unaerp-SP) "O poliduto Paulínia-Brasília, com base em Ribeirão Preto, tem capacidade de transportar 20 mil m³/dia de óleo diesel, gasolina, querosene da aviação e GLP. Atualmente o Poliduto opera com 30% de sua capacidade, sendo o maior volume de diesel, com 65% do total bombeado."
Com base nos dados do texto acima, pode-se concluir que o volume diário, em litros, de óleo diesel bombeado pelo poliduto Paulínia-Brasília é de:

a) 13 000 000   c) 1 300 000   e) 1 300
b) 3 900 000   d) 3 900

38. (UF-SE) Um comerciante vende artigos nordestinos. No início deste ano ele comprou 100 redes ao preço unitário de X reais. Até o final de junho vendeu $\frac{3}{5}$ do total delas, com lucro de 40% sobre o preço da compra. Como desejava renovar o estoque, fez uma liquidação em agosto e alcançou seu intento: vendeu todas as que haviam sobrado. Entretanto, nessa segunda venda, teve um prejuízo de 10% em relação ao valor pago por elas. O total arrecadado com as vendas das 100 redes foi R$ 3 600,00.
Use o texto acima para analisar as afirmações abaixo.

a) X = 30

b) O valor arrecadado com a venda das redes no primeiro semestre foi R$ 2 650,00.

c) O valor arrecadado com a venda das redes em agosto foi R$ 1 080,00.

d) Com a venda de todas as redes, ele teve um lucro de R$ 750,00.

e) Com a venda de todas as redes, ele teve um prejuízo de R$ 150,00.

39. (FGV-SP) Uma empresa desconta do salário anual de seus funcionários certa porcentagem para um plano de previdência privada. O desconto é de p% sobre R$ 28 000,00 de renda anual, mais (p + 2)% sobre o montante anual do salário que excede R$ 28 000,00. João teve desconto total de (p + 0,25)% do seu salário anual para o plano de previdência privada. O salário anual de João, em reais, sem o desconto do plano de previdência é:

a) 28 000,00
b) 32 000,00
c) 35 000,00
d) 42 000,00
e) 56 000,00

40. (Unesp-SP) No ano passado, a extensão da camada de gelo no Ártico foi 20% menor em relação à de 1979, uma redução de aproximadamente 1,3 milhão de quilômetros quadrados (*Veja*, 21.06.2006). Com base nesses dados, pode-se afirmar que a extensão da camada de gelo no Ártico em 1979, em milhões de quilômetros quadrados, era:

a) 5
b) 5,5
c) 6
d) 6,5
e) 7

41. (Unicamp-SP) Um determinado cidadão recebe um salário bruto de R$ 2 500,00 por mês, e gasta cerca de R$ 1 800,00 por mês com escola, supermercado, plano de saúde, etc. Uma pesquisa recente mostrou que uma pessoa com esse perfil tem seu salário bruto tributado em 13,3% e paga 31,5% de tributos sobre o valor dos produtos e serviços que consome. Nesse caso, o percentual total do salário mensal gasto com tributos é de cerca de:

a) 40%
b) 41%
c) 45%
d) 36%

QUESTÕES DE VESTIBULARES

42. (UF-RS) O Estádio Nacional de Pequim, construído para a realização dos Jogos Olímpicos de 2008, teve um custo de 500 milhões de dólares, o que representa 1,25% do investimento total feito pelo país anfitrião para as Olimpíadas de 2008. Portanto, o investimento total da China foi, em dólares, de:

a) $4 \cdot 10^6$
b) $4 \cdot 10^7$
c) $4 \cdot 10^8$
d) $4 \cdot 10^9$
e) $4 \cdot 10^{10}$

43. (Mackenzie-SP) Num grupo de 200 pessoas, 80% são brasileiros. O número de brasileiros que deve abandonar o grupo, para que 60% das pessoas restantes sejam brasileiras, é:

a) 90
b) 95
c) 100
d) 105
e) 110

44. (FGV-SP) Uma pequena empresa fabrica camisas de um único modelo e as vende por R$ 80,00 a unidade. Devido ao aluguel e a outras despesas fixas que não dependem da quantidade produzida, a empresa tem um custo fixo anual de R$ 96 000,00. Além do custo fixo, a empresa tem que arcar com custos que dependem da quantidade produzida, chamados custos variáveis, tais como matéria-prima, por exemplo; o custo variável por camisa é R$ 40,00. Em 2009, a empresa lucrou R$ 60 000,00. Para dobrar o lucro em 2010, em relação ao lucro de 2009, a quantidade vendida em 2010 terá de ser x% maior que a de 2009. O valor mais próximo de x é:

a) 120
b) 100
c) 80
d) 60
e) 40

45. (UF-ES) Uma concessionária de veículos comercializa dois modelos de automóveis, um popular e um de luxo. Sabe-se que as vendas do modelo popular correspondem a 60% do total de veículos comercializados, mas contribuem com apenas 20% da receita. Qual é a razão entre o preço do modelo de luxo e o preço do modelo popular?

a) 3
b) 4
c) 5
d) 6
e) 7

46. (Vunesp-SP) Para manter funcionando um chuveiro elétrico durante um banho de 15 minutos e um forno de micro-ondas durante 5 minutos, as quantidades de água que precisam passar pelas turbinas de certa usina hidrelétrica são, respectivamente, 4 000 litros e 200 litros. Suponha que, para esses eletrodomésticos, a redução de consumo será proporcional à redução da quantidade de água que passa pelas turbinas. Com base nisso, se o banho for reduzido para 9 minutos e o tempo de utilização do micro-ondas for reduzido em 20%, a quantidade total de água utilizada na usina para movimentar as turbinas, durante o banho mais o uso do micro-ondas, será, após as reduções, de:

a) 2 400
b) 2 416
c) 2 560
d) 3 700
e) 3 760

47. (UF-MG) O preço da venda de determinado produto tem a seguinte composição: 60% referentes ao custo, 10% referentes ao lucro e 30% referentes a impostos.
Em decorrência da crise econômica, houve um aumento de 10% no custo desse produto, porém, ao mesmo tempo, ocorreu uma redução de 20% no valor dos impostos.
Para aumentar as vendas do produto, o fabricante decidiu, então, reduzir seu lucro à metade.
É CORRETO afirmar, portanto, que, depois de todas essas alterações, o preço do produto sofreu redução de:

a) 5%
b) 10%
c) 11%
d) 19%

48. (Mackenzie-SP) Uma loja comunica a seus clientes que promoverá, no próximo mês, um desconto de 30% em todos os seus produtos. Na ocasião do desconto, para que um produto que hoje custa k mantenha este preço, ele deverá ser anunciado por:

a) $\dfrac{7k}{3}$
b) $\dfrac{10k}{3}$
c) $\dfrac{17k}{10}$
d) $\dfrac{17k}{3}$
e) $\dfrac{10k}{7}$

49. (PUC-MG) Do salário bruto de Paulo são descontados:
INSS 4%
FGTS 8%
IR 15%
Após esses descontos, Paulo recebe o salário líquido de R$ 2 190,00. O salário bruto de Paulo é:

a) R$ 2 500,00
b) R$ 3 000,00
c) R$ 3 500,00
d) R$ 4 000,00
e) R$ 4 500,00

50. (UE-PA) O material de construção comprado numa loja especializada no ramo da construção civil custou R$ 1 200,00. A despesa do transporte desse material é de 6% sobre o valor da compra e o pagamento à vista dá ao comprador um desconto de 3% sobre o gasto total. Nessas condições, o valor gasto na compra do material foi:

a) R$ 1 272,00
b) R$ 1 233,84
c) R$ 1 228,36
d) R$ 1 218,38
e) R$ 1 236,60

51. (Unesp-SP) Para aumentar as vendas de camisetas, uma loja criou uma promoção. Clientes que compram três camisetas têm desconto de 10% no preço da segunda camiseta e 20% no preço da terceira camiseta. Todas as camisetas têm o mesmo preço. Qual o desconto que, aplicado igualmente sobre o preço original das três camisetas, resulta no mesmo valor para a compra conjunta de três camisetas na promoção?

52. (UF-GO)

Tabela Progressiva para o Cálculo Anual do Imposto de Renda de Pessoa Física a partir de 2011, ano-calendário de 2010

Base de Cálculo Anual (R$)	Alíquota (%)	Parcela a Deduzir do Imposto (R$)
Até 17 989,80	0	0
De 17 989,81 até 26 961,00	7,5	1 349,24
De 26 961,01 até 35 948,40	15	3 371,31
De 35 948,41 até 44 918,28	22,5	6 067,44
Acima de 44 918,28	27,5	8 313,35

Disponível em: <http://www.receita.fazenda.gov.br/aliquotas/tab-progressiva20022011.htm>.
Acesso em: 11 maio 2011.

O valor do imposto de renda, I, é calculado por:

$$I = A \cdot R - P$$

Na expressão, A é a alíquota, R, a renda anual (base de cálculo anual) e P, a parcela a deduzir. Considerando o exposto, calcule o valor da renda anual de um contribuinte que pagou R$ 19 186,65 de imposto referente ao ano-calendário de 2010.

53. (Fatec-SP) Desejo comprar uma televisão à vista, mas a quantia Q que possuo correspondente a 80% do preço P do aparelho. O vendedor ofereceu-me um abatimento de 5% no preço, mas, mesmo assim, faltam R$ 84,00 para realizar a compra. Os valores de P e Q são, respectivamente:

a) R$ 520,00 e R$ 410,00
b) R$ 530,00 e R$ 419,50
c) R$ 540,00 e R$ 429,00
d) R$ 550,00 e R$ 438,50
e) R$ 560,00 e R$ 448,00

54. (Fuvest-SP) Numa barraca de feira, uma pessoa comprou maçãs, bananas, laranjas e peras. Pelo preço normal da barraca, o valor pago pelas maçãs, bananas, laranjas e peras corresponderia a 25%, 10%, 15% e 50% do preço total, respectivamente. Em virtude de uma promoção, essa pessoa ganhou um desconto de 10% no preço das maçãs e de 20% no preço das peras. O desconto, assim obtido, no valor total de sua compra foi de:

a) 7,5%
b) 10%
c) 12,5%
d) 15%
e) 17,5%

55. (Puccamp-SP) Através de um canal de compras, pode-se adquirir certo tipo de camisa a R$ 29,00 a unidade, com a seguinte promoção: na compra de uma segunda camisa desse tipo, esta sairia por R$ 10,00. Nessa promoção, a porcentagem de desconto no preço da segunda peça, em relação ao preço da primeira, era de aproximadamente:

a) 65,5%
b) 63,5%
c) 34,5%
d) 29%
e) 19%

QUESTÕES DE VESTIBULARES

56. (FEI-SP) Um boleto de pagamento tem vencimento no dia 20 de cada mês. Se o pagamento for realizado até o dia 10, há um desconto de 12% no valor da fatura e se o pagamento for realizado após o dia 20 do mês, incidirá 5% de multa sobre o valor total. Para calcular o valor do boleto com desconto e o seu valor com multa, basta multiplicá-lo, respectivamente, por:

a) 0,12 e 0,05
b) 0,88 e 0,05
c) 0,12 e 1,05
d) 1,88 e 1,05
e) 0,88 e 1,05

57. (UFF-RJ) O salário bruto mensal de João é de R$ 465,00. Desse valor são descontados 8% para a Previdência Social. Considerando-se que não são feitos outros descontos, pode-se afirmar que o salário líquido (salário bruto menos descontos) de João é de:

a) R$ 427,80
b) R$ 428,20
c) R$ 437,80
d) R$ 457,00
e) R$ 461,28

58. (Unifesp-SP) Um comerciante comprou um produto com 25% de desconto sobre o preço do catálogo. Ele deseja marcar o preço de venda de modo que, dando um desconto de 25% sobre esse preço, ainda consiga um lucro de 30% sobre o custo. A porcentagem sobre o preço do catálogo que ele deve usar para marcar o preço de venda é:

a) 110%
b) 120%
c) 130%
d) 135%
e) 140%

59. (UF-PE) O preço da energia elétrica, consumida pelo chuveiro, em um banho de oito minutos, é de R$ 0,22. Se um banho de mesma duração, com água aquecida a gás, é 164% mais caro, qual o seu custo? Indique o valor mais próximo.

a) R$ 0,56
b) R$ 0,57
c) R$ 0,58
d) R$ 5,90
e) R$ 6,85

60. (UE-CE) Se na cidade de Sinimbu o salário das mulheres é 20% inferior ao salário dos homens, então podemos afirmar corretamente que, naquela cidade, o salário dos homens é superior ao salário das mulheres em:

a) 20%
b) 22%
c) 25%
d) 28%

61. (FGV-SP) Chama-se margem de contribuição unitária à diferença entre o preço de venda de um produto e o custo desse produto para o comerciante.
Um comerciante de sapatos compra certo modelo por R$ 120,00 o par e o vende com uma margem de contribuição unitária igual a 20% do preço de venda.
A margem de contribuição unitária como porcentagem do custo do produto para o comerciante é:

a) 25%
b) 22,5%
c) 20%
d) 17,5%
e) 15%

62. (Puccamp-SP) Na loja Compre Mais, um modelo de aparelho de som tem o preço de R$ 520,00 e pode ser comprado de duas formas:
– à vista, com desconto correspondente a 15% do preço;
– a prazo, com entrada correspondente a 20% do preço e o saldo, acrescido de 30% de seu valor, pago em 5 parcelas iguais.

Carlos e Heitor compraram esse aparelho, o primeiro à vista e o outro a prazo. Quanto Heitor pagou a mais que Carlos?

a) R$ 202,80
b) R$ 178,00
c) R$ 157,50
d) R$ 124,80
e) R$ 98,80

63. (UCDB-MS) Uma creche gastava x litros de leite para alimentar suas crianças durante 10 dias. Após chegar à creche um segundo grupo de crianças, esses x litros de leite passaram a ser consumidos em 8 dias. Se o leite fosse usado para alimentar apenas o segundo grupo de crianças, ele seria consumido em:

a) 20 dias
b) 30 dias
c) 40 dias
d) 50 dias
e) 60 dias

64. (PUC-MG) Pensando em aumentar seus lucros, um lojista aumentou os preços de seus produtos em 25%. Como, a partir desse aumento, as vendas diminuíram, o comerciante decidiu reduzir os novos preços praticados em 25%. Com base nessas informações, é correto afirmar que, após essa redução, as mercadorias dessa loja passaram a:

a) ter o preço original
b) ser 5% mais caras
c) ser 10% mais caras
d) ser mais baratas

65. (UE-PI) Maria comprou uma blusa e uma saia em uma promoção. Ao término da promoção, o preço da blusa aumentou de 30%, e o da saia de 20%. Se comprasse as duas peças pelo novo preço, pagaria no total 24% a mais. Quanto mais caro foi o preço da saia em relação ao preço da blusa?

a) 42%
b) 44%
c) 46%
d) 48%
e) 50%

66. (Vunesp-SP) O dono de um supermercado comprou de seu fornecedor um produto por x reais (preço de custo) e passou a revendê-lo com lucro de 50%. Ao fazer um dia de promoções, ele deu aos clientes do supermercado um desconto de 20% sobre o preço de venda desse produto. Pode-se afirmar que, no dia de promoções, o dono do supermercado teve, sobre o preço de custo:

a) prejuízo de 10%
b) prejuízo de 5%
c) lucro de 20%
d) lucro de 25%
e) lucro de 30%

QUESTÕES DE VESTIBULARES

67. (PUC-SP) Em uma indústria é fabricado certo produto ao custo de R$ 9,00 a unidade. O proprietário anuncia a venda desse produto ao preço unitário de X reais, para que possa, ainda que dando ao comprador um desconto de 10% sobre o preço anunciado, obter um lucro de 40% sobre o preço unitário de custo. Nessas condições, o valor de X é:

a) 24
b) 18
c) 16
d) 14
e) 12

68. (Faap-SP) O custo de fabricação de um produto é R$ 90,00 por unidade. Do preço de venda, o fabricante deve pagar 25% de impostos. Do restante, 80% correspondem ao custo de fabricação e 20%, ao lucro. O produto deve ser vendido ao preço de:

a) R$ 144,00
b) R$ 180,00
c) R$ 136,00
d) R$ 150,00
e) R$ 196,00

69. (Fuvest-SP) Sobre o preço de um carro importado incide um imposto de importação de 30%. Em função disso, o seu preço para o importador é R$ 19 500,00. Supondo que tal imposto passe de 30% para 60%, qual será, em reais, o novo preço do carro para o importador?

a) R$ 22 500,00
b) R$ 24 000,00
c) R$ 25 350,00
d) R$ 31 200,00
e) R$ 39 000,00

70. (UF-SE) A Prefeitura de certa cidade realizou dois concursos para o preenchimento de suas vagas. No primeiro, a razão entre o número de vagas e o número de candidatos era de 2 para 5. Apesar do número de vagas ter ficado constante, no segundo concurso aquela razão passou a ser de 1 para 4. É correto afirmar que o número de inscritos aumentou em:

a) 15%
b) 25%
c) 40%
d) 50%
e) 60%

71. (UE-PI) O salário bruto mensal de um vendedor é composto de uma parcela fixa de R$ 600,00, adicionada a 5% do total de suas vendas que exceder R$ 1 000,00. Em determinado mês, o vendedor recebeu de salário líquido um total de R$ 1 080,00. Se o total de descontos que incidem sobre seu salário bruto é de 10%, qual foi o seu total de vendas naquele mês?

a) R$ 11 000,00
b) R$ 12 000,00
c) R$ 13 000,00
d) R$ 14 000,00
e) R$ 15 000,00

72. (UF-MG) Uma empresa dispensou 20% de seus empregados e aumentou o salário dos restantes, fazendo com que o valor de sua folha de pagamentos diminuísse 10%.
O salário médio da empresa – valor da folha de pagamentos dividido pelo número de empregados – teve um aumento percentual de:

a) 15%
b) 12,5%
c) 17,5%
d) 10%

QUESTÕES DE VESTIBULARES

73. (Ibmec-SP) A renda *per capita* é definida como o quociente do produto interno bruto (PIB) pela população economicamente ativa. Se no próximo ano a população economicamente ativa aumentar 12,5%, de quanto deverá aumentar o PIB para que a renda *per capita* dobre no referido ano?

a) 12,5% c) 125% e) 100%
b) 225% d) 300%

74. (UF-ES) O Senhor Silva comprou um apartamento e, logo depois, o vendeu por R$ 476 000,00. Se ele tivesse vendido esse apartamento por R$ 640 000,00, ele teria lucrado 60%. Calcule:
a) quanto o Senhor Silva pagou pelo apartamento;
b) qual foi, de fato, o seu lucro percentual.

75. (UF-GO) Segundo dados publicados na revista *Istoé Dinheiro* (02/08/06) no ano de 2006 deverão ser investidos no mundo 673 bilhões de dólares em mídia e serviços de marketing. Este valor representa um crescimento de 6,2% em relação a 2005. Com base nesses dados, calcule quanto foi investido no mundo, no ano de 2005, em mídia e serviços de marketing.

76. (Unifesp-SP) Com relação à dengue, o setor de vigilância sanitária de um determinado município registrou o seguinte quadro, quanto ao número de casos positivos:
– em fevereiro, relativamente a janeiro, houve um aumento de 10%;
– em março, relativamente a fevereiro, houve uma redução de 10%.
Em todo o período considerado, a variação foi de:

a) –1% c) 0% e) 1%
b) –0,1% d) 0,1%

77. (UF-GO) Em 1970, a dívida externa brasileira era de 5,3 bilhões de dólares, o que correspondia a 11,9% na riqueza nacional. Já em 1975, a dívida externa brasileira era de 21 bilhões de dólares, correspondendo a 20,6% da riqueza nacional.
Com base nessas informações, calcule:
a) O crescimento percentual da dívida externa brasileira de 1970 para 1975.
b) O crescimento percentual da riqueza nacional de 1970 para 1975.

78. (Unicamp-SP) Uma passagem de ônibus de Campinas a São Paulo custa R$ 17,50. O preço da passagem é composto por R$ 12,57 de tarifa, R$ 0,94 de pedágio, R$ 3,30 de taxa de embarque e R$ 0,69 de seguro. Uma empresa realiza viagens a cada 15 minutos, sendo que o primeiro ônibus sai às 5 horas da manhã e o último, à meia-noite. No período entre o meio-dia e as duas horas da tarde, o intervalo entre viagens sucessivas é de 30 minutos.
a) Suponha que a empresa realiza todas as viagens previstas no enunciado e que os ônibus transportam, em média, 36 passageiros por viagem. Qual o valor arrecadado pela empresa, por dia, nas viagens entre Campinas e São Paulo, desconsiderando as viagens de volta?
b) Se a taxa de embarque aumentar 33,33% e esse aumento for integralmente repassado ao preço da passagem, qual será o aumento percentual total do preço da passagem?

QUESTÕES DE VESTIBULARES

79. (Enem-MEC) Em 2006, a produção mundial de etanol foi de 40 bilhões de litros e a de biodiesel, de 6,5 bilhões. Neste mesmo ano, a produção brasileira de etanol correspondeu a 43% da produção mundial, ao passo que a produção dos Estados Unidos da América, usando milho, foi de 45%.

Disponível em: planetasustentavel.abril.com.br. Acesso em: 02 maio 2009.

Considerando que, em 2009, a produção mundial de etanol seja a mesma de 2006 e que os Estados Unidos produzirão somente a metade de sua produção de 2006, para que o total produzido pelo Brasil e pelos Estados Unidos continue correspondendo a 88% da produção mundial, o Brasil deve aumentar sua produção em, aproximadamente:

a) 22,5% c) 52,3% e) 77,5%
b) 50,0% d) 65,5%

80. (FATEC-SP) De acordo com os resultados de uma pesquisa feita pela Fundação Getúlio Vargas, divulgada no início de agosto de 2008, a classe média brasileira, que representava 42% da população brasileira em 2004, passou a representar 52% em 2008.
Sabendo que, em 2004, a população brasileira era de 180 milhões de habitantes e que, em 2008, passou para 187,5 milhões, então, no período considerado, a população brasileira correspondente à classe média cresceu, aproximadamente:

a) 10% c) 21% e) 29%
b) 17% d) 24%

81. (PUC-SP) Chama-se *renda per capita* de um país a razão entre seu produto interno bruto (PIB) e sua população economicamente ativa. Considerando que, no período de 1996 a 2010, a *renda per capita* de certo país aumentou em 36%, enquanto o seu PIB aumentou em 56,4%, é correto afirmar que, neste mesmo período, o acréscimo percentual da sua população economicamente ativa foi de:

a) 11,5% c) 16,5% e) 18,5%
b) 15%   d) 17%

82. (Faap-SP) No mês de outubro de determinado ano, uma categoria profissional tem direito a um aumento salarial de 75%. Como a categoria já havia recebido uma antecipação de 25% em julho, a porcentagem de acréscimo adicional do salário para compensar a antecipação concedida é de:

a) 30% c) 50% e) 70%
b) 40% d) 60%

83. (FEI-SP) A primeira tabela apresenta as quantidades de arroz, feijão e açúcar que Márcia e Luiza desejam comprar. A segunda tabela indica o preço do quilo de cada um desses produtos nos mercados A e B. Observe as tabelas e assinale a alternativa correta:

QUESTÕES DE VESTIBULARES

Quantidade do produto que cada pessoa deseja comprar			
	Arroz	Feijão	Açúcar
Márcia	5 kg	2 kg	2 kg
Luiza	2 kg	5 kg	1 kg

Preço por kg dos produtos em cada mercado		
	Mercado A	Mercado B
Arroz	R$ 2,50	R$ 3,00
Feijão	R$ 5,00	R$ 4,00
Açúcar	R$ 3,00	R$ 2,50

a) Se Márcia efetuar a compra de todos os produtos no mercado A, gastará R$ 0,50 a menos do que se efetuar a compra de todos os produtos no mercado B.

b) Se Luiza efetuar a compra de todos os produtos no mercado A, gastará R$ 4,50 a menos do que se efetuar a compra de todos os produtos no mercado B.

c) Se Luiza fizer a compra de todos os produtos no mercado B, o seu gasto será de R$ 33,00.

d) Se Márcia fizer a compra de todos os produtos no mercado A, o seu gasto será de R$ 28,00.

e) O gasto de Márcia pela compra de todos os produtos no mercado A será o mesmo que o gasto de Luiza pela compra de todos os produtos no mercado B.

84. (UF-PI) Dona Maria pesquisou em três supermercados de Teresina os preços em reais dos gêneros alimentícios (do mesmo tipo): arroz, feijão e carne. Os preços em reais por quilo dos gêneros alimentícios são dados pela matriz abaixo:

Supermercado	Arroz	Feijão	Carne
A	2,5	4,5	10,0
B	2,6	4,0	9,5
C	2,7	4,2	10,5

Analise as afirmativas abaixo e assinale V (verdadeira) ou F (falsa).

1. Se Dona Maria comprou no supermercado A: 2 quilos de feijão, 4 quilos de carne e 10 quilos de arroz, então ela gastou 74 reais pela compra.

2. É mais econômico comprar 5 quilos de arroz, 2 quilos de feijão e um quilo de carne no supermercado A do que as mesmas quantidades no supermercado C.

3. É mais econômico comprar 5 quilos de arroz, 2 quilos de feijão e um quilo de carne no supermercado B do que as mesmas quantidades no supermercado C.

4. É mais econômico comprar 5 quilos de arroz, 2 quilos de feijão e um quilo de carne no supermercado A do que as mesmas quantidades no supermercado B.

QUESTÕES DE VESTIBULARES

85. (PUC-MG) Após dois anos de uso, um carro custa R$ 17 672,00. Sabendo que sua desvalorização é de 6% ao ano, o preço do carro há dois anos era:
a) R$ 19 792,64
b) R$ 19 000,00
c) R$ 20 000,00
d) R$ 21 200,00
e) R$ 24 033,92

86. (ESPM-SP) Se um automóvel sofre desvalorização de 20% ao ano, ele estará valendo a metade do seu valor atual em:
a) pouco mais de 3 anos.
b) exatamente 2 anos e meio.
c) pouco mais de 4 anos.
d) exatamente 5 anos.
e) menos de 2 anos.

87. (PUC-MG) Em maio de cada ano, certa empresa reajusta os salários de seus funcionários pelo índice de aumento de preços ao consumidor apurado no ano anterior. Em 2006, esse índice foi de 5,8%. Com base nesses dados, pode-se estimar que um funcionário que, em maio de 2006, recebia R$ 680,00 passou a receber, em maio de 2007:
a) R$ 719,44
b) R$ 736,58
c) R$ 768,36
d) R$ 780,62

88. (FGV-SP) A partir de 2008, o salário mínimo do Brasil será reajustado pela variação do INPC (Índice Nacional de Preços do IBGE) do ano anterior, acrescido da expansão real do PIB (Produto Interno Bruto) de 2 anos antes. Portanto, em 28 de fevereiro deste ano, quando o PIB de 2006 foi divulgado, já se sabia que o salário mínimo, em 2008, teria um aumento real (acima da inflação) de 2,9%.
Ocorre que o IBGE reformulou a metodologia de cálculo e os novos números, divulgados um mês após, em 28 de março, mostraram que o real crescimento do PIB em 2006 foi de 3,7%, percentual que, então, será utilizado para o aumento real do salário mínimo em 2008.
Desse modo, a nova metodologia de cálculo do PIB, comparada à anterior, proporcionará ao ganho real do salário mínimo de 2008 um acréscimo da ordem de:
a) 8%
b) 28%
c) 0,8%
d) 3%
e) 20%

89. (UF-RS) Entre julho de 1994 e julho de 2009, a inflação acumulada pela moeda brasileira, o real, foi de 244,15%. Em 1993, o Brasil teve a maior inflação anual de sua história.
A revista *Veja* de 08/07/2009 publicou uma matéria mostrando que, com uma inflação anual como a de 1993, o poder de compra de 2 000 reais se reduziria, em um ano, ao poder de compra de 77 reais.
Dos valores abaixo, o mais próximo do percentual que a inflação acumulada entre julho de 1994 e julho de 2009 representa em relação à inflação anual de 1993 é:
a) 5%
b) 10%
c) 11%
d) 13%
e) 15%

90. (FGV-SP) Poder aquisitivo pode ser entendido como a quantidade de produtos que se pode adquirir com uma determinada quantia. Se, em um período, o preço unitário dos produtos aumentar (inflação), a quantia do início do período não será mais suficiente para comprar, no final do período, o mesmo número de produtos, configurando uma perda de poder aquisitivo.

Suponha que, em janeiro deste ano, o salário de José fosse suficiente para que ele pudesse consumir 1 000 produtos. Suponha, também, que a inflação neste ano seja de 6%. Se o salário de José não for reajustado, o número de produtos que ele conseguirá comprar em janeiro do próximo ano será aproximadamente igual a:

a) 940
b) 943,40
c) 900
d) 1 000
e) 921,30

91. (UF-PE) O custo da cesta básica aumentou 1,03% em determinada semana. O aumento foi atribuído exclusivamente à variação do preço dos alimentos que subiram 1,41%. Qual o percentual de participação dos alimentos no cálculo da cesta básica? (indique o valor mais próximo).

a) 73%
b) 74%
c) 75%
d) 76%
e) 77%

92. (UF-GO) De acordo com uma reportagem da revista *Superinteressante* (out. 2009, p. 32), certos alimentos podem ter menos calorias do que se imagina. Isto ocorre devido ao organismo não conseguir absorver toda a energia contida na comida, pois gasta parte dessa energia para fazer a digestão da própria comida. Este estudo propiciou um novo método de contar as calorias dos alimentos.

A tabela abaixo apresenta a quantidade de calorias de alguns alimentos, calculadas pelo método tradicional e pelo novo método, e também a redução percentual dessa quantidade quando o novo método é utilizado.

Alimento	Método tradicional	Novo método	Redução
Feijão (1 concha)	68 kcal	45 kcal	34%
Arroz branco (4 colheres de sopa)	155 kcal	140 kcal	10%
Batatas fritas (2,5 colheres de sopa)	308 kcal	270 kcal	13%
Contrafilé grelhado (64 g)	147 kcal	127 kcal	14%

De acordo com essas informações, em uma refeição contendo uma concha de feijão, 4 colheres de sopa de arroz branco, 2,5 colheres de sopa de batatas fritas e 64 g de contrafilé grelhado, a redução na quantidade de calorias calculadas pelo novo método, em relação ao método tradicional, é de aproximadamente:

a) 14%
b) 18%
c) 29%
d) 34%
e) 71%

93. (UF-GO) Veja a tabela a seguir.

Variação percentual do valor da cesta básica, de agosto para setembro de 2010, em algumas capitais brasileiras		
Cidade	Variação percentual do valor da cesta básica de agosto para setembro	Valor da cesta básica em setembro (R$)
Aracaju	–0,8%	173,60
Goiânia	1,2%	217,75
Rio de Janeiro	3,6%	207,20
Salvador	3,7%	197,03

Fonte: <http://www.jornalbrasil.com.br/interna.php?autonum=16721>. Acesso em: 22 out. 2010. [Adaptado]

Com base nos dados da tabela, considere a cidade que teve o maior aumento, em reais, do valor da cesta básica de agosto para setembro de 2010. Nessa cidade, para comprar a cesta básica no mês de agosto, que percentual do salário foi comprometido por um trabalhador que recebe um salário mensal de R$ 510,00?

94. (UF-PE) Em determinado dia, um dólar estava cotado a 1,8 reais e um euro a 2,4 reais. Quantos dólares valeriam 1 200 euros naquele dia?
a) 1 400 dólares
b) 1 600 dólares
c) 1 800 dólares
d) 2 000 dólares
e) 2 200 dólares

95. (FGV-SP) Uma pesquisa feita em 46 países e publicada pela revista "The Economist" mostra que, se transformamos a moeda de cada país para dólar e calculamos o preço do BigMac (o conhecido sanduiche do McDonald's), o Brasil tem o 6º BigMac mais caro do mundo, devido à alta do real.

MAIS CAROS (Preço, em US$)			MAIS BARATOS (Preço, em US$)		
1º	Noruega	6,15	41º	Tailândia	1,89
2º	Suíça	5,98	42º	Malásia	1,88
3º	Dinamarca	5,53	43º	China	1,83
4º	Islândia	4,99		Sri Lanka	1,83
5º	Suécia	4,93		Ucrânia	1,83
6º	**Brasil**	**4,02**	46º	Hong Kong	1,72

Fonte: "The Economist".

a) Quando a pesquisa foi publicada, o dólar estava cotado a R$ 2,00. Suponha que um jovem casal entrou em uma lanchonete situada no bairro da Liberdade e comprou dois BigMacs e dois sucos de laranja. Cada suco de laranja custava R$ 3,40. Pagaram com uma nota de R$ 20,00 e uma de R$ 5,00. Receberam o troco somente em moedas e no menor número possível de moedas. Quantas moedas receberam de troco?

b) Em janeiro de 2009, quando foi publicada a edição anterior da pesquisa, a moeda americana valia R$ 2,32 e o sanduíche, no Brasil, era cerca de 4% mais barato que o americano, cujo preço era de US$ 3,50. Se o preço do suco fosse o mesmo do item A, o casal conseguiria comprar os dois BigMacs e os dois sucos de laranja com R$ 25,00? Se precisar, pode usar o seguinte dado: o produto 232×336 é aproximadamente igual a 78 000.

96. (UF-RN) Ao planejar uma viajem à Argentina, um turista brasileiro verificou, pela Internet, que no Banco de La Nación Argentina, em Buenos Aires, 1 real equivalia a 2 pesos e 1 dólar a 4 pesos. Verificou também que nas casas de câmbio, no Brasil, 1 dólar equivalia a 1,8 reais.
Se o turista optar por pagar suas contas na Argentina com a moeda local, é melhor levar reais para comprar pesos ou comprar dólares no Brasil e levar para depois convertê-los em pesos em Buenos Aires? Justifique sua resposta.

Matemática financeira

97. (FUVEST-SP) Há um ano, Bruno comprou uma casa por R$ 50 000,00. Para isso, tomou emprestados R$ 10 000,00 de Edson e R$ 10 000,00 de Carlos, prometendo devolver-lhes o dinheiro, após um ano, acrescido de 5% e 4% de juros, respectivamente.
A casa valorizou 3% durante este período de um ano. Sabendo-se que Bruno vendeu a casa hoje e pagou o combinado a Edson e Carlos, o seu lucro foi de:
a) R$ 400,00
b) R$ 500,00
c) R$ 600,00
d) R$ 700,00
e) R$ 800,00

98. (UF-AM) Duas irmãs, Júlia e Beatriz, têm uma conta poupança conjunta. Do total do saldo, Júlia tem 60% e Beatriz 40%. A mãe das meninas recebeu uma quantia extra em dinheiro e resolveu realizar um depósito exatamente igual ao saldo da caderneta. Por uma questão de justiça, a mãe disse às meninas que o depósito será dividido igualmente entre as duas. Nessas condições, a participação de Beatriz no novo saldo:
a) aumentou para 50%
b) aumentou para 45%
c) permaneceu 40%
d) diminuiu para 35%
e) diminuiu para 30%

99. (FGV-RJ) Sandra fez uma aplicação financeira, comprando um título público que lhe proporcionou, após um ano, um montante de R$ 10 000,00. A taxa de juros da aplicação foi de 10% ao ano. Podemos concluir que o juro auferido na aplicação foi:
a) R$ 1 000,00
b) R$ 1 009,09
c) R$ 900,00
d) R$ 909,09
e) R$ 800,00

100. (FGV-SP) Um vidro de perfume é vendido, à vista, por R$ 48,00 ou, a prazo, em dois pagamentos de R$ 25,00 cada um, o primeiro no ato da compra e o outro um mês depois. A taxa mensal de juros do financiamento é aproximadamente igual a:

a) 6,7%
b) 7,7%
c) 8,7%
d) 9,7%
e) 10,7%

101. (PUC-SP) Vítor e Valentina possuem uma caderneta de poupança conjunta. Sabendo que cada um deles dispõe de certa quantia para, numa mesma data, aplicar nessa caderneta, considere as seguintes informações:
- se apenas Vítor depositar nessa caderneta a quarta parte da quantia de que dispõe, o seu saldo duplicará;
- se apenas Valentina depositar nessa caderneta a metade da quantia que tem, o seu saldo triplicará;
- se ambos depositarem ao mesmo tempo as respectivas frações das quantias que têm, mencionadas nos itens anteriores, o saldo será acrescido de R$ 4 947,00.

Nessas condições, se nessa data não foi feito qualquer saque de tal conta, é correto afirmar que

a) Valentina tem R$ 6 590,00.
b) Vítor tem R$ 5 498,00.
c) Vítor tem R$ 260,00 a mais que Valentina.
d) o saldo inicial da caderneta era R$ 1 649,00.
e) o saldo inicial da caderneta era R$ 1 554,00.

102. (PUC-MG) Uma pessoa toma emprestados R$ 9 000,00 e deverá pagar, ao final de oito meses, R$ 13 680,00, para liquidar esse empréstimo. A taxa total de juros cobrada nessa operação é de:

a) 46%
b) 52%
c) 61%
d) 67%

103. (UFG) Observe a fatura mensal de um cliente de um supermercado.

Vencimento	Saldo Devedor	Pagamento Mínimo
26/11/2006	R$ 1 680,00	R$ 336,00
Encargos financeiros no período: 12% ao mês		

Considerando que o cliente não efetuará compras até o próximo vencimento, em 26/12/2006, o valor a ser pago em 26/11/2006 para que o saldo devedor da próxima fatura seja exatamente a terça parte do saldo devedor acima, deverá ser:

a) R$ 1 298,00
b) R$ 1 180,00
c) R$ 685,00
d) R$ 500,00
e) R$ 164,00

104. (Cefet-MG) Uma loja de eletrodomésticos publicou o seguinte anúncio:
"Compre uma geladeira por R$ 950,00 para pagamento em 30 dias, ou à vista, com um desconto promocional de 20%".
Se um cliente optar pela compra com pagamento em 30 dias, a taxa de juros a ser paga, ao mês, é:
a) 20%
b) 22%
c) 25%
d) 28%

105. (Enem-MEC) Um jovem investidor precisa escolher qual investimento lhe trará maior retorno financeiro em uma aplicação de R$ 500,00. Para isso, pesquisa o rendimento e o imposto a ser pago em dois investimentos: poupança e CDB (Certificado de Depósito Bancário). As informações obtidas estão resumidas no quadro:

	Rendimento mensal (%)	IR (imposto de renda)
Poupança	0,560	isento
CDB	0,876	4% (sobre o ganho)

Para o jovem investidor, ao final de um mês, a aplicação mais vantajosa é

a) a poupança, pois totalizará um montante de R$ 502,80.

b) a poupança, pois totalizará um montante de R$ 500,56.

c) o CDB, pois totalizará um montante de R$ 504,38.

d) o CDB, pois totalizará um montante de R$ 504,21.

e) o CDB, pois totalizará um montante de R$ 500,87.

106. (Enem-MEC) Uma pessoa aplicou certa quantia em ações. No primeiro mês, ela perdeu 30% do total do investimento e, no segundo mês, recuperou 20% do que havia perdido. Depois desses dois meses, resolveu tirar o montante de R$ 3 800,00 gerado pela aplicação.
A quantia inicial que essa pessoa aplicou em ações corresponde ao valor de:
a) R$ 4 222,22
b) R$ 4 523,80
c) R$ 5 000,00
d) R$ 13 300,00
e) R$ 17 100,00

107. (FGV-SP) Fábio recebeu um empréstimo bancário de R$ 10 000,00 para ser pago em duas parcelas anuais, a serem pagas, respectivamente, no final do primeiro ano e do segundo ano, sendo cobrados juros compostos à taxa de 20% ao ano. Sabendo que o valor da 1ª parcela foi R$ 4 000,00, podemos concluir que o valor da 2ª foi:
a) R$ 8 800,00
b) R$ 9 000,00
c) R$ 9 200,00
d) R$ 9 400,00
e) R$ 9 600,00

108. (FGV-SP) Um aparelho de TV é vendido por R$ 1 000,00 em dois pagamentos iguais, sem acréscimo, sendo o 1º como entrada e o 2º um mês após a compra. Se o pagamento for feito à vista, há um desconto de 4% sobre o preço de R$ 1 000,00. A taxa mensal de juros simples do financiamento é, aproximadamente, igual a:
a) 8,7% c) 6,7% e) 4,7%
b) 7,7% d) 5,7%

109. (UF-GO) Duas empresas financeiras, E_1 e E_2, operam emprestando um capital C, a ser pago numa única parcela após um mês. A empresa E_1 cobra uma taxa fixa de R$ 60,00 mais 4% de juros sobre o capital emprestado, enquanto a empresa E_2 cobra uma taxa fixa de R$ 150,00 mais juros de 3% sobre o capital emprestado. Dessa forma,

a) determine as expressões que representam o valor a ser pago em função do capital emprestado, nas duas empresas, e esboce os respectivos gráficos;

b) calcule o valor de C, de modo que o valor a ser pago seja o mesmo, nas duas empresas.

110. (UF-PE) Júnior aplicou certo capital na caderneta de poupança e na bolsa de valores. Na poupança, Júnior aplicou dois terços do capital, que lhe rendeu 5% de juros. Na bolsa, o restante do capital lhe provocou um prejuízo de 3%. Se, no final, Júnior teve um lucro de R$ 56,00, qual foi o capital investido?
a) R$ 2 000,00 c) R$ 2 400,00 e) R$ 2 800,00
b) R$ 2 200,00 d) R$ 2 600,00

111. (FGV-SP) O capital de R$ 12 000,00 foi dividido em duas partes (x e y), sendo que a maior delas (x) foi aplicada à taxa de juros de 12% ao ano, e a menor (y), à taxa de 8% ao ano, ambas aplicações feitas em regime de capitalização anual. Se, ao final de um ano, o montante total resgatado foi de R$ 13 300,00, então y esta para x assim como 7 está para:
a) 15 c) 17 e) 19
b) 16 d) 18

112. (FGV-SP) Roberto Matias investiu R$ 12 000,00 em ações das empresas A e B. Na época da compra, os preços unitários das ações eram R$ 20,00 para a empresa A e R$ 25,00 para a B.
Depois de algum tempo, o preço unitário de A aumentou em 200% e o de B aumentou apenas 10%. Nessa ocasião, o valor total das ações da carteira era de R$ 17 000,00. A diferença, em valor absoluto, entre as quantidades de ações compradas de A e B foi de:
a) 200 c) 300 e) 275
b) 225 d) 250

113. (FEI-SP) Márcia recebeu uma herança de R$ 25 000,00 e decidiu investi-la totalmente. Parte dessa herança foi investida na poupança, outra parte em renda fixa e outra em renda variável. Após um ano, ela recebeu um total de R$ 1 620,00 de juros pelas três aplicações. A poupança pagou 6% ao ano, a renda fixa 7% ao ano e a renda variável pagou 8% ao ano. Sabe-se que ela investiu R$ 6 000,00 a mais em renda fixa do que na variável. Pode-se afirmar que ela investiu na poupança um total de:

a) R$ 15 000,00
b) R$ 8 000,00
c) R$ 2 000,00
d) R$ 5 000,00
e) R$ 7 000,00

114. (UF-PR) Luiz Carlos investiu R$ 10 000,00 no mercado financeiro da seguinte forma: parte no fundo de ações, parte no fundo de renda fixa e parte na poupança. Após um ano ele recebeu R$ 1 018,00 em juros simples dos três investimentos. Nesse período de um ano, o fundo de ações rendeu 15%, o fundo de renda fixa rendeu 10% e a poupança rendeu 8%. Sabendo que Luiz Carlos investiu no fundo de ações apenas metade do que ele investiu na poupança, os juros que ele obteve em cada um dos investimentos foram:

a) R$ 270,00 no fundo de ações, R$ 460,00 no fundo de renda fixa e R$ 288,00 na poupança.

b) R$ 300,00 no fundo de ações, R$ 460,00 no fundo de renda fixa e R$ 258,00 na poupança.

c) R$ 260,00 no fundo de ações, R$ 470,00 no fundo de renda fixa e R$ 288,00 na poupança.

d) R$ 260,00 no fundo de ações, R$ 480,00 no fundo de renda fixa e R$ 278,00 na poupança.

e) R$ 270,00 no fundo de ações, R$ 430,00 no fundo de renda fixa e R$ 318,00 na poupança.

115. (UF-CE) Um cliente possui R$ 100,00 (cem reais) em sua conta bancária. Sabendo-se que o Governo Federal cobra um tributo de 0,38% de CPMF (Contribuição Provisória sobre a Movimentação Financeira) sobre cada movimentação financeira, qual o valor máximo que esse cliente pode sacar sem ficar com a conta negativa?

a) 99 reais
b) 99 reais e 30 centavos
c) 99 reais e 53 centavos
d) 99 reais e 62 centavos
e) 99 reais e 70 centavos

116. (FGV-SP) Certo capital C aumentou em R$ 1 200,00 e, em seguida, esse montante decresceu 11%, resultando em R$ 32,00 a menos do que C. Sendo assim, o valor de C, em R$, é:

a) 9 600,00
b) 9 800,00
c) 9 900,00
d) 10 000,00
e) 11 900,00

QUESTÕES DE VESTIBULARES

117. (UF-PE) Para comprar um carro, que tem preço à vista de R$ 20 000,00, Júnior optou por um plano de pagamento que consiste de uma entrada no valor de R$ 2 000,00, e o restante, depois de aplicados juros simples de 10% ao ano durante 3 anos, dividido em 36 parcelas iguais. Qual o valor da parcela?
a) R$ 610,00
b) R$ 620,00
c) R$ 630,00
d) R$ 640,00
e) R$ 650,00

118. (UF-CE) José emprestou R$ 500,00 a João por 5 meses, no sistema de juros simples, a uma taxa de juros fixa e mensal. Se no final dos 5 meses José recebeu um total de R$ 600,00, então a taxa fixa mensal aplicada foi de:
a) 0,2%
b) 0,4%
c) 2%
d) 4%
e) 6%

119. (U. F. Juiz de Fora-MG) O preço à vista de uma mercadoria é R$ 130,00. O comprador pode pagar 20% de entrada no ato da compra e o restante em uma única parcela de R$ 128,96, vencível em 3 meses. Admitindo-se o regime de juros simples comerciais, a taxa de juros anual cobrada na venda a prazo é de:
a) 94%
b) 96%
c) 98%
d) 100%

120. (UF-SE) Cláudia aplicou a quantia de R$ 100,00 a juros simples, à taxa de 1,8% ao mês. Ao completar 5 meses, retirou o montante e aplicou-o em outra instituição, com uma taxa mensal maior. Ao completar 4 meses da nova aplicação, seu novo montante era de R$ 119,90. Essa nova taxa mensal foi de:
a) 2,5%
b) 2,4%
c) 2,3%
d) 2,2%
e) 2,1%

121. (FGV-SP) Determinada loja vende todos os produtos com pagamento para 45 dias. Para pagamento à vista, a loja oferece 8% de desconto. A taxa mensal de juro simples paga pelo cliente que prefere pagar após 45 dias é, aproximadamente, de:
a) 0%
b) 5,3%
c) 8%
d) 5,8%
e) 4,2%

122. (UF-RS) Uma loja avisa que, sobre o valor original de uma prestação que não for paga no dia do vencimento, incidirá multa de 10% mais 1% a cada dia de atraso.
Uma pessoa que deveria pagar y reais de prestação e o fez com x dias de atraso, pagou a mais:
a) $(0{,}1y + x)$ reais
b) $(x + 10)$ reais
c) $(10y + x)$ reais
d) $(0{,}1y + 0{,}01x)$ reais
e) $(0{,}1y + 0{,}01xy)$ reais

123. (UF-PI) Qual o valor atual de um título de valor nominal R$ 2 800,00, vencível ao fim de seis meses, a uma taxa de 12% ao ano, considerando-se um desconto simples comercial?

a) R$ 1 450,00
b) R$ 1 876,00
c) R$ 2 432,00
d) R$ 2 632,00
e) R$ 2 706,00

124. (F. Visconde de Cairú-BA) Uma duplicata de valor nominal igual a R$ 15 000,00 foi descontada em um banco 3 meses antes do vencimento, a uma taxa de desconto comercial simples de 6% a.m. O valor, em reais, a ser resgatado pelo cliente é:

a) 11 500
b) 11 800
c) 12 000
d) 12 100
e) 12 300

125. (UF-PE) Se uma pessoa toma emprestado a quantia de R$ 3 000,00 a juros compostos de 3% ao mês, pelo prazo de 8 meses, qual o montante a ser devolvido?
Dado: use a aproximação $1,03^8 \approx 1,27$

a) R$ 3 802,00
b) R$ 3 804,00
c) R$ 3 806,00
d) R$ 3 808,00
e) R$ 3 810,00

126. (UF-CE) Poupêncio investiu R$ 1 000,00 numa aplicação bancária que rendeu juros compostos de 1% ao mês, por cem meses seguidos. Decorrido esse prazo, ele resgatou integralmente a aplicação. O montante resgatado é suficiente para que Poupêncio compre um computador de R$ 2 490,00 à vista? Explique sua resposta.

127. (FGV-SP) Um capital de R$ 10 000,00, aplicado a juro composto de 1,5% ao mês, será resgatado ao final de 1 ano e 8 meses no montante, em reais, aproximadamente igual a:
Dado:

x	x^{10}
0,8500	0,197
0,9850	0,860
0,9985	0,985
1,0015	1,015
1,0150	1,160
1,1500	4,045

a) 11 605,00
b) 12 986,00
c) 13 456,00
d) 13 895,00
e) 14 216,00

128. (Unesp-SP) Cássia aplicou o capital de R$ 15 000,00 a juros compostos, pelo período de 10 meses e à taxa de 2% a.m. (ao mês). Considerando a aproximação $(1,02)^5 = 1,1$, Cássia computou o valor aproximado do montante a ser recebido ao final da aplicação. Esse valor é:

a) R$ 18 750,00
b) R$ 18 150,00
c) R$ 17 250,00
d) R$ 17 150,00
e) R$ 16 500,00

QUESTÕES DE VESTIBULARES

129. (UF-BA) Um capital aplicado no prazo de dois anos, a uma taxa de juros compostos de 40% ao ano, resulta no montante de R$ 9 800,00.
Sendo x% a taxa anual de juros simples que, aplicada ao mesmo capital durante o mesmo prazo, resultará no mesmo montante, determine x.

130. (ESPM-SP) Certo capital foi aplicado a juros compostos durante 2 anos, à taxa de 20% ao ano. Se esse capital tivesse sido aplicado a juros simples, para obter o mesmo rendimento, a taxa mensal deveria ser de aproximadamente:

a) 2%
b) 1,98%
c) 1,94%
d) 1,87%
e) 1,83%

131. (UE-CE) Ana investiu R$ 1 000,00 em uma financeira, a juro composto de 1% ao mês. O gráfico representa o montante M em função do tempo t (em meses) de investimento que é uma:

a) exponencial passando pelos pontos (0, 1 000) e (1, 1 010).

b) reta passando pelos pontos (0, 1 000) e (1, 1 010).

c) parábola passando pelos pontos (1, 1 010) e (2, 1 020).

d) hipérbole passando pelos pontos (1, 1 030) e (2, 1 010).

e) senide passando pelos pontos (0, 1 000) e (2, 1 020).

132. (UE-CE) Um investidor aplicou R$ 10 000,00 com taxa de juros compostos de 10% ao mês. Ao final de 4 meses seu [montante] foi de:

a) 14 000
b) 14 200
c) 14 310
d) 14 641
e) 14 821

133. (UF-RS) Um capital é aplicado por doze anos e seis meses a juros compostos de meio por cento ao mês.
Ao final desse período, o rendimento acumulado será igual, inferior ou superior a 100%? Justifique sua resposta.

134. (Enem-MEC) Considere que uma pessoa decida investir uma determinada quantia e que lhe sejam apresentadas três possibilidades de investimento, com rentabilidades líquidas garantidas pelo período de um ano, conforme descritas:

Investimento A: 3% ao mês
Investimento B: 36% ao ano
Investimento C: 18% ao semestre

As rentabilidades, para esses investimentos, incidem sobre o valor do período anterior. O quadro ao lado fornece algumas aproximações para a análise das rentabilidades:

n	$1,03^n$
3	1,093
6	1,194
9	1,305
12	1,426

Para escolher o investimento com a maior rentabilidade anual, essa pessoa deverá:

a) escolher qualquer um dos investimentos A, B ou C, pois as suas rentabilidades anuais são iguais a 36%.

b) escolher os investimentos A ou C, pois suas rentabilidades anuais são iguais a 39%.

c) escolher o investimento A, pois a sua rentabilidade anual é maior que as rentabilidades anuais dos investimentos B e C.

d) escolher o investimento B, pois sua rentabilidade de 36% é maior que as rentabilidades de 3% do investimento A e de 18% do investimento C.

e) escolher o investimento C, pois sua rentabilidade de 39% ao ano é maior que a rentabilidade de 36% ao ano dos investimentos A e B.

135. (UF-PI) Um comerciante desconta uma nota promissória no valor de R$ 1 000,00, com vencimento para 60 dias, em um banco cuja taxa de desconto simples é de 12% ao mês. A taxa mensal de juros [compostos] que o comerciante está pagando nessa transação é:

a) 11% ao mês.   c) 14,71% ao mês.   e) 24,07% ao mês.
b) 12% ao mês.   d) 16,21% ao mês.

136. (UF-PE) Um banco paga juros compostos de 6% ao ano. Se um cliente lucrou R$ 1 700,00, com uma aplicação de R$ 5 000,00, quanto tempo o capital ficou aplicado? Dado: use a aproximação $\ln(1,34) \approx 0,30$ e $\ln(1,06) \approx 0,06$.

a) 3 anos   c) 5 anos   e) 7 anos
b) 4 anos   d) 6 anos

137. (FGV-SP) Um investidor aplicou R$ 8 000,00 a juros compostos, durante 6 meses, ganhando, nesse período, juros no valor de R$ 1 600,00. Podemos afirmar que a taxa de juros anual da aplicação é um número:

a) entre 41,5% e 42,5%   c) entre 43,5% e 44,5%   e) entre 45,5% e 46,5%
b) entre 42,5% e 43,5%   d) entre 44,5% e 45,5%

138. (FGV-SP) Um capital de R$ 1 000,00 é aplicado a juro simples, à taxa de 10% ao ano: os montantes, daqui a 1, 2, 3,... n anos, formam a sequência $(a_1, a_2, a_3,... a_n)$.
Outro capital de R$ 2 000,00 é aplicado a juro composto, à taxa de 10% ao ano gerando a sequência de montantes $(b_1, b_2, b_3,... b_n)$ daqui a 1, 2, 3,... n anos.
As sequências $(a_1, a_2, a_3,... a_n)$ e $(b_1, b_2, b_3,... b_n)$ formam, respectivamente:

a) uma progressão aritmética de razão 1,1 e uma progressão geométrica de razão 10%.

b) uma progressão aritmética de razão 100 e uma progressão geométrica de razão 0,1.

c) uma progressão aritmética de razão 10% e uma progressão geométrica de razão 1,10.

d) uma progressão aritmética de razão 1,10 e uma progressão geométrica de razão 1,10.

e) uma progressão aritmética de razão 100 e uma progressão geométrica de razão 1,10.

139. (UF-PE) Se uma empresa de cartão de crédito cobra juros compostos mensais de 15%, em quantos meses uma dívida de R$ 1,00 com esta empresa se transforma em uma dívida de R$ 1 000,00? (Dado: use a aproximação log(1,15) ≈ 0,06.)

a) 50 meses
b) 60 meses
c) 70 meses
d) 80 meses
e) 90 meses

140. (U. E. Londrina-PR) Uma quantia de dinheiro Q, aplicada a juros compostos à taxa de i% ao mês, cresce mês a mês em progressão geométrica, sendo $a_1 = Q$ no início do primeiro mês, $a_2 = \dfrac{Q(100 + i)}{100}$ no início do segundo mês e assim por diante.
Nessas condições, aplicando-se R$ 1 000,00 a juros compostos, à taxa de 5% ao mês, tem-se no início do terceiro mês o total de:

a) R$ 2 250,00
b) R$ 1 150,25
c) R$ 1 105,00
d) R$ 1 102,50
e) R$ 1 100,00

141. (FGV-SP) No início do ano 2000, Alberto aplicou certa quantia a juros compostos, ganhando 20% ao ano. No início de 2009, seu montante era de R$ 5 160,00. Se ele deixar o dinheiro aplicado, nas mesmas condições, o juro recebido entre o início de 2010 e o início de 2011 será aproximadamente de:

a) R$ 1 032,00
b) R$ 1 341,00
c) R$ 1 238,00
d) R$ 1 135,00
e) R$ 929,99

142. (UF-PE) Uma pessoa deve a outra a importância de R$ 17 000,00. Para a liquidação da dívida, propõe os seguintes pagamentos: R$ 9 000,00 passados três meses; R$ 6 580,00 passados sete meses, e um pagamento final em um ano. Se a taxa mensal cumulativa de juros cobrada no empréstimo será de 4%, qual o valor do último pagamento? Indique a soma dos dígitos do valor obtido. Dados: use as aproximações $1,04^3 \approx 1,125$, $1,04^7 \approx 1,316$ e $1,04^{12} \approx 1,601$.

143. (FGV-SP) César aplicou R$ 10 000,00 num fundo de investimentos que rende juros compostos a uma certa taxa de juro anual positiva i. Após um ano, ele saca desse fundo R$ 7 000,00 e deixa o restante aplicado por mais um ano, quando verifica que o saldo é R$ 6 000,00. O valor de $(4i - 1)^2$ é:

a) 0,01
b) 0,02
c) 0,03
d) 0,04
e) 0,05

144. (Fuvest-SP) No próximo dia 08/12, Maria, que vive em Portugal, terá um saldo de 2 300 euros em sua conta-corrente, e uma prestação a pagar no valor de 3 500 euros, com vencimento nesse dia. O salário dela é suficiente para saldar tal prestação, mas será depositado nessa conta-corrente apenas no dia 10/12.
Maria está considerando duas opções para pagar a prestação:

1. Pagar no dia 8: Nesse caso o banco cobrará juros [compostos] de 2% ao dia sobre o saldo negativo diário em sua conta-corrente, por dois dias;
2. Pagar no dia 10: Nesse caso, ela deverá pagar uma multa de 2% sobre o valor total da prestação.

Suponha que não haja outras movimentações em sua conta-corrente. Se Maria escolher a opção 2, ela terá, em relação à opção 1:

a) desvantagem de 22,50 euros.
b) vantagem de 22,50 euros.
c) desvantagem de 21,52 euros.
d) vantagem de 21,52 euros.
e) vantagem de 20,48 euros.

145. (UE-CE) As ações da Empresa MCF valiam, em janeiro, R$ 1 400,00. Durante o mês de fevereiro, houve uma valorização de 10% e, no mês de março, uma baixa de 10%. Após esta baixa, o preço das ações ficou em:

a) R$ 1 352,00
b) R$ 1 386,00
c) R$ 1 400,00
d) R$ 1 426,00

146. (Unicamp-SP) O valor presente, V_p, de uma parcela de um financiamento, a ser paga daqui a n meses, é dado pela fórmula abaixo, em que r é o percentual mensal de juros ($0 \leq r \leq 100$) e p é o valor da parcela.

$$V_p = \frac{p}{\left[1 + \dfrac{r}{100}\right]^n}$$

a) Suponha que uma mercadoria seja vendida em duas parcelas iguais de R$ 200,00, uma a ser paga à vista, e outra a ser paga em 30 dias (ou seja, 1 mês). Calcule o valor presente da mercadoria, V_p, supondo uma taxa de juros de 1% ao mês.

b) Imagine que outra mercadoria, de preço 2p, seja vendida em duas parcelas iguais a p, sem entrada, com o primeiro pagamento em 30 dias (ou seja, 1 mês) e o segundo em 60 dias (ou 2 meses). Supondo, novamente, que a taxa mensal de juros é igual a 1%, determine o valor presente da mercadoria, V_p, e o percentual mínimo de desconto que a loja deve dar para que seja vantajoso, para o cliente, comprar à vista.

147. (FGV-SP) Roberto obtém um financiamento na compra de um apartamento.
O empréstimo deverá ser pago em 100 prestações mensais, de modo que uma parte de cada prestação é o juro pago.
Junto com a 1ª prestação, o juro pago é de R$ 2 000,00; com a 2ª prestação, o juro pago é R$ 1 980,00 e, genericamente, em cada mês, o juro pago é R$ 20,00 inferior ao juro pago na prestação anterior.
Nessas condições, a soma dos juros pagos desde a 1ª até a 100ª prestação vale:

a) R$ 100 000,00
b) R$ 101 000,00
c) R$ 102 000,00
d) R$ 103 000,00
e) R$ 104 000,00

148. (UF-PI) Thaís tem duas opções de pagamento na compra de uma mercadoria:

(1ª) à vista, com x% de desconto simples comercial;

(2ª) a prazo, em duas prestações mensais iguais, sem juros, vencendo a primeira no ato da compra.

Se a taxa de juros do mercado da época for de 5% ao mês, sobre a opção de Thaís, pode-se afirmar que:

1. ela sempre optará pela primeira proposta.
2. se x for superior a 3, ela optará pela primeira proposta.
3. se x for inferior a 2, ela optará pela segunda proposta.
4. ela sempre optará pela segunda proposta.

149. (FGV-SP) Um aplicador que investiu seu capital na data zero obteve as rentabilidades abaixo:

Data	1	2	3	4	5	6	7	8	9	10
Rentabilidade	+50%	–50%	+50%	–50%	+50%	–50%	+50%	–50%	+50%	–50%

A porcentagem aproximada do capital desse aplicador, ao final de dez meses, será:

a) 24%   b) 38%   c) 75%   d) 83%   e) 100%

150. (FGV-SP) Ao investir todo mês o montante de R$ 1 200,00 em uma aplicação financeira, o investidor notou que imediatamente após o terceiro depósito, seu montante total era de R$ 3 900,00. A taxa mensal de juros dessa aplicação, em regime de juros compostos, é:

a) $\dfrac{2 - \sqrt{3}}{5}$

b) $\dfrac{2 - \sqrt{3}}{4}$

c) $\dfrac{\sqrt{10} - 3}{2}$

d) $\dfrac{\sqrt{11} - 3}{3}$

e) $\dfrac{2\sqrt{3} - 3}{2}$

151. (Fuvest-SP) Uma geladeira é vendida em n parcelas iguais, sem juros. Caso se queira adquirir um produto, pagando-se 3 ou 5 parcelas a menos, ainda sem juros, o valor de cada parcela deve ser acrescido de R$ 60,00 ou de R$ 125,00, respectivamente. Com base nessas informações, conclui-se que o valor de n é igual a:

a) 13   b) 14   c) 15   d) 16   e) 17

152. (Unesp-SP) Desejo ter, para minha aposentadoria, 1 milhão de reais. Para isso, faço uma aplicação financeira, que rende 1% de juros ao mês, já descontados o imposto de renda e as taxas bancárias recorrentes. Se desejo me aposentar após 30 anos com aplicações mensais fixas e ininterruptas nesse investimento, o valor aproximado, em reais, que devo disponibilizar mensalmente é:

Dado: $1{,}01^{361} \approx 36$

a) 290,00   c) 282,00   e) 274,00
b) 286,00   d) 278,00

Estatística Descritiva

153. (FGV-SP) O gráfico seguinte apresenta os lucros (em milhares de reais) de uma empresa ao longo de 10 anos (ano 1, ano 2, até ano 10).

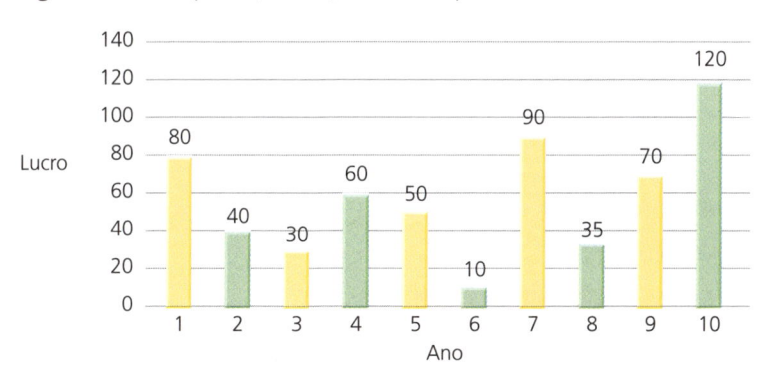

O ano em que o lucro ficou mais próximo da média aritmética dos 10 lucros anuais foi:

a) Ano 3
b) Ano 2
c) Ano 9
d) Ano 5
e) Ano 4

154. (UF-GO) O gráfico abaixo mostra a prevalência de obesidade da população dos EUA, na faixa etária de 20 a 74 anos, para mulheres e homens, e de 12 a 19 anos, para meninas e meninos.

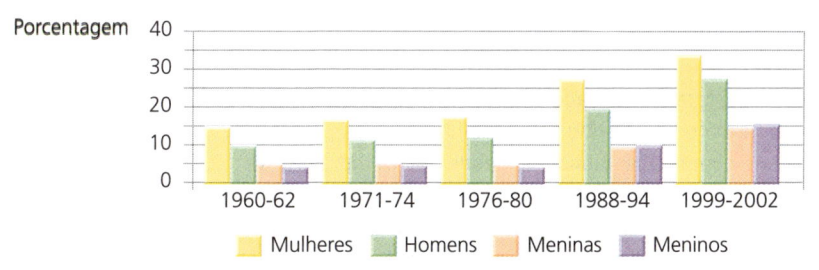

Fonte: SCIENTIFIC AMERICAN BRASIL. São Paulo, jun. 2005, n. 38, p. 46.

De acordo com os dados apresentados neste gráfico:

a) de 1960 a 2002, em média, 30% dos homens estavam obesos.

b) a porcentagem de meninas obesas, no período 1999-2002, era o dobro da porcentagem de meninas obesas no período 1988-1994.

c) no período 1999-2002, mais de 20% dos meninos estavam obesos.

d) no período 1999-2002, mais de 50% da população pesquisada estava obesa.

e) a porcentagem de mulheres obesas no período 1988-1994 era superior à porcentagem de mulheres obesas no período 1976-1980.

QUESTÕES DE VESTIBULARES

155. (Enem-MEC) Em sete de abril de 2004, um jornal publicou o *ranking* de desmatamento, conforme gráfico, da chamada Amazônia Legal, integrada por nove estados.

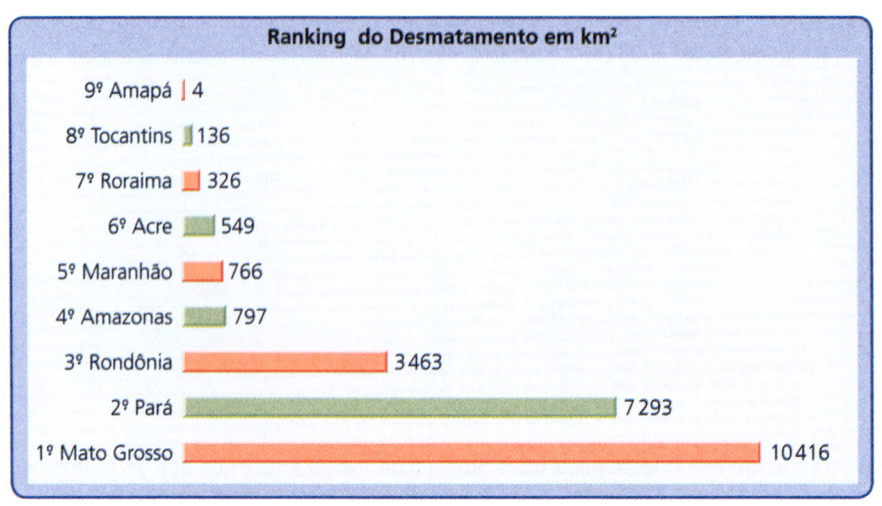

Ranking do Desmatamento em km²

- 9º Amapá | 4
- 8º Tocantins | 136
- 7º Roraima | 326
- 6º Acre | 549
- 5º Maranhão | 766
- 4º Amazonas | 797
- 3º Rondônia | 3 463
- 2º Pará | 7 293
- 1º Mato Grosso | 10 416

Disponível em: www.folhaonline.com.br. Acesso em: 30 abr. 2010 (adaptado).

Considerando-se que até 2009 o desmatamento cresceu 10,5% em relação aos dados de 2004, o desmatamento médio por estado em 2009 está entre:

a) 100 km² e 900 km²
b) 1 000 km² e 2 700 km²
c) 2 800 km² e 3 200 km²
d) 3 300 km² e 4 000 km²
e) 4 100 km² e 5 800 km²

156. (UF-RS) O gráfico ao lado apresenta a distribuição em ouro, prata e bronze das 90 medalhas obtidas pelo Brasil em olimpíadas mundiais desde as Olimpíadas de Atenas de 1896 até as de 2004.
Considerando-se que o ângulo central do setor circular que representa o número de medalhas de prata mede 96°, o número de medalhas desse tipo recebidas pelo Brasil em olimpíadas mundiais, nesse período de tempo, é:

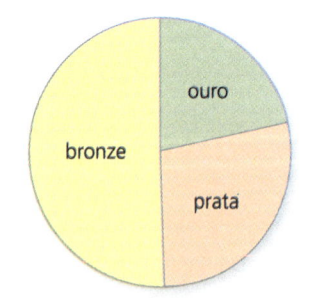

a) 22
b) 24
c) 26
d) 28
e) 30

157. (Enem-MEC) Na tabela, são apresentados dados da cotação mensal do ovo extra branco vendido no atacado, em Brasília, em reais, por caixa de 30 dúzias de ovos, em alguns meses dos anos 2007 e 2008.

QUESTÕES DE VESTIBULARES

Mês	Cotação	Ano
Outubro	R$ 83,00	2007
Novembro	R$ 73,10	2007
Dezembro	R$ 81,60	2007
Janeiro	R$ 82,00	2008
Fevereiro	R$ 85,30	2008
Março	R$ 84,00	2008
Abril	R$ 84,60	2008

De acordo com esses dados, o valor da mediana das cotações mensais do ovo extra branco nesse período era igual a:

a) R$ 73,10
b) R$ 81,50
c) R$ 82,00
d) R$ 83,00
e) R$ 85,30

158. (UF-PA) Um certo professor da UF-PA, ao saber que seus alunos, às sextas-feiras, eram assíduos frequentadores do forró do Vadião, resolveu fazer uma pesquisa para saber qual a frequência relativa de cada aluno ao forró, durante o semestre letivo. Sabendo que durante o semestre houve doze sextas-feiras úteis no calendário da UF-PA e que, portanto, doze forrós se realizaram, o professor, na pesquisa realizada, que envolveu seus 40 alunos, constatou que 6 alunos não foram a nenhum forró, 5 alunos foram a 2 forrós, 9 alunos foram a 5 forrós, 11 alunos foram a 10 forrós e o restante frequentou todos os forrós.
Com essas informações, o professor resolveu montar um gráfico de setor em formato de pizza. Sabendo-se que o ângulo do setor circular (fatia de pizza) é dado pelo produto entre a frequência relativa e 360°, qual o ângulo α, aproximadamente, do setor circular (da fatia) que representa o percentual, em relação aos 40 alunos, daqueles que foram ao forró 10 vezes?

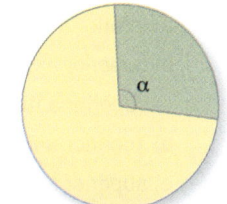

a) 103°   c) 101°   e) 104°
b) 105°   d) 99°

159. (FGV-SP) Ao analisar o desempenho de seus alunos em uma prova, um professor de Matemática os classificou de acordo com a nota obtida x. Uma parte dos dados obtidos é apresentada abaixo da seguinte forma: a frequência absoluta é o número de alunos que tiraram nota no intervalo correspondente, e a frequência relativa de um intervalo é a sua frequência absoluta em porcentagem do total de elementos considerados.

Nota (em intervalos)	Frequência absoluta	Frequência relativa
$0 \leq x < 2,5$		15%
$2,5 \leq x < 5$	60	
$5 \leq x < 7,5$	70	
$7,5 \leq x \leq 10$		
Total	200	

A porcentagem de alunos que ficaram com nota maior ou igual a 7,5 foi:
a) 16%   b) 17%   c) 18%   d) 19%   e) 20%

160. (Enem-MEC) Brasil e França têm relações comerciais há mais de 200 anos. Enquanto a França é a 5ª nação mais rica do planeta, o Brasil é a 10ª, e ambas se destacam na economia mundial. No entanto, devido a uma série de restrições, o comércio entre esses dois países ainda não é adequadamente explorado, como mostra a tabela seguinte, referente ao período 2003-2007.

Investimentos bilaterais (em milhões de dólares)		
Ano	Brasil na França	França no Brasil
2003	367	825
2004	357	485
2005	354	1 458
2006	539	744
2007	280	1 214

Disponível em: www.cartacapital.com.br. Acesso em: 7 jul. 2009.

Os dados da tabela mostram que, no período considerado, os valores médios dos investimentos da França no Brasil foram maiores que os investimentos do Brasil na França em um valor:

a) inferior a 300 milhões de dólares.

b) superior a 300 milhões de dólares, mas inferior a 400 milhões de dólares.

c) superior a 400 milhões de dólares, mas inferior a 500 milhões de dólares.

d) superior a 500 milhões de dólares, mas inferior a 600 milhões de dólares.

e) superior a 600 milhões de dólares.

161. (Enem-MEC) Uma enquete, realizada em março de 2010, perguntava aos internautas se eles acreditavam que as atividades humanas provocam o aquecimento global. Eram três as alternativas possíveis e 279 internautas reponderam à enquete, como mostra o gráfico.

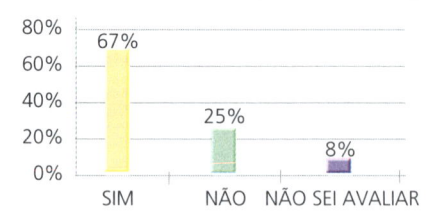

Época. Ed. 619, 29 mar. 2010 (adaptado).

Analisando os dados do gráfico, quantos internautas responderam "NÃO" à enquete?

a) Menos de 23.

b) Mais de 23 e menos de 25.

c) Mais de 50 e menos de 75.

d) Mais de 100 e menos de 190.

e) Mais de 200.

162. (UF-RN) José, professor de Matemática do Ensino Médio, mantém um banco de dados com as notas dos seus alunos. Após a avaliação do 1º bimestre, construiu as tabelas abaixo, referentes à distribuição das notas obtidas pelas turmas A e B do 1º ano.

Nota por número de alunos – Turma A	
Nota	Número de alunos
30	4
50	5
60	9
70	5
80	2
90	3
100	2

Nota por número de alunos – Turma B	
Nota	Número de alunos
20	2
40	3
50	4
60	6
90	3
100	2

Ao calcular a média das notas de cada turma, para motivar, José decidiu sortear um livro entre os alunos da turma que obteve a maior média.
A média da turma que teve o aluno sorteado foi:

a) 63,0   b) 59,5   c) 64,5   d) 58,0

163. (UF-PB) Segundo dados do IBGE, as classes sociais das famílias brasileiras são estabelecidas, de acordo com a faixa de renda mensal total da família, conforme a tabela a seguir.

Classe	Faixa de renda
A	Acima de R$ 15 300,00
B	De R$ 7 650,01 até R$ 15 300,00
C	De R$ 3 060,01 até R$ 7 650,00
D	De R$ 1 020,01 até R$ 3 060,00
E	Até R$ 1 020,00

Adaptado de: <http://www.logisticadescomplicada.com/o-brasil-suas-classes-sociais-e-a-implicação-na-economia>. Acesso em: 5 nov. 2010.

Após um levantamento feito com as famílias do município, foram obtidos os resultados expressos no gráfico abaixo.

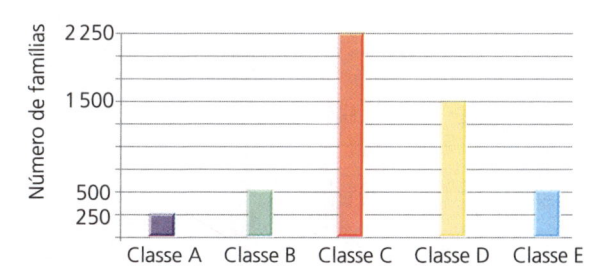

Com base nas informações contidas no gráfico e na tabela, conclui-se que o percentual das famílias que tem renda acima de R$ 3 060,00 é de:

a) 45%   b) 60%   c) 70%   d) 85%   e) 90%

164. (FGV-SP) A tabela indica a frequência de distribuição das correspondências, por apartamento, entregues em um edifício na segunda-feira.

Número de correspondências	Quantidade de apartamentos
0	4
1	6
3	5
4	6
5	1
6	2
7	1

A mediana dos dados apresentados supera a média de correspondências por apartamento em:

a) 0,20   b) 0,24   c) 0,36   d) 0,72   e) 1,24

165. (ESPM-SP) Uma prova era composta de 3 testes. O primeiro valia 1 ponto, o segundo valia 2 pontos e o terceiro 4 pontos, não sendo considerados acertos parciais. A tabela abaixo mostra a quantidade de alunos que obtiveram cada uma das notas possíveis:

Nota obtida	0	1	2	3	4	5	6	7
Nº de alunos	2	3	1	5	7	2	3	1

O número de alunos que acertaram o segundo teste foi:

a) 10   b) 11   c) 12   d) 13   e) 14

166. (UE-PA) O professor Joelson aplicou uma prova de Matemática a 25 alunos, contendo 5 questões, valendo 1 ponto cada uma. Após fazer a correção, o professor construiu o gráfico abaixo, que relaciona o número de alunos às notas obtidas por eles.

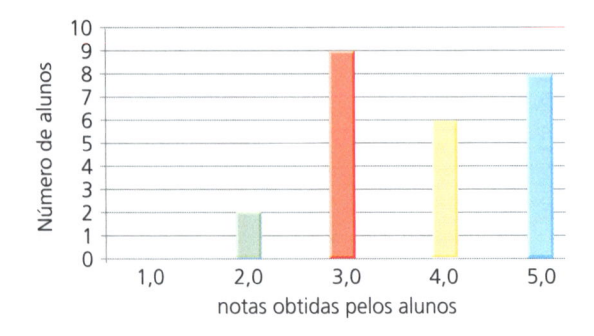

Observando o gráfico, conclui-se que a moda e a mediana das notas obtidas pelos 25 alunos correspondem, respectivamente, a:

a) 2,0 e 3,0   c) 2,0 e 5,0   e) 3,0 e 5,0
b) 2,0 e 4,0   d) 3,0 e 4,0

167. (FGV-RJ) O gráfico ao lado apresenta os lucros anuais (em milhões de reais) em 2008 e 2009 de três empresas, A, B e C, de um mesmo setor.

A média aritmética dos crescimentos percentuais dos lucros entre 2008 e 2009 das três empresas foi de aproximadamente:

a) 8,1%   d) 9,3%
b) 8,5%   e) 9,7%
c) 8,9%

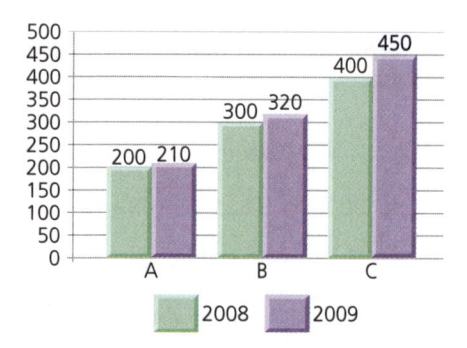

168. (Enem-MEC) Uma equipe de especialistas do centro meteorológico de uma cidade mediu a temperatura do ambiente, sempre no mesmo horário, durante 15 dias intercalados, a partir do primeiro dia de um mês. Esse tipo de procedimento é frequente, uma vez que os dados coletados servem de referência para estudos e verificação de tendências climáticas ao longo dos meses e anos.

As medições ocorridas nesse período estão indicadas no quadro ao lado.

Em relação à temperatura, os valores da média, mediana e moda são, respectivamente, iguais a:

Dia do mês	Temperatura (em °C)
1	15,5
3	14
5	13,5
7	18
9	19,5
11	20
13	13,5
15	13,5
17	18
19	20
21	18,5
23	13,5
25	21,5
27	20
29	16

a) 17 °C, 17 °C e 13,5 °C
b) 17 °C, 18 °C e 13,5 °C
c) 17 °C, 13,5 °C e 18 °C
d) 17 °C, 18 °C e 21,5 °C
e) 17 °C, 13,5 °C e 21,5 °C

169. (UF-PE) Em uma padaria trabalham 4 atendentes e 3 entregadores. Se a média salarial dos sete funcionários é de R$ 520,00 e a média salarial dos atendentes é de R$ 490,00, qual a média salarial dos entregadores?

a) R$ 530,00   c) R$ 550,00   e) R$ 570,00
b) R$ 540,00   d) R$ 560,00

170. (UF-RN) O relatório anual 2009 da Companhia de Águas e Esgotos do Rio Grande do Norte (CAERN) disponibiliza aos consumidores informações referentes à qualidade da água distribuída no estado no ano de 2008. Os dados referentes à regional Natal Sul, que abrange as zonas Sul, Leste e Oeste da capital, são apresentados, de modo simplificado, na tabela abaixo.

Tabela 1 – Regional Natal Sul – Zonas Sul, Leste e Oeste								
Parâmetro	Cloro residual (mg/L)		Turbidez (uT)		Cor aparente (uH)		Coliformes totais	
	Analisadas	Em conformidade	Analisadas	Em conformidade	Analisadas	Em conformidade	Analisadas	Em conformidade
Total 2008	3 621	3 499	3 623	3 313	3 516	2 705	3 626	3 615
Padrão de comparação	0,2 a 2,0		≤ 5,0		≤ 15		Ausência em 95% das amostras	

Legenda: mg/L – miligramas por litro/ uT – unidade de turbidez/ uH – unidade de Hazen.
Fonte: Relatório anual 2009 – Qualidade da água (CAERN)

De acordo com a tabela, é correto afirmar:

a) O percentual de amostras analisadas que não estão em conformidade com o padrão de comparação adotado para o parâmetro cloro residual é superior a 5%.

b) O percentual de amostras analisadas que não estão em conformidade com o padrão de comparação adotado para o parâmetro cor aparente é inferior a 20%.

c) O percentual de amostras analisadas que não estão em conformidade com o padrão de comparação adotado para o parâmetro turbidez é superior a 10%.

d) O percentual de amostras analisadas que não estão em conformidade com o padrão de comparação adotado para o parâmetro coliformes totais é inferior a 1%.

171. (FEI-SP) A média dos salários de 50 funcionários de uma empresa era de R$ 2 000,00. Quando um dos funcionários se aposentou e foi substituído por um novo funcionário com salário de R$ 1 800,00, essa média passou a ser de R$ 1 900,00. Nessas condições, é correto afirmar que o salário do funcionário que se aposentou era de:

a) R$ 3 200,00 c) R$ 6 800,00 e) R$ 5 200,00
b) R$ 1 900,00 d) R$ 3 000,00

172. (UF-PR) Em 2010, uma loja de carros vendeu 270 carros a mais que em 2009. Abaixo temos um gráfico ilustrando as vendas nesses dois anos.

Ano	Carros vendidos pela loja
2009	🚗 🚗 🚗
2010	🚗 🚗 🚗 🚗 🚗

Nessas condições, pode-se concluir que a média aritmética simples das vendas efetuadas por essa loja durante os dois anos foi de:

a) 540 carros.
b) 530 carros.
c) 405 carros.
d) 270 carros.
e) 135 carros.

173. (Unesp-SP) Durante o ano letivo, um professor de matemática aplicou cinco provas para seus alunos. A tabela apresenta as notas obtidas por um determinado aluno em quatro das cinco provas realizadas e os pesos estabelecidos pelo professor para cada prova.
Se o aluno foi aprovado com média final ponderada igual a 7,3, calculada entre as cinco provas, a nota obtida por esse aluno na prova IV foi:

Prova	Nota	Peso
I	6,5	1
II	7,3	2
III	7,5	3
IV	?	2
V	6,2	2

a) 9,0   b) 8,5   c) 8,3   d) 8,0   e) 7,5

174. (UF-PE) A média dos 42 alunos de uma turma foi 6,5. Se excluirmos as duas menores notas da turma, que foram 2,4 e 2,6, cada uma delas obtida por um único aluno, qual a média dos 40 alunos restantes?

a) 6,6   b) 6,7   c) 6,8   d) 6,9   e) 7,0

175. (Enem-MEC) O gráfico apresenta a quantidade de gols marcados pelos artilheiros das Copas do Mundo desde a Copa de 1930 até a de 2006.

Quantidade de gols dos artilheiros das Copas do Mundo

Disponível em: <http://www.suapesquisa.com>. Acesso em: 23 abr. 2010 (adaptado).

A partir dos dados apresentados, qual a mediana das quantidades de gols marcados pelos artilheiros das Copas do Mundo?

a) 6 gols
b) 6,5 gols
c) 7 gols
d) 7,3 gols
e) 8,5 gols

QUESTÕES DE VESTIBULARES

176. (FATEC-SP) Considere as seguintes definições em Estatística:
Sejam $x_1 \leq x_2 \leq x_3 \leq ... \leq x_n$ os valores ordenados de um grupo de n dados.
Mediana é a medida que consiste no valor que se encontra no centro desse grupo de dados. Se n é ímpar, a mediana é o elemento central desse grupo ordenado.
Moda é a medida que consiste no valor observado com maior frequência em um grupo de dados, isto é, o valor que aparece mais vezes.
As idades, em anos, de um grupo de sete pessoas são:

$$16, 8, 13, 8, 10, 8, m$$

Sabendo que m é maior que 12 e que a moda, a mediana e a média aritmética das idades desse grupo de pessoas, nessa ordem, são três termos consecutivos de uma progressão aritmética não constante, então o valor de m é:

a) 17
b) 19
c) 21
d) 23
e) 25

177. (UF-MG) Os 40 alunos de uma turma fizeram uma prova de Matemática valendo 100 pontos. A nota média da turma foi de 70 pontos e apenas 15 dos alunos conseguiram a nota máxima. Seja M a nota média dos alunos que não obtiveram a nota máxima.
Então, é correto afirmar que o valor de M é:

a) 53
b) 50
c) 51
d) 52

178. (UF-PB) A tabela a seguir apresenta a quantidade exportada de certo produto, em milhares de toneladas, no período de 2000 a 2009.

Ano	Quantidade exportada (em milhares de toneladas)	Ano	Quantidade exportada (em milhares de toneladas)
2000	48	2005	50
2001	52	2006	48
2002	54	2007	52
2003	52	2008	54
2004	52	2009	52

Considerando os dados apresentados na tabela, identifique as afirmativas corretas:

I. A quantidade exportada, de 2006 a 2008, foi crescente.
II. A média da quantidade exportada, de 2003 a 2006, foi de 53 mil toneladas.
III. A moda da quantidade exportada, de 2000 a 2009, foi de 52 mil toneladas.
IV. A média da quantidade exportada, de 2000 a 2004, foi maior que a média de 2005 a 2008.
V. A mediana da quantidade exportada, de 2000 a 2009, foi de 51 mil toneladas.

179. (UF-GO) A média das notas dos alunos de um professor é igual a 5,5. Ele observou que 60% dos alunos obtiveram nota de 5,5 a 10 e que a média das notas desse grupo de alunos foi 6,5. Neste caso, considerando o grupo de alunos que tiveram notas inferiores a 5,5, a média de suas notas foi de:

a) 4,5   b) 4,0   c) 3,5   d) 3,0   e) 2,5

180. (UF-PR) Um professor de Estatística costuma fazer duas avaliações por semestre e calcular a nota final fazendo a média aritmética entre as notas dessas duas avaliações. Porém, devido a um problema de falta de energia elétrica, a segunda prova foi interrompida antes do tempo previsto e vários alunos não conseguiram terminá-la. Como não havia possibilidade de refazer essa avaliação, o professor decidiu alterar os pesos das provas para não prejudicar os alunos. Assim que Amanda e Débora souberam da notícia, correram até o mural para ver suas notas e encontraram os seguintes valores:

Nome	1ª prova	2ª prova	Nota final da disciplina
Amanda	82	52	72,1
Débora	90	40	73,5

Qual foi o peso atribuído à segunda prova?

a) 0,25   b) 0,30   c) 0,33   d) 0,35   e) 0,40

181. (UF-PB) Em uma cidade, foram instalados 10 termômetros em locais previamente selecionados. A tabela abaixo exibe as temperaturas desses locais, medidas em graus Celsius, observados em 4 momentos diferentes de um determinado dia.

Temperaturas em 10 locais da cidade (medidas em graus Celsius)										
	Local 1	Local 2	Local 3	Local 4	Local 5	Local 6	Local 7	Local 8	Local 9	Local 10
06:00	18,0	20,0	19,0	18,0	21,0	19,0	22,0	17,0	18,0	16,0
12:00	24,0	26,0	24,0	23,0	27,0	26,0	27,0	23,0	24,0	21,0
18:00	23,0	23,0	22,0	20,0	23,0	22,0	23,0	21,0	21,0	19,0
24:00	19,0	21,0	20,0	20,0	22,0	21,0	23,0	18,0	20,0	17,0

Considerando na tabela o registro das temperaturas observadas nos 10 locais, em 4 diferentes momentos, identifique as afirmativas corretas:

I. A temperatura média da cidade, às 6 horas da manhã, foi aproximadamente de 18,8 graus Celsius.

II. A mediana das temperaturas indicadas, às 12 horas, foi de 24,0 graus Celsius.

III. A mediana das temperaturas, às 18 horas, foi maior do que a moda dessas temperaturas.

IV. A temperatura média da cidade, às 24 horas, foi maior que a mediana dessas temperaturas.

V. A moda de todas as temperaturas foi de 20 graus Celsius.

182. (UF-PE) O gráfico abaixo representa a folha de pagamento de uma pequena empresa. Na horizontal, estão representados os números de trabalhadores de cada categoria salarial e, na vertical correspondente, os salários respectivos, em reais.

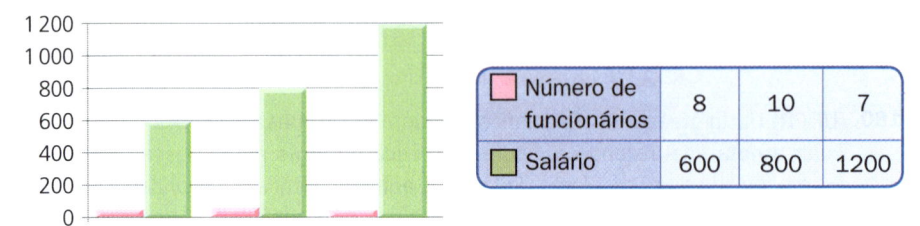

Número de funcionários	8	10	7
Salário	600	800	1200

Qual a média salarial da empresa?
a) R$ 840,00
b) R$ 842,00
c) R$ 844,00
d) R$ 846,00
e) R$ 848,00

183. (FGV-SP) O gráfico abaixo apresenta a distribuição de frequências dos salários (em reais) dos funcionários de certo departamento de uma empresa.

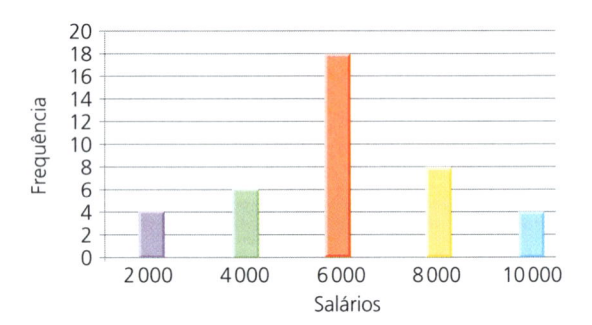

Podemos afirmar que:

a) A mediana dos salários é R$ 7 000,00.

b) A soma dos salários dos 10% que menos ganham é, aproximadamente, 6,3% da soma de todos os salários.

c) 35% dos funcionários ganham cada um, pelo menos, R$ 8 000,00.

d) A soma dos salários dos 10% que mais ganham é, aproximadamente, 16,4% da soma de todos os salários.

e) 35% dos funcionários ganham cada um, no máximo, R$ 4 000,00.

184. (Enem-MEC) O quadro seguinte mostra o desempenho de um time de futebol no último campeonato. A coluna da esquerda mostra o número de gols marcados e a coluna direita informa em quantos jogos o time marcou aquele número de gols.

Gols marcados	Quantidade de partidas
0	5
1	3
2	4
3	3
4	2
5	2
7	1

Se X, Y e Z são, respectivamente, a média, a mediana e a moda desta distribuição, então:

a) X = Y < Z
b) Z < X = Y
c) Y < Z < X
d) Z < X < Y
e) Z < Y < X

185. (UF-PR) Uma determinada região apresentou, nos últimos cinco meses, os seguintes valores (fornecidos em mm) para a precipitação pluviométrica média:

jun.	jul.	ago.	set.	out.
32	34	27	29	28

A média, a mediana e a variância do conjunto de valores acima são, respectivamente:

a) 30, 27 e 6,8
b) 27, 30 e 2,4
c) 30, 29 e 6,8
d) 29, 30 e 7,0
e) 30, 29 e 7,0

186. (Enem-MEC) Marco e Paulo foram classificados em um concurso. Para classificação no concurso o candidato deveria obter média aritmética na pontuação igual ou superior a 14. Em caso de empate na média, o desempate seria em favor da pontuação mais regular. No quadro a seguir são apresentados os pontos obtidos nas provas de Matemática, Português e Conhecimentos Gerais, a média, a mediana e o desvio padrão dos dois candidatos.

Dados dos candidatos no concurso

	Matemática	Português	Conhecimentos Gerais	Média	Mediana	Desvio padrão
Marco	14	15	16	15	15	0,32
Paulo	8	19	18	15	18	4,97

O candidato com pontuação mais regular, portanto mais bem classificado no concurso, é:

a) Marco, pois a média e a mediana são iguais.
b) Marco, pois obteve menor desvio padrão.
c) Paulo, pois obteve a maior pontuação na tabela, 19 em Português.
d) Paulo, pois obteve maior mediana.
e) Paulo, pois obteve maior desvio padrão.

QUESTÕES DE VESTIBULARES

187. (UF-PE) A tabela ao lado ilustra a distribuição do número de filhos por família das 100 famílias de uma localidade.
Qual o número médio de filhos por família nesta localidade?

a) 2,14
b) 2,15
c) 2,16
d) 2,17
e) 2,18

Número de filhos	Número de famílias
0	4
1	35
2	28
3	20
4	6
5	3
6	2
7	2

188. (FGV-SP) A média aritmética dos elementos do conjunto {17, 8, 30, 21, 7, x} supera em uma unidade a mediana dos elementos desse conjunto. Se x é um número real tal que 8 < x < 21 e x ≠ 17, então a média aritmética dos elementos desse conjunto é igual a:

a) 16
b) 17
c) 18
d) 19
e) 20

189. (Cefet-MG) O gráfico da figura apresenta dados referentes às faltas diárias dos alunos na classe de uma escola, em determinado tempo.

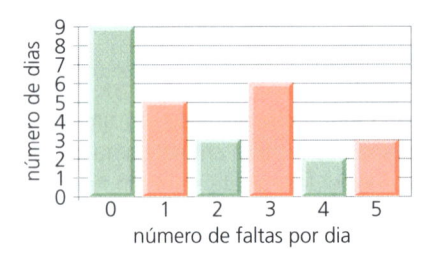

Analisando-se esses dados, é correto concluir que ocorreram:

a) 2 faltas por dia.
b) 19 faltas em 15 dias.
c) 52 faltas em 27 dias.
d) 2 faltas a cada 4 dias.

190. (UF-PI) Um professor da disciplina Cálculo I da UFPI observou que a média das notas da turma estava baixa, por isso resolveu aumentar em 1,0 (um) ponto cada nota dos seus alunos. O que se pode afirmar sobre a nova média e o novo desvio padrão dessa turma?

a) A média e o desvio padrão permaneceram inalterados.
b) Não houve alteração na média, porém o desvio padrão se alterou em 1,0 (um) ponto.
c) A média se alterou em 1,0 (um) ponto e não houve alteração no desvio padrão.
d) Nada se pode afirmar, pois não se sabe o número de alunos da turma.
e) Ambas se alteraram em 1,0 (um) ponto.

191. (PUC-MG) Ao misturar 2 kg de café em pó do tipo I com 3 kg de café em pó do tipo II, um comerciante obtém um tipo de café cujo preço é R$ 6,80 o quilograma. Mas, se misturar 3 kg de café em pó do tipo I com 2 kg de café em pó do tipo II, o quilo da nova mistura custará R$ 8,20. Com base nessas informações, é correto afirmar que o preço de um quilo do café em pó do tipo I é igual a:

a) R$ 4,00
b) R$ 7,50
c) R$ 11,00
d) R$ 12,40

192. (UF-BA) O quadro a seguir apresenta todas as medalhas ganhas por países da América do Sul durante os jogos olímpicos de Atenas realizados no ano de 2004. Dos 12 países sul-americanos, apenas um não participou do evento.

País	Número de medalhas			
	Ouro	Prata	Bronze	Total
Brasil	5	2	3	10
Argentina	2	0	4	6
Chile	2	0	1	3
Paraguai	0	1	0	1
Venezuela	0	0	2	2
Colômbia	0	0	2	2
Total	9	3	12	24

Com base nas informações apresentadas e considerando-se o quadro de medalhas, é correto afirmar (indique a soma das afirmações verdadeiras):

(01) Do total de medalhas conquistadas, 37,5% foram de ouro.

(02) A média do número de medalhas de prata conquistadas pelos seis países do quadro é igual a 0,5.

(04) O desvio padrão do número de medalhas de bronze conquistadas pelos seis países do quadro é igual a $\sqrt{\frac{5}{3}}$.

(08) A mediana do número de medalhas conquistadas pelos seis países do quadro é igual a 2.

(16) Dos países sul-americanos participantes do evento, 50% não ganharam medalha de ouro.

(32) Considerando-se que o número de medalhas de bronze conquistadas pelo Brasil, nesse evento, foi 50% menor que o obtido na Olimpíada de 2000, então o Brasil conquistou menos que seis medalhas de bronze na Olimpíada de 2000.

193. (UF-PR) Considere as medidas descritivas das notas finais dos alunos de três turmas.

Turma	Número de alunos	Média	Desvio padrão
A	15	6,0	1,31
B	15	6,0	3,51
C	14	6,0	2,61

Com base nesses dados, considere as seguintes afirmativas:

1. Apesar de as médias serem iguais nas três turmas, as notas dos alunos da turma B foram as que se apresentaram mais heterogêneas.
2. As três turmas tiveram a mesma média, mas com variação diferente.
3. As notas da turma A se apresentaram mais dispersas em torno da média.

Assinale a alternativa correta.

a) Somente a afirmativa 3 é verdadeira.
b) Somente a afirmativa 2 é verdadeira.
c) Somente as afirmativas 2 e 3 são verdadeiras.
d) Somente as afirmativas 1 e 2 são verdadeiras.
e) Somente as afirmativas 1 e 3 são verdadeiras.

194. (UF-PI) Sejam x, y e z números reais não nulos, um dos quais é a média aritmética dos outros dois. Nessas condições, é correto afirmar que:

a) a média aritmética dos 3 números dados é menor que 1.
b) a média aritmética dos 3 números dados é maior que 2.
c) a média aritmética dos 3 números dados é igual a um deles.
d) a média aritmética dos 3 números dados é igual à média aritmética de dois quaisquer deles.
e) a média aritmética dos 3 números dados é igual à diferença entre o maior e o menor desses números.

195. (UF-GO) A tabela abaixo mostra uma pesquisa de intenção de investimentos em Goiás, no período de 2007 a 2010, nos setores industrial e de serviços.

Atividades Montante	(R$ 1000)	(%)	Projetos
Álcool/açúcar	9 121 223	42,14	74
Atividade mineral e beneficiamento	4 313 377	19,93	42
Alimentos e bebidas	2 281 764	10,54	197
Biodiesel	687 693	3,18	15
Comércio atacadista e varejista	356 406	1,65	167
Higiene, beleza e limpeza	174 254	0,81	37
Insumos agropecuários	129 813	0,60	26
Outros	4 580 459	21,15	551
Total	**21 644 989**	**100**	**1 109**

O POPULAR, Goiânia, 14 set. 2007, p. 13. [Adaptado].

De acordo com os dados apresentados nesta tabela:

a) os investimentos em biodiesel e comércio atacadista e varejista, juntos, serão inferiores a 1 bilhão de reais.

b) o número de projetos em higiene, beleza e limpeza é o dobro do número de projetos em álcool/açúcar.

c) a intenção de investimentos em atividades mineral e beneficiamento representa menos de 20% do valor dos investimentos previstos em álcool/açúcar.

d) o número de projetos em alimentos e bebidas representa 10,54% do total de projetos.

e) o número de projetos em álcool/açúcar é inferior a 7% do número total de projetos.

196. (UF-GO) Em uma turma, originalmente com 18 estudantes, a altura média dos alunos era de 1,61 m. Essa turma recebeu um novo aluno com 1,82 m e uma aluna com 1,60 m. Com isso, a altura média, em metros, dos estudantes dessa turma passou a ser de:

a) 1,68
b) 1,66
c) 1,64
d) 1,62
e) 1,60

197. (ESPM-SP) Considere o conjunto $A = \{x \in \mathbb{N}^* | x \leq 51\}$. Retirando-se um número desse conjunto, a média aritmética entre seus elementos não se altera. Esse número é:

a) ímpar
b) primo
c) quadrado perfeito
d) maior que 30
e) múltiplo de 13

198. (FGV-SP) Quatro amigos calcularam a média e a mediana de suas alturas, tendo encontrado como resultado 1,72 m e 1,70 m, respectivamente. A média entre as alturas do mais alto e do mais baixo, em metros, é igual a:

a) 1,70
b) 1,71
c) 1,72
d) 1,73
e) 1,74

199. (UF-PA) Suponha que o PSS fosse realizado com 5 disciplinas. Um candidato ao PSS-2007, que fez a 1ª etapa no PSS-2005 e a 2ª etapa no PSS-2006, está interessado em simular suas possibilidades de aprovação em um determinado curso e sabe que o último classificado desse curso no PSS-2006 obteve uma nota final de 662.

Para fazer essa simulação, o candidato precisa saber que a nota final (NPF) de cada candidato é

$$NPF = \frac{NPG_1 + NPG_2 + 2NPG_3}{4},$$

em que:
NPG_1 é a nota padronizada da primeira fase;
NPG_2 é a nota padronizada da segunda fase;
NPG_3 é a nota padronizada da terceira fase.

QUESTÕES DE VESTIBULARES

Como o candidato já tem conhecimento das notas $NPG_1 = 690$ e $NPG_2 = 680$, é suficiente simular a nota NPG_3, que é calculada pela expressão:

$$NPG_3 = \frac{NP_1 + NP_2 + NP_3 + NP_4 + NP_5}{5},$$

em que NPi é a nota padronizada de cada matéria dada por

$$NPi = \frac{(Xi - Mi)}{Si} \cdot 100 + 500, i = 1, 2, 3, 4, 5,$$

na qual
Xi é a nota bruta do candidato na matéria *i*;
Mi é a média de certos acertos na matéria *i*;
Si é o desvio padrão na matéria *i*.
Supondo que Mi, Si e Xi na terceira fase são:

i	Matéria	Nota Xi	Média Mi	Desvio Si
1	Matemática	3	1	1
2	Física	2	1	1
3	História	5	2	2
4	Língua Portuguesa	5	3	2
5	Redação	8	5	2

Então, o candidato concluirá que sua nota final (NPF) é:
a) 706,93
b) 705,15
c) 701,11
d) 667,31
e) 662,50

200. (UF-BA) Sendo a média aritmética de três números inteiros positivos distintos igual a 60, pode-se afirmar (indique a soma das alternativas corretas):

(01) Pelo menos um dos números é menor que 60.

(02) Nenhum dos números é maior que 177.

(04) Se os três números formam uma progressão aritmética, então um dos números é igual a 60.

(08) Se um dos números é igual a 60, então o produto dos três números é menor que 216 000.

(16) Se os três números são primos, então um deles é igual a 2.

(32) Se o máximo divisor comum dos três números é igual a 18, então os números são 36, 54 e 90.

201. (Unesp-SP) O gráfico a seguir representa a distribuição percentual do Produto Interno Bruto (PIB) do Brasil por faixas de renda da população, também em percentagem.

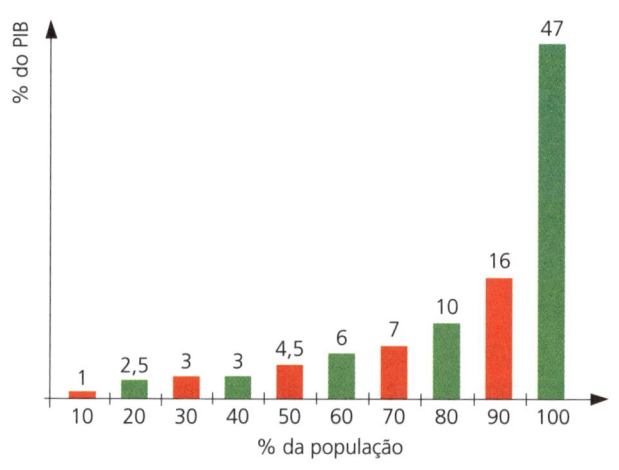

(IBGE e Atlas da Exclusão Social. Adaptado.)

Baseado no gráfico, pode-se concluir que os 20% mais pobres da população brasileira detêm 3,5% (1% + 2,5%) da renda nacional. Supondo a população brasileira igual a 200 milhões de habitantes e o PIB brasileiro igual a 2,4 trilhões de reais (Fonte: IBGE), a renda *per capita* dos 20% mais ricos da população brasileira, em reais, é de:

a) 2 100,00   c) 19 800,00   e) 48 000,00
b) 15 600,00   d) 37 800,00

202. (FGV-SP) A média aritmética de três números supera o menor desses números em 14 unidades, e é 10 unidades menor do que o maior deles. Se a mediana dos três números é 25, então a soma desses números é igual a:

a) 60   b) 61   c) 63   d) 64   e) 66

203. (FGV-SP) Seja x um inteiro positivo menor que 21. Se a mediana dos números 10, 2, 5, 2, 4, 2 e x é igual a 4, então o número de possibilidades para x é:

a) 13   b) 14   c) 15   d) 16   e) 17

204. (U. F. Pelotas-RS) Em um concurso, as notas finais dos candidatos foram as seguintes:

Número de candidatos	Nota final
7	6,0
2	7,0
1	9,0

Com base na tabela anterior, é correto afirmar que a variância das notas finais dos candidatos foi de:

a) 0,75   c) $\sqrt{0,65}$ e) 0,85
b) 0,65   d) $\sqrt{0,85}$

205. (UF-PE) Em uma pesquisa de opinião sobre a expectativa de voto nos candidatos A, B e C, em janeiro, fevereiro, março e abril, foram obtidos os resultados expressos no gráfico a seguir:

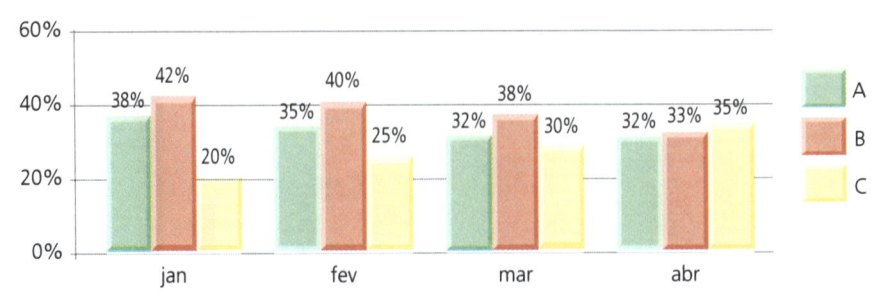

Dados do gráfico:
- jan: A = 38%, B = 42%, C = 20%
- fev: A = 35%, B = 40%, C = 25%
- mar: A = 32%, B = 38%, C = 30%
- abr: A = 32%, B = 33%, C = 35%

Admitindo estas informações, é correto afirmar que:
a) o percentual de votos no candidato B decresceu linearmente, em pontos percentuais, de fevereiro a abril.
b) entre janeiro e abril, o percentual de votos no candidato A decresceu menos de 15%.
c) o percentual de votos no candidato C cresceu linearmente, em pontos percentuais, de fevereiro a abril.
d) entre janeiro e abril, o percentual de votos no candidato C cresceu 20%.
e) entre fevereiro e abril, o percentual de votos no candidato B decresceu menos de 7%.

206. (FGV-SP) Acredita-se que na Copa do Mundo de Futebol em 2014, no Brasil, a proporção média de pagantes, nos jogos do Brasil, entre brasileiros e estrangeiros, será de 6 para 4, respectivamente. Nos jogos da Copa em que o Brasil não irá jogar, a proporção média entre brasileiros e estrangeiros esperada é de 7 para 5, respectivamente. Admita que o público médio nos jogos do Brasil seja de 60 mil pagantes, e nos demais jogos de 48 mil. Se ao final da Copa o Brasil tiver participado de 7 jogos, de um total de 64 jogos do torneio, a proporção média de pagantes brasileiros em relação aos estrangeiros no total de jogos da Copa será, respectivamente, de 154 para
a) 126.
b) 121.
c) 118.
d) 112.
e) 109.

207. (UF-PR) Os dados abaixo representam o tempo (em segundos) para carga de um determinado aplicativo, num sistema compartilhado.

Tempo (s)	Número de observações
4,5 ⊢ 5,5	03
5,5 ⊢ 6,5	06
6,5 ⊢ 7,5	13
7,5 ⊢ 8,5	05
8,5 ⊢ 9,5	02
9,5 ⊢ 10,5	01
Total	30

Com base nesses dados, considere as afirmativas a seguir:
1. O tempo médio para carga do aplicativo é de 7,0 segundos.
2. A variância da distribuição é aproximadamente 1,33 segundos ao quadrado.
3. O desvio padrão é a raiz quadrada da variância.
4. Cinquenta por cento dos dados observados estão abaixo de 6,5 segundos.

Assinale a alternativa correta.

a) Somente as afirmativas 1, 2 e 3 são verdadeiras.

b) Somente as afirmativas 1 e 3 são verdadeiras.

c) Somente as afirmativas 2 e 4 são verdadeiras.

d) Somente as afirmativas 2 e 3 são verdadeiras.

e) Somente as afirmativas 1, 3 e 4 são verdadeiras.

208. (U. F. São Carlos-SP) Em uma pesquisa, foram consultados 600 consumidores sobre sua satisfação em relação a uma certa marca de sabão em pó. Cada consumidor deu uma nota de 0 a 10 para o produto, e a média final das notas foi 8,5. O número mínimo de consumidores que devem ser consultados, além dos que já foram, para que essa média passe para 9, é igual a:

a) 250   c) 350   e) 450

b) 300   d) 400

209. (UF-SE) A tabela abaixo apresenta a distribuição da arrecadação de certo imposto municipal, num dado mês, em uma cidade com 5 000 contribuintes.

Classe	Valor do imposto, em reais, *per capita*	Número de contribuintes	Valor total arrecadado por classe, em reais
1	0 ⊢ 10	3 000	21 000
2	10 ⊢ 20	1 000	15 000
3	20 ⊢ 30	700	17 500
4	30 ⊢ 40	300	10 000
Total		5 000	64 000

Use esses dados para analisar as afirmações que seguem. (Classifique em V ou F.)

a) Um histograma demonstrativo da relação entre os intervalos de valores do imposto *per capita*, em reais, e os respectivos números de contribuintes é:

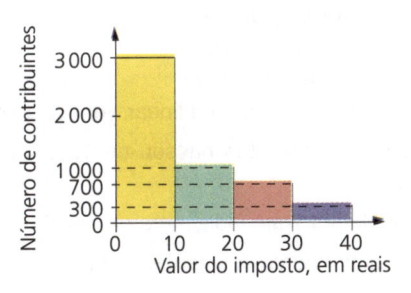

b) Nesse mês, o valor médio do imposto *per capita* localiza-se na classe 3.

c) Na classe 2, o valor médio do imposto pago pelos contribuintes é R$ 12,00.

d) Nesse mês, 20% do total de contribuintes pagaram mais de R$ 20,00 de imposto.

e) Escolhendo-se aleatoriamente um dos contribuintes do município, a probabilidade de que o valor do imposto pago por ele nesse mês seja igual ou menor do que R$ 30,00 é $\frac{47}{50}$.

210. (FGV-SP) O gráfico a seguir indica a massa de um grupo de objetos.

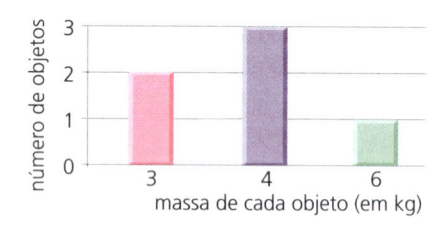

Acrescentando-se ao grupo n objetos de massa 4 kg cada, sabe-se que a média não se altera, mas o desvio padrão se reduz à metade do que era. Assim, é correto afirmar que n é igual a:

a) 18
b) 15
c) 12
d) 9
e) 8

211. (Unicamp-SP) Recentemente um órgão governamental de pesquisa divulgou que, entre 2006 e 2009, cerca de 5,2 milhões de brasileiros saíram da condição de indigência. Nesse mesmo período, 8,2 milhões de brasileiros deixaram a condição de pobreza. Observe que a faixa de pobreza inclui os indigentes. O gráfico ao lado mostra os percentuais da população brasileira enquadrados nessas duas categorias, em 2006 e 2009. 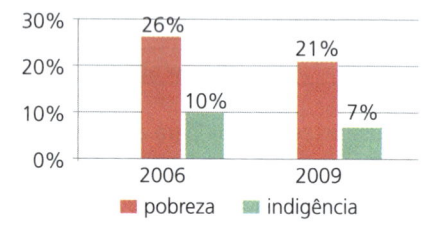
Após determinar a população brasileira em 2006 e em 2009, resolvendo um sistema linear, verifica-se que:

a) o número de brasileiros indigentes passou de 19,0 milhões, em 2006, para 13,3 milhões, em 2009.

b) 12,9 milhões de brasileiros eram indigentes em 2009.

c) 18,5 milhões de brasileiros eram indigentes em 2006.

d) entre 2006 e 2009, o total de brasileiros incluídos nas faixas de pobreza e de indigência passou de 36% para 28% da população.

212. (UF-PI) Na rede de padarias Estrela Dalva, a distribuição de frequências de salários de um grupo de 30 funcionários, no mês de dezembro de 2008, é apresentada na tabela ao lado. A média e a mediana do salário pago, nesse mesmo mês, são:

Número da classe	Salário do mês (em reais)	Número de empregados
1	465 ⊢ 665	16
2	665 ⊢ 865	8
3	865 ⊢ 1 065	4
4	1 065 ⊢ 1 265	2

a) R$ 725,00 e R$ 725,00
b) R$ 711,67 e R$ 652,50
c) R$ 865,00 e R$ 525,00
d) R$ 711,67 e R$ 660,00
e) R$ 575,00 e R$ 625,00

213. (Unesp-SP) A revista *Superinteressante* trouxe uma reportagem sobre o custo de vida em diferentes cidades do mundo. A tabela mostra o *ranking* de cinco das 214 cidades pesquisadas pela "Mercer LLC", empresa americana, em 2010.

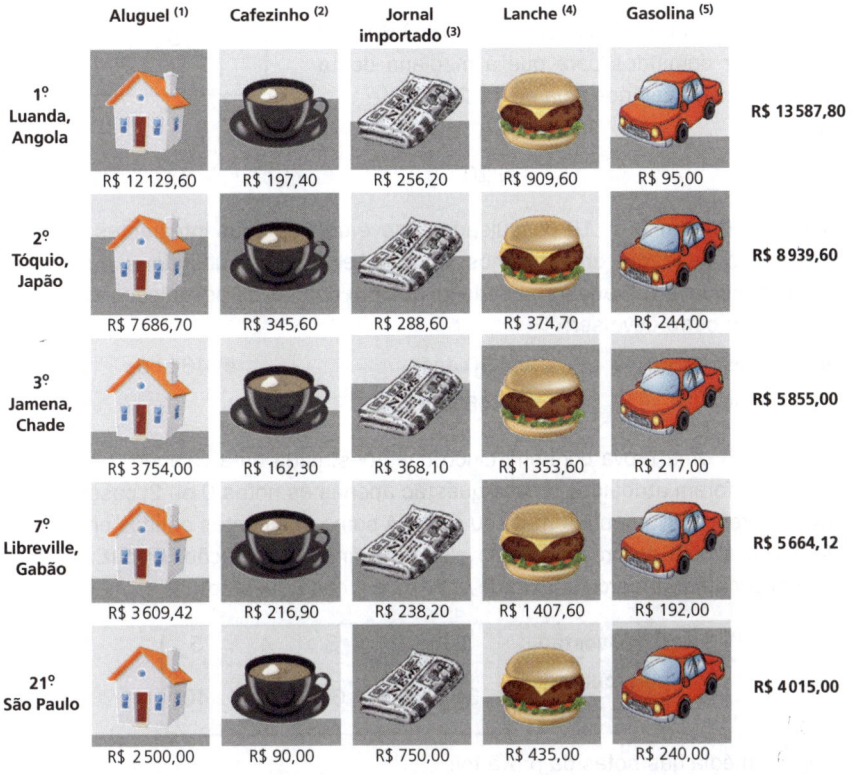

	Aluguel [1]	Cafezinho [2]	Jornal importado [3]	Lanche [4]	Gasolina [5]	
1º Luanda, Angola	R$ 12 129,60	R$ 197,40	R$ 256,20	R$ 909,70	R$ 95,00	R$ 13 587,80
2º Tóquio, Japão	R$ 7 686,70	R$ 345,60	R$ 288,60	R$ 374,70	R$ 244,00	R$ 8 939,60
3º Jamena, Chade	R$ 3 754,00	R$ 162,30	R$ 368,10	R$ 1 353,60	R$ 217,00	R$ 5 855,00
7º Libreville, Gabão	R$ 3 609,42	R$ 216,90	R$ 238,20	R$ 1 407,60	R$ 192,00	R$ 5 664,12
21º São Paulo	R$ 2 500,00	R$ 90,00	R$ 750,00	R$ 435,00	R$ 240,00	R$ 4 015,00

(1) apartamento de dois quartos num bairro de classe média alta; (2) 30 cafezinhos; (3) 30 exemplares do *New York Times*; (4) 30 lanches do McDonald's; (5) 100 litros.

(*Superinteressante*, janeiro de 2011. Adaptado.)

Observando as informações, numéricas e coloridas, contidas na tabela, analise as afirmações:

I. O custo do aluguel em Luanda é o mais alto do mundo.
II. O custo do cafezinho em Tóquio é o mais alto do mundo.
III. O custo do jornal importado em São Paulo é o mais alto do mundo.
IV. O custo do lanche em Libreville é o mais alto do mundo.
V. O custo da gasolina em Tóquio é o mais alto do mundo.

Estão corretas as afirmações:

a) I, III e IV, apenas.
b) II, III e IV, apenas.
c) I, II, III e IV, apenas.
d) I, III, IV e V, apenas.
e) I, II, III, IV e V.

214. (U. F. Uberlândia-MG) O Departamento de Comércio Exterior do Banco Central possui 30 funcionários com a distribuição salarial em reais mostrada na tabela ao lado.

Quantos funcionários que recebem R$ 3 600,00 devem ser demitidos para que a mediana desta distribuição de salários seja de R$ 2 800,00?

Nº de funcionários	Salário (em R$)
10	2 000,00
12	3 600,00
5	4 000,00
3	6 000,00

a) 8
b) 11
c) 9
d) 10
e) 7

215. (UMC-SP) Um grupo de 10 pesquisadores teve dois de seus integrantes substituídos. A soma de suas idades era 112 anos. Com a chegada dos substitutos, a idade média do grupo diminuiu em 5 anos. Sabendo-se que um dos novos pesquisadores tem 30 anos, a idade do outro deve ser:

a) 25 anos
b) 32 anos
c) 30 anos
d) 45 anos
e) 46 anos

216. (Fuvest-SP) Uma prova continha cinco questões, cada uma valendo 2 pontos. Em sua correção, foram atribuídas a cada questão apenas as notas 0 ou 2, caso a resposta estivesse, respectivamente, errada ou certa. A soma dos pontos obtidos em cada questão forneceu a nota da prova de cada aluno. Ao final da correção, produziu-se a seguinte tabela contendo a porcentagem de acertos em cada questão.

Questão	1	2	3	4	5
Porcentagem de acerto (%)	30	10	60	80	40

Logo, a média das notas da prova foi:

a) 3,8
b) 4,0
c) 4,2
d) 4,4
e) 4,6

217. (UF-GO) Segundo uma reportagem do jornal *Valor Econômico* (14 out. 2009, p. A1), nos nove primeiros meses de 2009, as exportações do agronegócio somaram U$ 49,4 bilhões, que corresponde a R$ 83,486 bilhões, considerando o valor médio do dólar nesse período. Em igual período de 2008, as exportações do agronegócio somaram U$ 55,3 bilhões. Considerando o valor médio do dólar nos nove primeiros meses de 2008, o valor das exportações de 2008 superou o valor das exportações de 2009 em R$ 31,538 bilhões. Nesse caso, o valor médio do dólar nos nove primeiros meses de 2008 foi de:

a) R$ 1,38
b) R$ 1,94
c) R$ 1,99
d) R$ 2,08
e) R$ 2,53

218. (UF-BA) No dia do aniversário de sua fundação, uma empresa premiou cinco clientes que aniversariavam nesse mesmo dia, todos nascidos no século XX. Observou-se que as idades dos premiados, expressas em anos, eram todas distintas e que a diferença entre duas idades consecutivas era a mesma.
Com base nessas informações, sobre as idades dos premiados na data da entrega do prêmio, realizada em março de 1999, pode-se afirmar (indique a soma das alternativas corretas):

(01) Organizadas na ordem crescente ou na ordem decrescente, formam uma progressão aritmética.
(02) A média e a mediana são iguais.
(04) Se a diferença entre duas idades consecutivas é um número ímpar, então três das idades são números pares.
(08) Se a diferença entre duas idades consecutivas é igual a 2, então o desvio padrão é igual a $2\sqrt{2}$.
(16) Se a idade de um dos premiados, na entrega do prêmio, é igual a oito vezes a dezena do ano de seu nascimento, então essa dezena é um número primo.
(32) É possível que todas as idades sejam números primos menores que 21.

219. (Fuvest-SP) Considere os seguintes dados, obtidos em 1996 pelo censo do IBGE.

1. A distribuição da população por grupos de idade é:

Idade	Número de pessoas
De 4 a 14 anos	37 049 723
De 15 a 17 anos	10 368 618
De 18 a 49 anos	73 644 508
50 anos ou mais	23 110 079

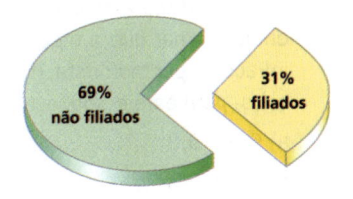

2. As porcentagens de pessoas maiores de 18 anos filiadas ou não a sindicatos, órgãos comunitários e órgãos de classe são: 69% não filiados, 31% filiados.

3. As porcentagens de pessoas maiores de 18 anos filiadas a sindicatos, órgãos comunitários e órgãos de classe são:

- sindicato: 53%
- órgão comunitário: 39%
- órgão de classe: 8%

A partir dos dados acima, pode-se afirmar que o número de pessoas, maiores de 18 anos, filiadas a órgãos comunitários é, aproximadamente, em milhões:

a) 2   b) 6   c) 12   d) 21   e) 31

220. (U. F. Uberlândia-MG) Uma equipe de futebol realizou um levantamento dos pesos dos seus 40 atletas e chegou à distribuição de frequência dada pela tabela a seguir, cujo histograma correspondente é visto abaixo.

Tabela

Peso kg	Frequência
60 ⊢ 64	2
64 ⊢ 68	5
68 ⊢ 72	10
72 ⊢ 76	12
76 ⊢ 80	6
80 ⊢ 84	3
84 ⊢ 88	2
Total de atletas	**40**

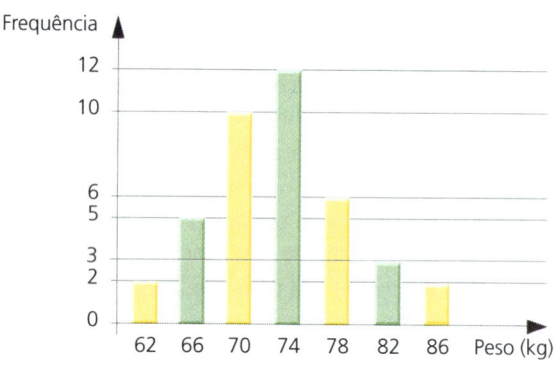

Com base nesses dados, pode-se afirmar que o valor da mediana dos pesos é igual a:

a) 75   b) 72   c) 74   d) 73

221. (Fuvest-SP) Para que fosse feito um levantamento sobre o número de infrações de trânsito, foram escolhidos 50 motoristas. O número de infrações cometidas por esses motoristas, nos últimos cinco anos, produziu a tabela ao lado. Pode-se então afirmar que a média do número de infrações, por motorista, nos últimos cinco anos, para este grupo, está entre:

Nº de infrações	Nº de motoristas
de 1 a 3	7
de 4 a 6	10
de 7 a 9	15
de 10 a 12	13
de 13 a 15	5
maior ou igual a 16	0

a) 6,9 e 9,0
b) 7,2 e 9,3
c) 7,5 e 9,6
d) 7,8 e 9,9
e) 8,1 e 10,2

Respostas das questões de vestibulares

Matemática comercial

1. d
2. R$ 140,00
3. e
4. e
5. a
6. b
7. b
8. e
9. a
10. b
11. c
12. R$ 12 000,00; R$ 18 000,00
13. b
14. d
15. d
16. b
17. b
18. b
19. R$ 1,62
20. e
21. a
22. R$ 19,33 bilhões
23. b
24. 08
25. d
26. $p \cong 1\,026,4$ m
27. d
28. a
29. c
30. a
31. e
32. d
33. c
34. d
35. a
36. e
37. b
38. V, F, V, F, F
39. b
40. d
41. d
42. e
43. c
44. e
45. d
46. c
47. a
48. e
49. b
50. b
51. 10%
52. R$ 100 000,00
53. e
54. c

RESPOSTAS DAS QUESTÕES DE VESTIBULARES

55. a
56. e
57. a
58. c
59. c
60. c
61. a
62. a
63. c
64. d
65. e
66. c
67. d
68. d
69. b
70. e
71. c
72. b
73. c
74. a) R$ 400 000,00; b) 19%
75. 633,71 bilhões de dólares
76. a
77. a) 296,2%; b) 128,89%
78. a) R$ 45 990,00; b) 6,28%
79. c
80. e
81. b
82. b
83. e
84. V, V, V, F
85. c
86. a
87. a
88. b
89. b
90. b
91. a
92. a
93. 39,2%
94. b
95. a) 5 moedas
    b) Sim, pois o custo seria de R$ 22,40.
96. É mais vantajoso comprar dólares com reais, e depois comprar pesos com dólares.

Matemática financeira

97. c
98. b
99. d
100. c
101. d
102. b
103. b
104. c
105. d
106. c
107. e
108. a
109. a) 60 + 1,04c e 150 + 1,03c
     b) R$ 9 000,00
110. c
111. c
112. c
113. a
114. a
115. d
116. d
117. e
118. d
119. b
120. a
121. d
122. e
123. d
124. e
125. e
126. Sim, Poupêncio resgatou R$ 2 704,81.
127. c
128. b
129. 48
130. e
131. a
132. d
133. Após 150 meses, o capital terá rendimento superior a 100%.
134. c
135. c
136. c
137. c

138. e
139. a
140. d
141. c
142. 14
143. d
144. c
145. b
146. a) R$ 398,02; b) 1,97 p; 1,5%
147. b
148. F, V, V, F.
149. a
150. c
151. a
152. b

Estatística Descritiva

153. e
154. e
155. c
156. b
157. d
158. d
159. e
160. d
161. c
162. a
163. b
164. b
165. a
166. d
167. a
168. b
169. d
170. d
171. c
172. a
173. b
174. b
175. b
176. c
177. d

178. São corretas: I, III e IV.
179. b
180. c
181. São corretas: I, II e IV.
182. e
183. d
184. e
185. c
186. b
187. c
188. a
189. c
190. c
191. c
192. 01 + 02 + 04 = 07
193. d
194. c
195. e
196. d
197. e
198. e
199. e
200. 01 + 02 + 04 + 08 + 16 = 31
201. d
202. c
203. e
204. e
205. c
206. e
207. a
208. b
209. V, F, F, V, V
210. a
211. c
212. b
213. d
214. d
215. b
216. d
217. d
218. 01 + 02 + 08 + 16 = 27
219. c
220. d
221. a

Significado das siglas de vestibulares

Cefet-MG — Centro Federal de Educação Tecnológica de Minas Gerais
Enem-MEC — Exame Nacional do Ensino Médio, Ministério da Educação
ESPM-SP — Escola Superior de Propaganda e Marketing, São Paulo
Faap-SP — Fundação Armando Álvares Penteado, São Paulo
Fatec-SP — Faculdade de Tecnologia de São Paulo
FEI-SP — Faculdade de Engenharia Industrial, São Paulo
FGV-SP — Fundação Getúlio Vargas, São Paulo
FGV-RJ — Fundação Getúlio Vargas, Rio de Janeiro
Fuvest-SP — Fundação para o Vestibular da Universidade de São Paulo
F. Visconde de Cairú-BA — Faculdade Visconde de Cairú, Bahia
Ibmec-SP — Instituto Brasileiro de Mercado de Capitais, São Paulo
Mackenzie-SP — Universidade Presbiteriana Mackenzie de São Paulo
Puccamp-SP — Pontifícia Universidade Católica de Campinas, São Paulo
PUC-MG — Pontifícia Universidade Católica de Minas Gerais
PUC-RJ — Pontifícia Universidade Católica do Rio de Janeiro
PUC-RS — Pontifícia Universidade Católica do Rio Grande do Sul
PUC-SP — Pontifícia Universidade Católica de São Paulo
UCDB-MS — Universidade Católica Dom Bosco, Mato Grosso do Sul
UE-CE — Universidade Estadual do Ceará
U. E. Feira de Santana-BA — Universidade Estadual de Feira de Santana, Bahia
UE-GO — Universidade Estadual de Goiás
U. E. Londrina-PR — Universidade Estadual de Londrina, Paraná
UE-PA — Universidade do Estado do Pará
UE-PI — Universidade Estadual do Piauí
UF-AM — Universidade Federal do Amazonas
UF-BA — Universidade Federal da Bahia
UF-CE — Universidade Federal do Ceará
UFF-RJ — Universidade Federal Fluminense, Rio de Janeiro
UF-GO — Universidade Federal de Goiás
U. F. Juiz de Fora-MG — Universidade Federal de Juiz de Fora, Minas Gerais
UF-MG — Universidade Federal de Minas Gerais
UF-PA — Universidade Federal do Pará
UF-PB — Universidade Federal da Paraíba
UF-PE — Universidade Federal de Pernambuco
U. F. Pelotas-RS — Universidade Federal de Pelotas, Rio Grande do Sul
UF-PI — Universidade Federal do Piauí
UF-RN — Universidade Federal do Rio Grande do Norte
UF-RS — Universidade Federal do Rio Grande do Sul
U. F. Santa Maria-RS — Universidade Federal de Santa Maria, Rio Grande do Sul
U. F. São Carlos-SP — Universidade Federal de São Carlos, São Paulo
UF-SE — Universidade Federal de Sergipe
U. F. Uberlândia-MG — Universidade Federal de Uberlândia, Minas Gerais

SIGNIFICADO DAS SIGLAS DE VESTIBULARES

UMC-SP — Universidade de Mogi das Cruzes, São Paulo
Unaerp-SP — Universidade de Ribeirão Preto, São Paulo
Uneb-BA — Universidade do Estado da Bahia
Unesp-SP — Universidade Estadual Paulista, São Paulo
Unicamp-SP — Universidade Estadual de Campinas, São Paulo
Unifesp-SP — Universidade Federal de São Paulo
Vunesp-SP — Fundação para o Vestibular da Universidade Estadual Paulista, São Paulo